U0237634
树桩盆景
造型与养护宝典
SHUZHUANG PENJING
ZAOXING YU YANGHU BAODIAN
兑宝峰　编著
中国林业出版社

作者介绍

兑宝峰 笔名玉山。《中国花卉报》特约记者，仙珍圜论坛总版主，中国花卉协会盆栽植物分会多肉植物产业小组专家。

著有《玩转多肉植物》《盆景制作与赏析——松柏·杂木篇》《盆景制作与赏析——观花·观果篇》《掌上大自然——小微盆景的制作欣赏》《我家的奇花异草》《盆艺小品》《多肉植物图鉴》等书。

图书在版编目（CIP）数据

树桩盆景造型与养护宝典 / 兑宝峰编著. -- 北京 :
中国林业出版社, 2019.3

ISBN 978-7-5219-0009-5

Ⅰ. ①树… Ⅱ. ①兑… Ⅲ. ①盆景－观赏园艺－图解
Ⅳ. ①S688.1-64

中国版本图书馆CIP数据核字(2019)第060753号

封面作品：张延信
责任编辑：张 华
出版发行：中国林业出版社（100009 北京西城区刘海胡同 7 号）
电 话：010-83143566
印 刷：固安县京平诚乾印刷有限公司
版 次：2019 年 5 月第 1 版
印 次：2019 年 5 月第 1 次印刷
开 本：787mm × 1092mm
印 张：20
字 数：600 千字
定 价：88.00 元

前言

PREFACE

树桩盆景，是指以木本植物为主要材料制作的盆景，在盆景中有着极为重要的地位，是盆景界的代表和风向标。但由于多种原因，树桩盆景的植物名称较为混乱，张冠李戴、随意起名的现象屡见不鲜，有些常见的树桩盆景材料在专业的植物文献中根本查找不到相关资料，即便有时能够查到，二者也不是同一种植物。因此，编纂一部内容较为全面的树桩盆景书籍就显得十分必要了。

本书介绍了松柏类、杂木类、花果类等不同类型的盆景植物150种，考虑到这是一本给盆景爱好者阅读的书籍，均以盆景界约定俗成的植物名称为标题，但都标注有拉丁学名、中文正名以及别名，乃至地方名称，对于错误或者有争议的植物名称、科属分类也作了修正说明，以便于查阅。书中所涉及的植物拉丁名、中文正名及形态描述均以《中国植物志》为基础，参考其他文献资料，从中择优选用。此外，还请教了一些植物学专家及爱好者、园林工作者、盆景工作者，并有本人的实际观察成果。所选用作品的题名、植物名称及作者（收藏者）名字以展览时的标牌为准，但对于有明显错误的植物名称进行了纠正；对于同一件作品在不同展览所标署的不同作者名字，以拍照时的展览标牌为准。

为了增加本书的知识性和趣味性，还以TIPS的形式，介绍了一些盆景方面的小知识以及盆景与自然、美学等方面的关系。

本书在编著过程中得到了《花木盆景》杂志社李琴、王志宏编辑，《盆景世界》公众号的刘少红，日本的铃木浩之，湖北的范鹤鸣以及河南的杨自强、游文亮、张国军、王松岳、计燕、王小军等朋友，郑州植物园、郑州人民公园、郑州碧沙岗公园、郑州陈砦花卉市场、敲香斋花店等单位的大力支持，特表示感谢（以上排名不分先后）。

本书的部分照片摄自第七届中国（南京）盆景展、中国（西安）唐风盆景展、第八届中国（安康）盆景展、第九届中国（番禺）盆景展暨首届国际盆景协会（BCI）中国地区盆景展、上海东沃杯盆景精品邀请展、第三届全国（扬州）网络会员盆景精品展以及河南省盆景协会、河南省中州盆景学会、郑州园林局、郑州市盆景协会举办的各种盆景展。

水平有限，付梓仓促，错误难免，欢迎指正！

兑宝峰

二零一九年　春

目录

CONTENTS

花果类盆景

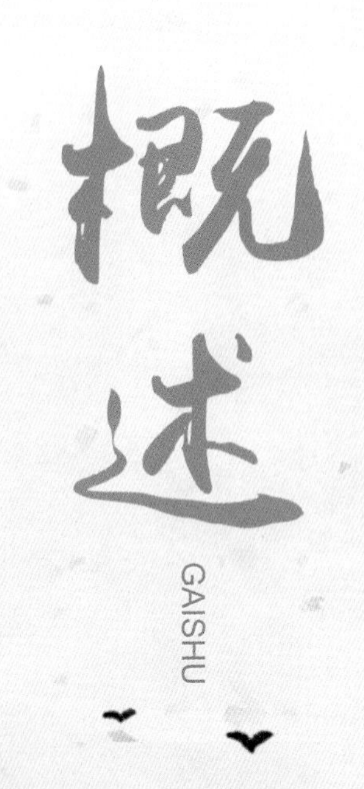
概述
GAISHU

盆景的概念

PENJING DE GAINIAN

古木清池
赵庆泉作品

顾名思义，盆景就是盆中的景致。它以盆钵为载体，植物、山石为基本材料，辅以几架、配件，经过艺术化的处理，以特有的程式和技法，并融入个人思想情愫，在盆钵中表现大自然美景的艺术品。

作为植物造型艺术的盆景，是大自然的浓缩和精华，也是大自然的艺术化再现，它以园艺学、植物学为基础，兼融美学、文学、美术以及哲学甚至宗教等多门人文与自然学科于一体，以“缩龙成寸”的手法，将山川、河流、山林、树木等自然景观展现于盆钵之中，有“无言的诗，立体的画”“活着的雕塑”“有生命的艺术品”等美誉。

盆景并不是大自然的照搬，而是融入诗情画意、个人情愫后的艺术化再现。好的盆景如诗如画，如梦如幻，可以超越现实，穿越时空，在尊重自然规律的前提下，可以把不同植株，甚至不同种类植物中最美的部分提炼出来，凝聚在一棵树上，以彰显树木之美，达到“源于自然，又高于自然”的艺术境界；还可以将现实生活中早已消失的牧童、身着汉服的隐者高士、樵夫、渔翁、弈者等等形象，巧妙地点缀于盆景之中，穿越时空，重现和感受古诗古画中的韵味和意境。

中国盆景在长期的发展中，曾形成了以地域为特色的流派。公认的有苏（苏州）派、扬（扬州）派、海（上海）派、川（四川）派、岭南派（五岭以南，以广东以及香港、澳门为主，包括广西、海南等地）等五大流派。此外，还有人称安徽盆景为“徽派”、南通盆景为“通派”、如皋盆景称“如派”、浙江盆景为“浙派”等；将南京盆景称为金陵风格；河南盆景称为中州风格以及北京风格、云南风格、山东风格（或称“鲁派盆景”）、湖北风格等等。此外福建、云南、江西、海南、新疆及香港、台湾等地的盆景也都各有千秋，其根据当地的气候特点，以本地乡土植物或引进适合本地生长的植物为素材，吸收各家之长，采用多种技法，制作出特点鲜明、造型丰富的盆景。

近年来，随着交流的增加，不同流派、风格之间相互学习融合，取长补短，以大自然为蓝本，融入诗情画意，充分利用本地的植物资源，结合本地的气候条件，并吸收国外“盆栽”的一些技法，不少新创作的盆景作品流派特征已经不是那么明显了。但也有一些盆景，尤其是传统作品，还是具有明显的地域流派特征，像岭南派的大树型、扬派的云片式、河南的仿垂柳型柽柳盆景等。

盆景按使用材料的不同，大致可分为山石盆景（也称山水盆景）、植物盆景（包括树桩盆景和草本植物盆景）和树石盆景三种类型。根据规格的不同，有微型盆景、小型盆景、中型盆景、大型盆景及超大型盆景之分，其中的微型盆景与小型盆景常被合称为微小盆景或小微盆景、小品盆景。

闽越遗韵
何华国作品

柳荫牧马
贾瑞东作品

黄杨盆景
扬派盆景
中国扬派盆景博物馆作品

高风亮节
海派盆景
上海植物园作品

岭南双雄
岭南派盆景
黄就伟作品

本固枝荣
苏派盆景
苏州拙政园管理处作品

蜀韵
川派盆景
沈洪光作品

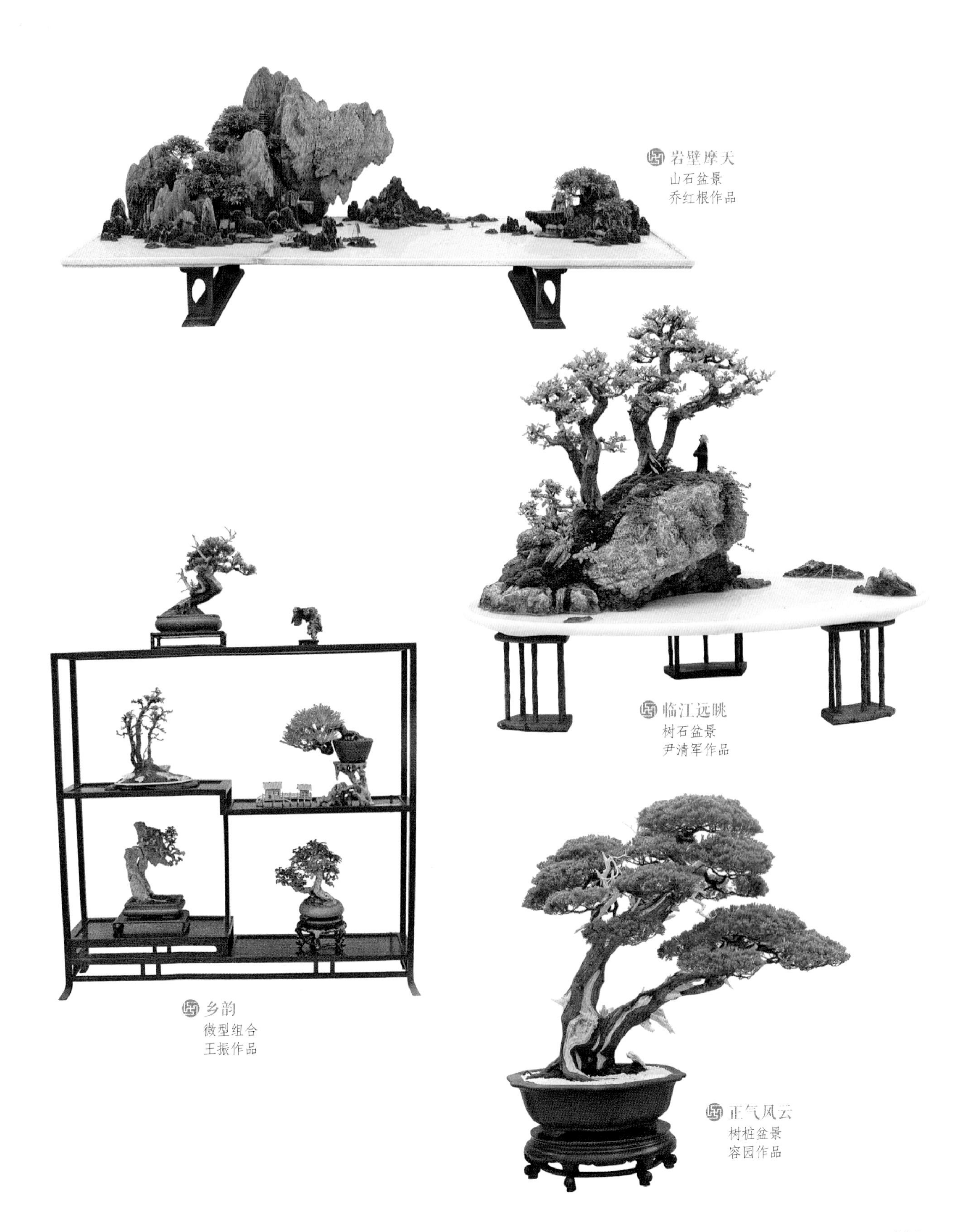

岩壁摩天
山石盆景
乔红根作品

临江远眺
树石盆景
尹清军作品

乡韵
微型组合
王振作品

正气风云
树桩盆景
容园作品

树桩盆景及素材选择

SHUZHUANG PENJING JI SUCAI XUANZE

泰岱雄姿
张宪文作品

树桩盆景也叫树木盆景，简称“桩景”，英文名Tree bonsai。是指以木本植物（包括乔木、灌木）为主要材料的盆景。用于制作树桩盆景的植物要求习性强健，适应性强，移栽成活率高，易于造型。枝干古朴，叶片细小而稠密，能够以小见大，或表现大自然中老树的沧桑古朴，或展现其清雅俊秀的一面。而某些形态过于奇特的植物，因难以表现大自然中树木景观的神韵，则不适宜制作盆景；一些形态虽佳，但移栽难以成活，且缓苗时间长、生长极为缓慢的种类也不适合制作盆景。

需要指出的是，盆景中一些植物名字并非是真正的学名，而是某些地区的地方名称，有些甚至是某些人随意起的名字，以讹传讹地用到现在，而张冠李戴现象也屡见不鲜。像把春云实叫做两面针，把胡椒木叫做清香木，把红果仔叫做红果，把白刺花叫做小叶槐、山豆根，把崖豆藤、鸡血藤都称为紫藤，把黑骨香（学名小果柿）叫小叶紫檀、黑檀。还有一些沿用国外的名字，像从日本引进的所谓“红紫檀”“白紫檀”“日系白花红果紫檀”“日本小叶紫檀”实为蔷薇科栒子属植物的某些园艺种，跟真正的檀木不沾边，把盆景中常用的铺面植物小叶冷水花叫“芝麻草”“高粱草”等。

按树木的特点及盆景界约定俗成的分类，树桩盆景可分为松柏类、杂木类、花果类等类型。但除松柏类外，其他几种类型有着互相交叉的现象，故也有将松柏类植物外的盆景植物统称为杂木类盆景，即广义上的杂木类盆景。

盆景的盆面处理

PENJING DE PENMIAN CHULI

盆景的盆面处理是比较容易忽视的地方，很多作品的用盆、造型等都很不错，但盆面的处理却很毛糙简陋，不是黄土裸露，就是草草铺上几块青苔敷衍了事。这些都会使盆景的艺术性和观赏性大打折扣，使作品显得粗糙不细致。这就需要对盆面进行美化处理，以遮掩盆土，营造自然和谐的地貌景观，使作品富有野趣。常用的有以下几种方法：

铺青苔

是最为常用的盆面美化方法。青苔，也叫苔藓，多生长在温暖潮湿之处，使用时可去采撷，然后铺在盆面上。还可将带土的青苔在常温下自然干燥，然后放在塑料袋内存放，能够保存数月或更久，使用时喷水使其湿润，很快就会恢复生机，呈现出碧绿的色彩。铺苔时应注意盆土起伏的变化，做到自然合理。切不可铺的像足球场的草坪，缺乏地貌纹理的变化，否则会使盆景显得匠气，缺乏灵性。铺后，应用喷壶向盆面喷水，以借助水的压力使之与土壤结合牢稳，并对接缝之处进行修整，使之看上去自然和谐。青苔喜湿润的环境，怕强烈的直射阳光，因此养护时（尤其是刚铺好的青苔）应注意经常喷水，以保持足够的湿度。

此外，在气候温暖湿润的环境中，盆景盆面也会长出苔藓。

柽柳盆景盆面的苔藓
杨自强作品

栽种植物

就是在盆面栽种一些小型植物进行装饰，这类植物通常被称为“护盆草”或“盆面植物”。所选的植物要求植株低矮、习性强健、覆盖性良好。常用的有苔藓、天胡荽、小叶冷水花、薄雪万年草、玉龙草、酢浆草等。此外，还可在盆面撒上草籽，甚至麦粒、谷粒，使其长出嫩绿的小草，这种盆面处理看上去虽然较为整洁美观，但缺乏大自然之野趣。需要指出的是，大多数的盆面植物都具有习性强健、生长迅速的特点，因此平时应注意打理，随时拔去过多的部分，以免其根部至盆中盘根错节，缠绕在一起，使得盆土板结、透气性差。对于保留部分也要注意修剪，以避免杂乱粗野，影响美观。

薄雪万年草

天胡荽

小叶冷水花

玉龙草

撒颗粒

这是近年来应用较多的一种盆面处理方式，在盆面撒上一层陶粒、石子或风化岩以及其他颗粒材料，虽然看上去较为整洁卫生，但却与盆景的整体效果不协调，缺乏自然气息。对于梅花、蜡梅盆景，为了表现其傲雪绽放的品格，可在盆面撒上一层白色石子，表示雪景。

劲骨苍影
陈锦富作品

五针松盆景
张智高作品

布石

也叫点石，就是在盆钵中或植物旁边点缀观赏石，以起到平衡整体布局、稳定重心的作用，点石时注意石与树要高低参差，避免二者等高，可借鉴中国画中的松石图、竹石图、兰石图、树石图等，模仿山野间树木山石。对石头的种类要求不严，但形状和色彩要自然，不要使用人工痕迹过重的几何形和鲜艳的红、绿等颜色的石头。

有的盆景树冠过大，可在树干旁边放置一块大小形状相适应的山石，以避免作品头重脚轻。有的长方形或椭圆形盆钵，靠一端栽种植物，另一端空旷无物，使得整体缺乏平衡感，可在空旷之处放置山石，以起到平衡作用。为了营造自然和谐的地貌景观，可在盆面点石，以增加作品的野趣。布石时应将石头埋入土壤一部分，使之根基沉稳自然，避免轻浮做作。

探幽
张浩作品

蜡梅盆景
郑州碧沙岗公园作品

综合法

采用点石、栽种富有野趣的小草、铺青苔等综合方法。一般是以青苔为基础材料，结合赏石和配件的应用，将盆面处理得自然而富有野趣。

盆面无论怎么处理，栽种什么样的植物，都要做到自然和谐，切不可做作。有人喜欢在盆面栽种一些雏菊、小菊等小型观花植物，其鲜艳的花朵往往会喧宾夺主，使得作品不伦不类，影响整体意境表现。

林趣
姚晨作品

江南春早
张振卿作品

十里闻风
江一平作品

TIPS 植物的学名与中文名

国际上采用的植物学名，是瑞典生物学家林奈所创立的“双名法”，即植物的学名统一由属名加种名组成，并统一用拉丁文表示，故也称拉丁名，植物的学名一般情况下只有一个（有时因分类方法的不同或分类的变更及其他原因，偶尔也会出现同一种植物有两个或两个以上的现象，即异名）。

地球上的植物种类繁多，各国的语言及文字不尽相同，同一种植物在不同的国家，甚至同一个国家，乃至同一个地方，不同的年代也有不同的名字，像盆景中常用的“三角梅”，学名为 *Bougainvillea spectabilis*，《中国植物志》中称叶子花，在广东等岭南地区叫簕杜鹃，《台湾植物志》中则叫小叶九重葛，其他还有宝巾花、紫亚兰、三角花等名称；而贴梗海棠（*Chaenomeles speciosa*）在《中国植物志》中则用的是皱皮木瓜。因此为了便于交流，了解不同植物间的亲缘关系，统一使用学名是完全必要的，有些国外的盆景展要求必须标注植物的学名。

植物的中文名包括正名、别名、地方名及商品名等。正名，即正式的名称，多用于正规的学术刊物、植物志，一般来讲，植物的正名只有一个（偶尔会有2个或2个以上）；别名是指正名以外的名字，一种植物可以有多个别名；地方名，就是在某些地方使用的植物名，像花月、燕子掌在河南都被称为“玻璃翠”。商品名是指在销售时，商家命名的寓意吉祥、发财和辟邪的植物名字，像马齿苋科的马齿苋树的商品名叫“金枝玉叶”，朱砂根的商品名叫“金玉满堂”“黄金万两”“腰缠万贯”等。

松柏类盆景

SONGBAILEIPENJING

松柏，是松与柏两种类型植物的合称，在植物分类学中属松柏纲、松柏目。其共同点是大部分物种树姿雄伟，四季常青，凌霜傲雪，寒暑不改容，是坚贞的象征，深受世人赞扬，人们常用"苍松翠柏"来比喻有高贵品质、坚定节操的人。

松柏类盆景除具有较强的观赏性、寿命长等特点外，因其生长缓慢，不需要经常整型，能够长期保持其造型的稳定，这也是松柏类植物成为主流盆景树种的重要原因。

松树 *Pinus* spp.

松树，简称松。是松科（Pinaceae）松属（*Pinus*）植物的总称，约有80个原生种以及大量的园艺种和变种，其植株多呈乔木或矮灌木状，有树脂；树皮或平滑或纵裂或呈片状剥落；冬芽有鳞片；叶针状，多为2~5针一束，深绿至蓝绿色，有些园艺品种则呈金黄色或灰绿色。球花单性同株；球果的形状多种，对称或偏斜，有梗或无梗。

用于制作盆景的松树要求树干苍老、嶙峋古朴，枝叶紧凑，松针短而密实，经过塑型，能够以小见大，表现出大自然中古松的神采。像黑松及变种锦松，赤松、五针松、马尾松、白皮松、黄山松、华山松、油松等种类，其中有些种类还有着大量的园艺种。

黑松 *Pinus thunbergii*

黑松姿态刚健挺拔，树皮皴裂。针叶粗硬，富有阳刚之美，在造型时要把握这点儿，不可过于阴柔，即便是悬崖式造型也要刚劲大气。

黑松又称白芽松，为松科松属常绿乔木，幼树树皮暗灰色，老树则为黑灰色，粗厚，裂成块状脱落，枝条开展，树冠宽圆锥形或伞形；冬芽银白色，圆柱形。针叶丛生在短枝上，2枚一束，深绿色，有光泽，长6~12厘米。雄球花淡红褐色，圆柱形，聚生于新枝下部；雌球花单生或2~3个聚生于新枝顶端，卵圆形，淡紫红色或淡红褐色。球果圆锥状卵圆形或卵圆形，有短梗，向下弯曲，初为绿色，成熟时褐色。花期4~5月，种子翌年10月成熟。

黑松原产日本及朝鲜半岛南部海岸地区，其树高因生长环境而异，在肥沃疏松、土层深厚处生长的植株高达数十米，而在土质贫瘠、环境恶劣处则高不盈尺。其姿态刚健挺拔，针叶粗硬，富有阳刚之美，有“男人松”之美誉。欧洲也有欧洲黑松（*Pinus nigra*）及变种南欧黑松（*P. nigra* var. *poiretiana*）等。

黑松有着一系列的园艺种，尤其是日本选育的八房、大纳言、真川、小岱、扇、龟甲、万宝、寸梢、荣冠、潮、三河、虎斑、蛇目、红孔雀、瑞宝以及千寿丸、千寿姬等“寿”系列的短叶品种黑松株型紧凑，植株矮小，针叶短而密集，非常适合小型或微型盆景。

松韵依旧
张镇生作品

望泉
康传健作品

奇松遗韵
席有山作品

黑松盆景
李瑞峰作品

锦松 *Pinus thunbergii* var. *corticosa*

锦松枝干凹凸奇特，古朴苍劲，造型时应予以突出，使作品既有树种特色，又古趣盎然。

锦松，黑松的变种，为松科松属常绿乔木，一年生枝淡黄褐色，无毛；老枝和树干粗糙，灰褐色或灰黑褐色，具有发达的木栓质树皮，使得枝干凹凸奇特，古朴苍劲。针叶2枚一束，叶鞘宿存。球果圆锥状卵圆形，有短柄，熟时栗褐色。园艺种有八房锦松、梦幻锦松等。

云山吐翠绿满天
陈昌作品

苍影
郭学新作品

展秀
上海植物园作品

赤松 *Pinus densiflora*

赤松树姿优美，富有古典之美，其针叶细而柔软，但也不宜将其作得过于柔美，以免失去松树特有的阳刚品性。

赤松为松科松属常绿乔木，树皮橘红色或红褐色，裂成不规则的鳞片状或块状脱落；冬芽暗红褐色，长圆状卵形或圆柱形；针叶2枚一束，长8~12厘米或更短，在我国总的规律是越向北分布，其针叶就相对短些，最短的仅有5~6厘米。球果宽卵圆形或卵状圆锥形，熟时暗褐黄色。花期4月，球果翌年9~10月成熟。

赤松原产中国、日本、朝鲜半岛及俄罗斯，在我国多地都有分布。与黑松相比，赤松的针叶细而柔软，且较为稀疏，树姿妩媚动人，因此称之为“女人松”。栽培变种有平头赤松（别名千头赤松、伞形赤松）等。此外，还有欧洲赤松（*Pinus sylvestris*）及变种樟子松（*P. sylvestris* var. *mongolica*）也可制作盆景。

望岳
石凯作品

翠色天涯
石景涛作品

楚汉遗风
陆大志作品

黄山松 *Pinus taiwanensis*

黄山松枝干虬曲多姿，姿态古雅，针叶细而短，可制作多种造型的盆景。

黄山松也称台湾松，因主产于安徽黄山、台湾地区而得名。此外，福建、广东、江西、云南、湖南等地也有分布。为松科松属常绿乔木，树皮深灰褐色或褐色，裂成不规则鳞状厚块片或薄片；枝平展，老树树冠平顶；一年生枝淡黄褐色或暗红褐色，无毛，不被白粉；冬芽深褐色，卵圆形或长卵圆形，顶端尖，微有树脂。针叶2针一束，稍硬直，长5~13厘米，边缘有细锯齿，两面有气孔线。球果卵圆形或圆卵形，熟时褐色或暗褐色，近无梗。花期4~5月，球果翌年10月成熟，宿存树上多年不脱落。

舞动云间
张志刚作品

青松出岫
陈继忠作品

气贯云天
盛光荣作品

龙蟠凤逸
杨积德作品

天目神韵
石国庆作品

TIPS 黄山松与迎客松文化

黄山松在我国有着丰厚而悠久的文化底蕴和较高的知名度，其中位于玉屏楼青狮石旁的迎客松尤为著名，该松树龄已达800余年，其树干中部伸出长达7.6米的两大侧枝展向前方，恰似一位好客的主人，挥展双臂，迎接客人，因此得名“迎客松”，它是黄山松的代表，也是松树的代表。以其为素材的摄影、绘画美术作品数不胜数，并形成了独特的迎客松文化。上至庄严的人民大会堂，下至车站码头，随处都会看到它的身影，就连宾馆的屏风、庭院的影壁，也有迎客松的雅姿，甚至还有以五针松、真柏等及其他杂木树种模拟“迎客松”风采的“迎客型”盆景和景观树。

黄山松在浙江杭州的天目山一带称天目松，其树皮红褐、深灰相间，呈龟纹状或鳞状，针叶两根一束粗硬短而苍翠。尤其是悬崖峭壁之上的小矮松，由于受生长环境等众多因素的影响，枯枝蟠虬，葱郁苍翠。明代文震亨所著《长物志·盆玩篇》中称其：“最古者以天目松为第一，高不过二尺，短不过尺许，其本如臂，其针若簇”。

五针松 *Pinus parviflora*

五针松姿态优雅，针叶短而紧凑，适合制作多种造型的盆景，但其枝条多为轮生状，造型时应注意调整，使其层次分明，自然刚劲。

五针松别名日本五针松、五叶松、五须松。为松科松属常绿乔木，幼树树皮淡灰色，平滑，树皮暗灰色，裂成鳞状块片脱落。枝平展，形成圆锥形树冠。针叶5枚1束，微弯曲，长3.5~5.5厘米，叶色蓝绿，有明显的白色缝线。雄球花聚生于新枝下部，雌球花聚生于新枝顶部，球果卵圆形。花期4~5月，翌年10月果熟。

五针松原产日本，我国有引种，其品种很多，主要有长叶五针松、短叶五针松、细叶五针松、旋叶五针松、金叶五针松、银叶五针以及近年从日本引进的那须（五针松）等。此外，中国则有华南五针松（*Pinus kwangtungensis*）、巧家五针松（*P. squamata*）、毛枝五针松（*P. wangii*）等原生种类。

大阪松（*P. parviflora* ‘Aurea’）是五针松家族中的珍贵品种，其针叶粗短，并稍向内做弧形弯曲，分枝密集，成型后枝平如刷，并有金叶大阪松和银叶大阪松两个系列，每个系列还有若干个品种。

天涯海角
大阪松
如皋花木大世界作品

忆松年
戴勇作品

拂云擎日
大阪松
上海植物园作品

风从这边来
东方艺术盆景园作品

细雨润松影
大阪松
苏州虎丘山风景名胜区管理处作品

马尾松 *Pinus massoniana*

马尾松枝干扭曲多变，姿态古朴奇特，其针叶较长，可用短叶法改善，以形成紧凑优美的树冠。

马尾松也称青松，在岭南地区称为“山松”“枞松”。为松科松属常绿乔木，树皮呈鳞片状剥裂，枝条轮生，幼时向上伸展，成年后则平展或下垂式伸展。叶针状，2枚为一簇，柔细淡绿，长12~30厘米，基部具叶鞘，边缘有锯齿。雄球花淡红褐色，圆柱形，弯曲，穗状；雌球花单生或2~4个聚生于新枝近顶端，淡紫红色。球果卵圆形或圆锥状卵圆形，成熟时栗褐色。花期4~5月，翌年10~12月果熟。

马尾松在我国长江以南及山东等地有广泛的分布。河南南部、陕西也有分布。

岭南松韵
何焯光作品

谦谦君子
彭盛材作品

舞弄风云
韩学年作品

白皮松 *Pinus bungeana*

白皮松树干表皮白褐相间，纹若龙鳞，枝叶苍翠挺拔，独具特色，在盆景造型时应突出树种自身特点。

白皮松也称白骨松、三针松、白果松、虎皮松、蟠龙松。为松科松属常绿乔木，有明显的主干或从树干近基部分成数干；枝细长，斜展，形成宽塔形至伞形树冠；幼树树皮光滑，灰绿色，老树的树皮呈淡褐灰色或灰白色，裂成不规则的鳞状块片脱落，脱落后近光滑，露出粉白色内皮，形成白褐相间的斑鳞状。针叶3针一束，粗硬，长5~10厘米，先端尖，边缘有细锯齿。雄球花卵圆形或椭圆形，多数寄生于新枝的基部成穗状；球果熟时淡黄褐色，花期4~5月，翌年10~11月果熟。

白皮松是我国特有的树种，分布于陕西、甘肃、山西、河南、四川、湖北等地，生于海拔500~1800米地带。

听松
卢迺华作品

逸态闲情
徐国杰作品

松树盆景造型

松树的繁殖常用播种、嫁接及针束扦插的方法。但用这些方法制作盆景需要较长时间才能成型。因此可挑选绿化苗木中树干较粗、下部有枝条的植株，经截干处理后培育成盆景桩材。也可在不破坏生态环境的前提下，采挖植株矮小、形状奇特、清奇古雅的黑松、赤松、黄山松、马尾松等松树的老桩制作盆景。可在冬季至早春萌芽前的休眠期挖掘，移栽时将主根截断，多留侧根和须根，并带宿土或用原土在根部打上泥浆，以保存松根菌，有利于成活，最后在根部套上塑料袋或用草绳包裹，以保鲜保湿。还要对根、干、枝进行短截，剪除造型不需要的枝干，短截前要仔细审视，尽量一次到位，所保留的枝条上一定要有松针，否则就会出现哪一枝不带松针、哪一枝死亡，全株不带松针、全株死亡的现象。

对于黑松中的千寿丸、三河以及锦松、五针松等较为珍稀的品种也可用嫁接的方法繁殖。

松树盆景可根据树桩的形态，因势利导，因材附形，采取修剪与蟠扎相结合的方法，制作直干式、曲干式、斜干式、临水式、悬崖式、丛林式、文人树、附石式等多种造型的盆景。无论那种形式的松树盆景都要以大自然中的古松为依据，并参考画中的松树，使其既符合自然规律，又具有较高的艺术性。

一般认为松树盆景最理想的造型时间是冬季的休眠期至春季的萌芽前，这时树液流动缓慢，枝条的伤口处基本无松脂溢出，对植株的生长影

TIPS 松宜直

仔细观察就会发现，大自然中古松的树干多为挺直或微弯的姿态，枝或平展或微下垂。因此在盆景造型时要注意这点，不要将树干作得过度弯曲，甚至扭曲，枝则以流畅平伸为佳，或飘或跌，尽量利用分枝的硬角或自然弯，来改变枝条走向，使大枝与主干过渡比例自然和谐，而不宜过度扭曲。

明月松风
沈水泉作品

绝壁凌云
单顺刚作品

潮韵
应日朋作品

马远绘松图
张柏云作品

龙飞
聂正奎作品

风骨
应日朋作品

探海
李明作品

奔出飞云
容园作品

列松如翠
戴勇作品

响不大。而实践证明，在气候温和的地区，松树盆景的造型一年四季都可进行；而在冬季寒冷的地区，如果没有完善的保温措施，就不要在冬季进行了。如果对枝干做大的造型，当年就不要翻盆动根，即“动上（枝干）不动下（根部）”。

对于生长多年的老桩，造型时应因桩附形，尽量利用原有的枝、干进行造型，将多余的枝、干、根缩剪，并对其走势进行调整，将向上生长的枝条调整为平展式或下跌式，除直干式盆景外，其他形式的盆景要避免主干、枝条、根有僵直的线条出现，使其刚柔相济，曲折有致。而人工繁殖的松树小苗则应根据设计好的稿子进行造型，使盆景线条自然流畅，枝叶繁茂，生机盎然；还可选择姿态佳的松树苗，数株合栽，制作丛林式盆景。

嫁接也是松树盆景的造型技法之一，可在缺枝的部位嫁接同一种类松树的枝条，以达到弥补不足的效果。

松树还有一种特殊的嫁接方法——穿孔嫁接（俗称“穿接”），该法融合了芽接与靠接的共同优点，具有嫁接痕迹不明显、生长速度快等优点，多用于松树的补枝。方法是在3~4月松芽（俗称“松笔”）长到一定长度尚未发针叶时，先在要嫁接的松树干上用电钻钻孔（钻头的直径应比松芽稍粗些，以便于松芽穿过），钻孔前先清除树干上的老皮，露出内层新皮，钻孔时电钻速度不宜过快，以免温度过高，烧坏松树的内部组织，钻孔后注意清除锯末，以上这些措施都是为了利于愈合。将本株或其他植株的松芽从钻孔处穿过，为防止漏油，可在外面涂少量的植物愈合剂，以封闭伤口。嫁接成活后，松芽生长很快，不久就会长出针叶并木质化。以后注意防止松芽折断，并加强水肥管理和病虫害的防治。1~2年后所嫁接的松枝长到一定粗度，且周围皮质形成愈合组织就可以从钻孔的另一面将松枝剪断（俗称“断奶”）。

需要指出的是，大自然中的松树很少有舍利干和神枝，只有少量的枯枝，枯枝也会不久脱落，形成较短的舍利桩结，桩结烂尽，形成“马眼”。因此像柏树那样，大体量的舍利干用在松树盆景上就有悖于自然规律了。但艺术是允许夸张的，可用少量的神枝表现老松历经岁月沧桑、依然生机盎然的品性，但宜巧而精，小而少，切不可过多过大。

松树盆景养护

松树喜阳光充足和空气流通的环境，耐寒冷和干旱。平时可放在室外光照充足、通风良好处养护，花谚有“干松湿柏”之说，所以宜保持盆土偏干，不干不浇，浇则浇透，避免积水，特别是春季发芽长叶时更不能水大，以防枝、叶徒长。夏季和初秋气温较高，空气干燥，应保持土壤湿润，避免浇“上湿下干”的半截水，还可在早晚向叶面喷水，以增加空气湿度，使叶色美观，但雨季仍要注意排水防涝，以免因盆土积水而烂根。松树耐贫瘠，不喜欢大肥，每年的春夏秋各施几次肥即能满足生长需要，春季施肥宜淡，如果肥液过浓，反而会造成枝叶生长过旺，影响造型。秋季为松芽生长和枝干增粗的季节，可施几次腐熟的稀薄饼肥液，使其生长健壮。也可将颗粒肥料放在玉肥盒中，使之缓慢释放，供植株吸收。

黑松、赤松、马尾松等种类的松树针叶较长，为了使其变短，除在春季新叶生长时控制水肥外，还可用“短叶法”，其内容包括切嫩枝、疏芽、摘老叶等，具体操作如下：在7~8月将当年生长的新枝全部剪去，由于植物有自我恢复伤残、寻找平衡的能力，第二轮新芽在8~9月又会在枝头生长，可在9~10月将多余的芽疏掉，仅留枝条两侧或水平方向的两个芽。以后随着气候的逐渐变冷，抑制了新芽、新叶的生长，11~12月剪除剩余的老叶，于是植株就剩下第二轮生长的短针叶了，也可在4月中旬以中等长度的新芽为基准，将过长的新芽超出部分掐掉，使之长短相差不大。6~7月植株再次长出新芽后，先将切弱芽从枝梢切除，一周后再切强芽，以催生较为整齐的第二轮芽。7~8月切除弱芽和延伸不良的芽，每个切口保留2个旺盛的芽。冬季移至冷室内越冬，保持土壤不结冰即可，温度过高，反而对第二年的生长不利，也可连盆埋在室外避风向阳处越冬。

每2~3年的春季发芽前翻盆一次，翻盆时去掉原土的1/3~1/2，增添部分新土，盆土要求疏松透气，并有良好的排水性。

松树盆景不论翻盆还是老桩的采挖、移栽，都要尽量带些原土，切不可将原来的旧土全部去掉。因为松树的根系往往与一些菌类（姑且称之为“松菌”）共生，这些松菌能够促进根系对养分的吸收，使之健康生长，若失去松菌，轻者植株萎靡，严重时甚至导致死亡，因此尽量不要裸根种植。对于裸根的松树盆景，在上盆时最好从其他松树盆景的盆土中或老松的根部取些土壤，掺进新土中，以使根系在松菌的作用下尽快恢复长势，保证植株成活，并为以后健康生长打下良好的基础。

TIPS 盆栽与盆景

盆栽，顾名思义，就是把植物栽植于盆钵之中。它基本不对植物作造型处理，主要欣赏植物茎、叶、花、果的自然美。当然，也有些植物不经过造型，直接上盆就是一件很好的盆景作品，但盆器的选择及上盆时栽种的角度可视作对植物的艺术造型。

盆景在唐代通过遣唐使传入日本，后经过与日本文化及自然资源的融合发展，逐渐形成了日本“盆栽”。在20世纪初由日本传入欧美等西方国家，并沿用了日本盆栽的造型、技艺、分类与用语，根据日语的发音将其定名为“Bonsai”。这种“盆栽”是指经过艺术处理，能够表现大自然中各种树木美姿的艺术品，相当于我国的植物盆景。

雪松

Cedrus deodara

雪松树干伟岸挺拔，侧枝平展，自然典雅，幼年枝干相对柔软，适宜蟠扎造型。

龙飞
聂正奎作品

雪松别名喜马拉雅雪松或喜马拉雅杉，为松科雪松属常绿乔木，株高达20余米，树干多直立，树皮灰褐色，幼树光滑，老树开裂成鳞片状剥落，树冠为上小下大的圆锥形或塔形，枝呈不规则轮生，有长枝短枝之分，长枝为生长枝，平展；短枝为结果枝，略下垂。叶针形，质硬，先端尖，叶色有淡绿、灰绿、蓝绿或银灰色，在长枝上呈螺旋状互生，在短枝上轮状簇生。雌雄异株或同株，花着生于短枝顶端，秋季开放，雌花授粉后次年发育成球果，秋季成熟。

雪松属植物有大西洋雪松、短叶雪松、喜马拉雅雪松、黎巴嫩雪松等4种，分布于非洲北部、亚洲西部及喜马拉雅山西部。其4个物种区别不大，而且能种间杂交，有专家认为它们可能是黎巴嫩雪松的地理变种。

造型

雪松的繁殖有播种、扦插、压条、嫁接等方法。

雪松盆景常见的有直干式、斜干式、双干式、丛林式等形式，如果有合适的桩材，也可制作悬崖式、临水式等造型。树冠既可像其他松柏类盆景那样，蟠扎成云片状，也可利用其树姿挺拔、枝叶繁茂、侧枝先端略有下垂的特点，加工成郁郁葱葱，既枝繁叶茂，又有层次变化的塔形。造型方法可在树的幼龄时，趁枝干柔软，根据立意，用金属丝对其进行蟠扎，蟠扎时应在金属丝或树皮上缠上布条，以免树皮受到损伤。并辅以修剪，剪去过长、过乱的枝条，使盆景和谐美观。还可根据需要将部分枝干加工成舍利干，并适当提根，使其悬根露爪，以增加盆景的沧桑感。

养护

雪松喜温暖湿润和阳光充足的环境，耐半阴和寒冷，稍耐旱，怕积水。生长期可放在室外光照充足、通风良好处养护，浇水做到“不干不浇，浇则浇透”，避免盆土积水，空气干燥时应向植株及周围喷水，以增加空气湿度，使叶色葱绿美观，若遇连阴雨天气应注意排水，以免因水大引起烂根。4~5 月和 8~9 月每 15 天左右施一次腐熟的稀薄液肥。生长期可根据造型的需要对徒长枝进行短截，以促发侧枝，使短枝上的簇生叶浓密厚实。

冬季移至冷室内，保持0℃以上不结冰即可。休眠期对植株进行一次修剪整型，剪除枯枝、重叠枝、交叉枝，将过长的枝条剪短，使树冠呈上小下大的塔形。修剪时注意对树顶的保护，若顶枝折断，可将树干上部健壮的侧枝培养成新的顶枝，以使盆景完美。每 2~3 年在春季发芽前翻盆一次，盆土宜用疏松肥沃、排水良好的中性或微酸性砂质土壤。

孤松凝寒
张晋予作品

高风亮节
陈明法作品

金钱松

Pseudolarix amabilis

金钱松树干通直，枝丛层次分明，其姿态潇洒优美，但木质疏松而质脆，树干及老枝不宜过度蟠扎，可通过改变上盆角度等方法制作丛林式、直干式等造型的盆景，小枝可进行小幅度的蟠扎、牵拉，以调整树势。

江头春水绿湾湾
张夷作品

金钱松别名水树、金松。为松科金钱松属落叶乔木，老干红褐色，有鳞片，大枝不规则轮生，有长枝和短枝之分，长枝伸展，短枝侧生。叶线形，柔软，长枝上的叶螺旋状互生，短枝上的叶呈簇状生于顶端，春夏为浅绿色；秋季为深黄色；入冬叶落时基部为金钱状，故名金钱松。雌雄同株，雄球花簇生于短枝顶端，雌球花单生于短枝顶端，球果近卵形，直立。花期4月，当年10~11月果熟。

金钱松属植物只有一种，是我国的特有树种，分布于长江中下游各地的温暖地带。

造型

金钱松用播种或扦插、压条的方法繁殖。常见的造型是丛林式或水旱式，上盆时注意前后近远及高低的变化，尽量做到疏密有致、层次分明。其他还有直干式、双干式、斜干式等造型。通常采用粗扎细剪的方法，在春季萌芽前用金属丝或棕丝对树干进行蟠扎，树冠则可蟠扎成层次分明的云片状，由于其生长迅速，定型后应及时拆除蟠扎所用的金属丝，以免造成“陷丝”。

养护

金钱松喜温暖湿润和阳光充足的环境，但夏季高温时仍要适当遮光，特别是种植在浅盆内的，更要防止烈日暴晒，以免因水分蒸发过快，造成焦叶。平时保持盆土湿润而不积水，雨季注意排水，避免因盆土积水而导致烂根，经常用细

小溪幽幽
夏建元作品

喷壶向植株喷水，以增加空气湿度，使叶色美观。生长期每月施一次腐熟的稀薄液肥，雨季和夏季高温时要停止施肥。金钱松有一定耐寒性，南方可在室外避风向阳处越冬，而浅盆种植的和北方地区仍要移至室内越冬，但温度不必过高，维持0℃以上不结冰即可。

金钱松萌发力强，春季发芽时及时抹去不需要的新芽，生长期可根据造型的需要进行修剪，剪除影响造型的徒长枝、病弱枝、过密枝、过长枝等枝条。

每1~2年在春季萌芽前翻盆一次，翻盆时剔除原盆土的1/3~1/2，剪掉枯根、烂根，用新的培养土栽种。盆土宜用含腐殖质丰富、肥沃疏松、排水良好的微酸性土壤。

牧歌
王惠杰作品

云杉

Picea asperata

云杉姿态挺拔潇洒，表皮粗糙，枝丛层次分明，其木质较硬，多为直干式或丛林式造型，方法以修剪为主，小枝可进行牵拉、蟠扎，并可根据需要，将一些枝修成神枝。

林深烟锁径
林丽娟作品

云杉，别名粗枝云杉、粗皮云杉、大果云杉、大云杉、白松。为松科云杉属常绿乔木，植株高大挺拔，树皮淡灰褐色，裂成不规则的鳞片状或较厚的块状脱落，小枝具短柔毛；叶四棱状条形，绿色，四面均有气孔线。球果柱状矩圆形或圆柱形，成熟后淡褐色或栗褐色。

云杉是我国的特有树种，产于青海、宁夏、甘肃、内蒙古等省（自治区）。

造型

云杉的繁殖可用播种或扦插的方法。其主干直而挺拔，可用其幼苗制作丛林式造型的盆景，上盆时注意修剪，将较高的主干短截，并根据造型需要对分枝进行蟠扎或牵引，使之高低错落，层次分明。并在盆面点缀青苔和赏石，以营造自然和谐的地貌景观。此外，还可利用生长多年的老桩制作直干式、斜干式、悬崖式等造型的盆景，可用蟠扎与修剪相结合的方法造型，并将部分枝处理成神枝，以表现其历尽沧桑，依然生机盎然的风采。

养护

云杉喜凉爽湿润的气候环境，稍耐阴，耐寒，适宜在疏松肥沃、排水良好的微酸性砂质土壤中生长。盛夏高温季节注适当遮光，以避免烈日暴晒，并注意通风降温；生长期保持土壤、空气湿润，但不要积水；因其生长较为缓慢，一般不必另外施肥。冬季置于避风向阳处或冷室内越冬，控制浇水，保持土壤不结冰即可。每年春天萌芽前进行整型，剪除杂乱、细弱、枯干的枝条，将过长的枝条短截。每3年左右翻盆一次，一般在春季进行，盆土宜用疏松肥沃、含腐殖质丰富的微酸性土壤。

虾夷松

Picea jezoensis var. *microsperma*

虾夷松树干挺拔，枝丛叶细密而层次分明，木质坚硬，可采用修剪、蟠扎相结合的方法，制作多种形式的盆景。

深山对弈
邓文祥作品

天地有正气
北京柏盛缘作品

虾夷松，正名鱼鳞云杉，别名鱼鳞松、鱼鳞杉。为松科云杉属的自然变种，常绿植物，植株呈高大乔木状，幼树树皮暗褐色，老时则呈灰色，裂成鳞状块片；大枝短，平展，一年生枝褐色、淡褐色或黄褐色；小枝上面的叶覆瓦状向前伸展，下面及两侧的叶向两侧弯伸，叶片条形，微弯，绿色，上面有两条白色气孔带。球果矩圆状圆柱形或长卵圆形，具鳞片，成熟前绿色，成熟后褐色或淡黄褐色。

同属中有近似种卵果鱼鳞云杉（*Picea jezoensis*）、长白鱼鳞云杉（*P. jezoensis* var. *komarovii*）等。

造型

虾夷松的繁殖可用播种、扦插、压条等方法。老桩的采挖移栽可在春季新芽饱满、尚未萌发时进行。因其根系较脆，挖掘时应注意保护，并把多余的枝条剪除。萌芽后不要抹芽，以促进养分的合成，有利于生根。秋季可剪除多余的枝条，并进行初步蟠扎、定枝、造型，使之达到理想的效果。

养护

虾夷松喜冷凉和湿润的环境，要求有充足的阳光，耐半阴。其日常管理与云杉相似，可参考进行。

水松 *Glyptostrobus pensilis*

水松树姿富于变化，枝条平展，萌发力强，造型方法以修剪为主，对不到位的枝条可通过小幅度蟠扎、牵拉进行调整。

潮起潮落览江流
杨庆生作品

水松别名落叶松、水石松、水绵。为杉科水松属半常绿乔木，树皮灰褐色，条片状脱落；生于湿生环境者，树干基部膨大成柱槽状，并有呼吸根露出地面；在水位低、排水良好的地方，树干基部不膨大或微膨大，也无呼吸根。枝叶稀疏，小枝绿色，叶多型，鳞形叶螺旋状着生于多年生或当年生主枝上，冬季不脱落；条形叶和钻形叶均于冬季随侧生短枝脱落。雌雄同株，球果倒卵圆形，花期1~2月，果实当年秋后成熟。

水松属植物仅1种，属我国的特有树种，分布于福建、广东、广西、江西、四川、云南等地。

造型

水松可用播种、扦插等方法繁殖。也可在3~4月挖掘矮小而奇特的树桩制作盆景。

水松可制作斜干式、直干式、双干式、大树型等多种造型的盆景，也可数株组合，做成丛林式以表现山林风光。造型方法以修剪为主，其枝条平展，故很少用蟠扎的方法造型，只需将个别枝条用金属丝或棕丝稍加调整，改变其生长方向和角度即可。其枝条布局尽量做到疏密得体，出枝合理，使盆景呈现出立体构图。

养护

水松喜阳光充足和温暖湿润的环境，除盛夏高温时适当遮阴外，其他季节都要给予充足的光照。平时保持土壤湿润，不可缺水，并经常向植株以及周围环境喷水，以保持足够的空气湿度，有利于植株的生长。生长期施稀薄的液肥3~4次。冬季移入室内阳光充足之处，以免冻害影响来年的生长。

水松盆景可随时进行整修，剪去内膛枝、平行枝、丛生枝、徒长枝等影响造型的枝条，以保持盆景的美观。每1~2年的春季翻盆一次，盆土要求疏松透气，具有良好的保水性。

山水秀色
邹志良作品

水松盆景
玉山摄影

迎来春色换人间
叶锦豪作品

罗汉松

Podocarpus macrophyllus

罗汉松姿态苍古矫健，枝条柔韧性好，也耐修剪，不同品种之间可以互相嫁接，可通过嫁接、蟠扎、修剪相结合的方法造型。

疏林叠翠
小叶罗汉松
邵海荣作品

罗汉松别名罗汉杉、土杉。为罗汉松科罗汉松属常绿小乔木，主干多直立，树皮暗灰色或灰褐色，呈薄片状脱落；枝开展或斜展，较密；叶螺旋状互生，条状披针形，稍弯，叶面浓绿色，有光泽，背面灰绿色或淡绿色。雌雄异株或同株，雄花球穗状，腋生，常3~5个簇生于极短的总梗上，雌花球单生于叶腋；果形奇特，由种子及其下部膨大的花托组成，全形犹如披着袈裟的罗汉，罗汉松之名也因此而得。花期4~5月，8~9月果熟。

罗汉松属植物约100种，分布于亚热带、热带及南温带，我国产13种及3变种。此外还有着丰富的园艺种，主要有大叶罗汉松、狭叶罗汉松、短叶罗汉松、雀舌罗汉松、斑叶罗汉松以及金钻罗汉松、珍珠罗汉松、米叶罗汉松、海岛罗汉松、云南罗汉松、日本罗汉松、贵妃罗汉松等，其中有些品种的新芽、新叶呈金黄色或红色，而且聚拢不散，状若菊花，俗称“菊花罗汉松”“红芽罗汉松”。

造型

罗汉松的繁殖可用播种、扦插、压条等方法。还可选择那些生长多年、形态奇特的老桩制作盆景。一般在冬春季节移栽，先进行地栽或用较大的盆器“养桩”，栽种前先对桩子进行整修，剪去造型不需要的枝条，成活后进行造型。也可用虬曲古雅的大叶罗汉松桩子做砧木，在其2年生的枝条上嫁接观赏价值较高的雀舌罗汉松、珍珠罗汉松、金钻罗汉松等优良品种。

罗汉松可制作直干式、丛林式、悬崖式、斜干式、文人树等多种款式的盆景，树冠则可加工成自然型、馒头型、云片型、三角形等。一般在冬春季节的休眠期用金属丝或棕丝进行蟠扎造型，使用金属丝蟠扎时不要损伤树皮，由于罗汉松的枝条较软，蟠扎两年后才能定型，此时方可解除蟠扎的棕丝或金属丝。

修剪也是罗汉松盆景造型不可缺少的手段，除了剪除那些造型不需要的枝条外，还要对较长的枝条短截，以促发侧枝，形成紧凑而疏密得当的树冠。

养护

罗汉松喜温暖湿润和阳光充足的环境，生长期可放在室外阳光充足、空气流通之处养护，但7~8月仍要适当遮阴，以避免烈日暴晒，造成叶尖枯干。保持盆土湿润而不积水，春末至夏秋季节空气干燥时，可向植株以及周围喷水，以形成局部湿润的小气候环境。春、夏季节各施1~2次腐熟的稀薄液肥。

养护中及时剪除影响美观的枝条，冬季的休眠期，根据造型的需要，对枝叶进行一次全面修剪，以保持盆景的美观。每1~2年的春季翻盆一次，盆土要求疏松肥沃，含有丰富的腐殖质，具有良好的透气性。

醉眠绿荫
裴家庆作品

风华正茂
龙川盆景园作品

玉树临风
悟园作品

清涛松雅
马荣进作品

龙腾
雀舌罗汉松盆景
陈志祥作品

山静云出
张卫立作品

柏树

柏树是柏科（Cupressaceae）植物的统称，约有侧柏属、圆柏属、刺柏属、柏木属等22个属。植株呈常绿乔木或小灌木状，分枝稠密，小枝细弱而众多，叶鳞片状或针状、锥状，绿色或蓝绿色，有些园艺种则呈黄色。全株具浓郁的芳香。雌雄同株或异株，球花单生于枝顶，球果近卵形，种子长卵形，无翅。

作为盆景树种的柏树主要有圆柏及其变种真柏、龙柏、石化桧；侧柏、地柏、刺柏、璎珞柏、翠蓝柏、垂枝柏、线柏、花柏等。

侧柏 *Platycladus orientalis*

侧柏树姿雄浑苍古，木质坚硬，气味芬芳，耐修剪，也适宜蟠扎造型。与多种柏树有着很好的亲和力，可用作砧木，嫁接真柏或其它种类的柏树。而舍利干、神枝更是侧柏的一大特色。

侧柏别名香柏、黄心柏、扁柏。为柏科侧柏属常绿乔木，全株具特殊的芳香气味，树皮薄，浅灰或浅褐色，纵裂成条状，有薄片状剥落；枝条向上伸展或斜展；叶鳞片状，绿色，先端微钝。雌雄同株异花，雄花球黄色，卵形，雌花球蓝绿色，被白粉，近球形。球果近卵圆形，成熟后开裂，种子长卵形，无翅或有极窄的翅。花期3~4月，球果10月成熟。

侧柏在我国有着广泛的分布，朝鲜半岛也有，具有树干苍古、树姿优美、气味芳香、寿命长等特点。而且侧柏与多种柏树有着很好的亲和力，可用其做砧木，嫁接其他种类的柏树。

TIPS 侧柏与崖柏

崖柏，是近年来比较热门的盆景树种。其实，这种所谓的“崖柏”就是生长在悬崖峭壁等地势险要处，以侧柏为主要代表的柏树。由于生存环境恶劣，生长极为缓慢，而且经多年的栉风沐雨，大自然的洗礼，桩子千姿百态，鬼斧神工。但受多种因素的制约，其移栽成活率并不高，资源也越来越少，出于保护生态环境的目的，不少地方政府已经出台法规，严禁采挖。“崖柏”的木质坚硬、纹理美观，有柏树的特殊香味，还可用于制作根艺、手串、香道等文玩摆件，又因主要产于太行山脉，故也称“太行崖柏”。

而实际上，这种被称为“崖柏”的植物，并不是植物学上的崖柏。植物学上的崖柏是对崖柏（*Thuja sutchuenensis*）及朝鲜崖柏、日本香柏、北美香柏、北美乔柏等6种柏科崖柏属植物的总称。产于北美和东亚。我国有2种，产于吉林南部和四川东北部，20世纪90年代因数量稀少未被发现宣布为灭绝物种，21世纪初在重庆大巴山地区发现少量植株，属于濒危物种，严禁采伐。

雄风
姚乃恭作品

古柏风韵
牛得槽作品

苍古擎天
梁玉庆作品

太行风云
齐胜利作品

圆柏 *Sabina chinensis*（*Juniperus chinensis*）

圆柏枝干苍古奇雄，婉转扭曲，线条优美，树冠紧凑，木质坚硬。适合制作多种造型的盆景，并可嫁接其他品种的柏树，制作神枝和舍利干。

圆柏别名柏树、桧柏、桧、红心柏，为柏科圆柏属常绿乔木，树皮深灰色，纵裂，呈条片状开裂，叶二型，刺状叶生长在幼树上，鳞片状叶则生长于老树上，而壮年树则刺叶和鳞片状叶兼有。雌雄异株或同株，雄球花黄色，椭圆形；球果近圆球形，两年成熟，呈暗褐色，被有白粉或白粉脱落。

圆柏属植物约50种，广泛分布于北半球，有些文献将该属植物作为刺柏属（*Juniperus*）下级的一个亚属，即圆柏亚属，因此与该属相关植物的拉丁名也作了相应的改变。圆柏的变种及栽培种很多，用于盆景制作的主要有真柏、龙柏、金叶桧、鹿角桧以及近年从日本引进的石化桧、津山桧等。

徽韵
谢树俊作品

侠骨柔枝
缪宗建作品

龙马精神
王寿山作品

真柏 *Sabina chinensis* var. *sargentii*（*Juniperus chinensis* var. *sargentii*）

真柏品种丰富，根干奇古苍劲，木质坚硬，团簇结构的枝叶略微下垂，苍翠凝重。适合用蟠扎、修剪、雕凿等方法，制作多种造型的盆景，有“柏中之王”之称。

真柏，正名偃柏，圆柏的变种，为柏科圆柏属常绿灌木，枝干常屈曲匍匐生长，小枝上升成密丛状；叶二型，幼树为细而短的刺形叶，老树为鳞状叶，蓝绿色。

真柏，真正好品性的柏树，是柏树家族中最美的品种，被誉为“柏中之王”，适合制作各种造型和规格的盆景。主要有密生偃柏、粉羽偃柏以及纪州柏、真观柏、系渔川等日本品种和山采真柏、田培真柏等我国台湾真柏品种。

衣舞鼎秀
张小宝作品

风舞
李文明作品

两岸情深
许万明作品

生命交响曲
朱有才作品

云水谣
庞燮庭作品

雄风
张新平作品

图腾
吴乃臻作品

龙柏 *Sabina chinensis* ‘Kaizuca’（*Juniperus chinensis* ‘Kaizuca’）

龙柏枝干扭曲，小枝及鳞状叶排列紧密，适合制作多种造型的盆景。

龙柏为圆柏的变种，树冠圆柱形或柱状塔形，枝条向上直展，常有扭转上升之势，小枝密，鳞状叶排列紧密，幼嫩时黄绿色，以后呈翠绿色。球果蓝色，微被白粉。

翠凝千秋
郝增平作品

游龙探海
李伏生作品

石化桧 *Sabina chinensis* var. *monstrous*

石化桧树姿奇特，枝叶排列密集而层次分明，因其植株不大，较为适合小型或微型盆景。

石化桧为柏科圆柏属圆柏的石化变异品种，植株呈灌木状，多分枝，新枝呈不规则形扁平状，嫩芽凸起，近似羽状，但较为肥厚。其株型紧凑，层次丰富，是制作盆景的珍贵树种，尤其适合制作小型和微型盆景。

TIPS 石化变异

石化变异是多肉植物中常用的一个词，特征是植株所有芽上的生长锥分生都不规则，而使得整个植株的肋棱错乱，不规则增殖而长成参差不齐的岩石状。

石化桧盆景
胡建平作品

石化桧盆景
马景洲作品

石化桧盆景
古林盆栽作品

高山柏 *Sabina squamata*（*Juniperus squamata*）

高山柏枝干扭曲盘旋，生命力顽强，非常适合制作舍利干或神枝。

高山柏为柏科圆柏属常绿植物，或为匍匐状灌木或为乔木；树皮褐灰色，小枝直或弧状弯曲，下垂或直伸；叶刺形，3叶轮生，披针形至窄披针形，先端具刺状尖头，上面微凹，具白粉带，下面拱凸。球果圆形或近球形，熟时黑色或蓝黑色，无白粉。

高山柏是我国的特有植物，产于西藏、云南、贵州、四川、甘肃南部、陕西南部、湖北西部、安徽黄山、福建及台湾等地，常生于海拔1600~4000米高山地带。

飞天
李华龙作品

力挽狂澜
马光文作品

岁月何所惧我自独风流
戴武作品

天山圆柏 *Sabina vulgaris*（*Juniperus sabina*）

天山圆柏产于我国的西北地区，枝干扭转盘旋，造型时应突出地方特色，表现该地区大漠、山峦等处特有的植物景观。

天山圆柏即叉子圆柏，别名新疆圆柏、双子柏、臭柏、爬柏。为柏科圆柏属常绿小乔木或灌木，枝密，斜向上伸展，树皮灰褐色，裂成薄片脱落；叶二型，刺叶常生于幼树上或在壮龄树上与鳞叶并存；鳞叶交互对生，排列紧密或稍疏，斜方形或菱状卵形，先端微钝或急尖，背面中部有明显的腺体。雌雄异株，球果熟时褐色、紫蓝或黑色，多少有些白粉。

天山圆柏产于新疆天山至阿尔泰、宁夏贺兰山等西北地区，欧洲南部及中亚也有分布。

起舞弄清影
石启业作品

雅丹情韵
翟理华作品

舞动天山
石启业、翟理华作品

翠蓝柏 *Sabina squamata* 'Meyeri'

翠蓝柏枝叶排列密集，树形潇洒秀美，其蓝绿色的叶子独具一格，但其主干不是很粗，较为适合制作中小型及文人树等造型的盆景，当然也可以粗大的侧柏、圆柏、刺柏等为砧木，进行嫁接，制作大中型盆景。

翠蓝柏为柏科圆柏属粉柏的栽培变种，植株呈直立小灌木状，小枝密集，叶排列紧密，针叶条状披针形，先端渐尖，上下两面均被有白粉。球果卵圆形。

另有翠柏（*Calocedrus macrolepis*），也称长柄翠柏，为柏科翠柏属植物，与本种近似，叶呈绿色。也常用于盆景的制作。

翠蓝柏盆景
李大勇作品

独立人间
徐国杰作品

翠蓝柏盆景
玉山摄影

垂枝柏 *Sabina recurva*

垂枝柏姿态潇洒飘逸，其根干苍劲古雅，小枝自然下垂，多作垂枝式造型，以表现其婀娜飘逸、潇洒自然的神韵。

垂枝柏也称曲枝柏、醉柏，柏科圆柏属常绿小乔木或灌木，树皮浅灰褐色、褐灰色或褐色，裂成薄片脱落；下部枝条平展，上部枝条斜伸，枝梢与小枝弯曲而下垂。叶短刺形，3枚交互轮生，覆瓦状，近直伸，微内曲，上部渐窄，先端锐尖，新叶灰绿色，老叶绿色。球果卵圆形，成熟时紫褐色，无白粉。变种有小果垂枝柏。

婀娜多姿
香港武汉鼎园作品

地柏 *Sabina procumbens*（*Juniperus procumbens*）

地柏枝叶紧凑，萌发力强，枝条柔韧性好，可用修剪与蟠扎相结合的方法制作多种造型的盆景。由于植株矮小，且能够以小见大，还常用于山石盆景的点缀。

地柏，正名铺地柏，别名爬地柏、地龙柏、匍地柏、矮桧。为柏科圆柏属常绿灌木，植株匍匐生长，枝条沿地面扩展，褐色，密生小枝，小枝及枝梢向上斜展；刺形叶三叶交叉轮生，条状披针形，先端渐尖，长0.6~0.8厘米，绿色至蓝绿色。球果近球形，成熟时黑色。

地柏的品种很多，其中的珍珠柏枝干虬曲苍劲，树皮斑驳，枝叶紧凑，自然成片，针叶短小坚硬，叶色苍翠，略发白，是制作盆景的优良材料，因其多从新西兰、日本引进，故也称新西兰地柏、新西兰珍珠柏、日本珍珠柏等。

彬彬有礼
李石强作品

行云
张坦坦作品

千山万水归幽林
新西兰柏
王建峰作品

刺柏 *Juniperus formosana*

刺柏树姿苍劲古雅，枝叶繁茂，耐修剪，易蟠扎，生命力顽强，适宜雕凿舍利干或神枝，可制作多种造型的盆景。

刺柏别名台湾桧，为柏科刺柏属常绿乔木，树皮褐色，有纵向沟槽，呈条状剥落。枝近直展或斜展，小枝下垂，三棱形，初为绿色，后呈红褐色。三叶轮生，叶线形或线状披针形，先端尖锐，表面略凹，中脉稍有隆起，叶绿色，在两侧各有一条白色气孔带，于叶的先端合为一体。球果近球形或宽卵圆形。

刺柏盆景
古林盆景园作品

刺柏盆景
胡茂旺作品

华夏五千年
乔永林作品

古柏遗韵
曾杰民作品

璎珞柏 *Juniperus communis*

璎珞柏枝条自然下垂，婀娜飘逸，常用于制作垂枝式盆景。

璎珞柏，正名欧洲刺柏。为柏科刺柏属常绿乔木或直立灌木，树干灰褐色，枝条直展或斜展，小枝细长，并下垂。三叶轮生，刺叶线状披针形，正面微凹，有一条宽白粉带，白粉带的基部常被中脉分成2条。球果球形或宽卵圆形，成熟后蓝黑色。

璎珞柏枝条自然下垂，婀娜飘逸，常用于制作垂枝式造型盆景。

需要指出的是，在一些地方把刺柏也叫璎珞柏，二者的主要区别是：刺柏的针叶较长，小枝的下垂长度不如欧洲刺柏那么长。欧洲刺柏的叶子较小，小枝的下垂幅度较大。

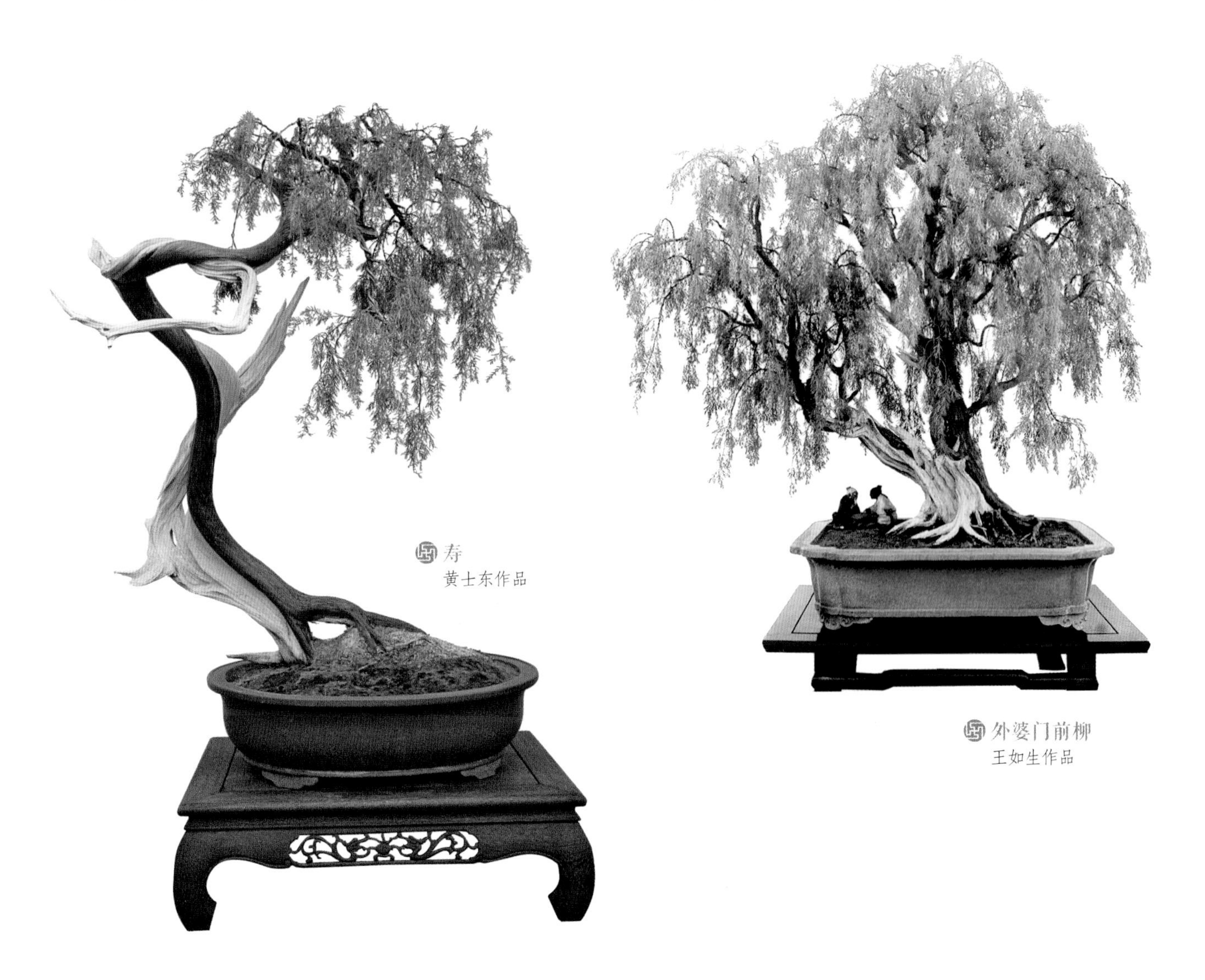

寿
黄士东作品

外婆门前柳
王如生作品

杜松 *Juniperus rigida*

杜松枝干虬曲多姿，枝叶繁茂，木质坚硬，宜作舍利干，造型时应突出该特点，表现其顽强的生命力。

杜松别名刚桧、崩松、棒儿松，为柏科刺柏属常绿灌木或小乔木，高达10米；枝条直展，形成塔形或圆柱形的树冠，枝皮褐灰色，纵裂；小枝下垂，幼枝三棱形。三叶轮生，条状刺形，质厚，坚硬，先端锐尖，上面凹下成深槽，槽内有1条窄白粉带，叶背有明显的纵脊。雄球花椭圆状或近球状。球果圆球形，成熟前紫褐色，熟时淡褐黑色或蓝黑色，常被白粉。

杜松产于我国的东北、华北及西北，日本、朝鲜也有分布。生于比较干燥的山区。

醉里得真知
吴克铭作品

线柏 *Chamaecyparis pisifera* 'Filifera'

线柏枝条柔软，自然下垂，多以蟠扎与修剪相结合的方法，制作垂枝式造型盆景。

线柏也称五彩柏，为柏科扁柏属植物日本花柏（*Chamaecyparis pisifera*，也称花柏）的变种。常绿灌木或小乔木，树皮红褐色，裂成薄片脱落；生有鳞叶的小枝细长，下垂如线。

同为日本花柏变种的还有绒柏，枝密生，叶为柔软的线状刺叶，背面有两条白色气孔线；卡柏，叶如绒柏而更为短密，有白粉。

乡韵
袁正平作品

寿乡映晖
彭朝煊作品

柏树盆景造型

柏树的繁殖有播种、扦插、压条、嫁接等方法。

对于侧柏、圆柏、刺柏等种类的柏树也可采挖老桩。按照通常的做法，一般是在冬季至早春萌芽前后移栽，此时树液流动缓慢，可以避免树液流出过多，影响成活率。根据实践，在北方地区“五一”前后、麦收时节（5月底）移栽成活率最高，因为挖掘柏树时枝干伤口处所散发出的芳香气味，会吸引来大量的天牛在树干上产卵，其幼虫孵化出来后会蛀蚀树干，造成孔洞，从而造成植株死亡。而此时，天牛的危害期已过，移栽不会对树桩造成危害，可以有效提高成活率。

移栽前先根据树桩的形态进行短截、疏剪，把不必要的枝条全部剪除，但要注意多留一些备用枝，为今后的造型留有充分的余地。柏树桩子一定要带树叶移栽，否则，移栽后会出现哪一枝不带树叶，哪一枝就会死掉，全株不带树叶，全株就会死掉的现象。挖掘时将主根截断，多留侧根、细根和须根。最好能带土球移栽，对于裸根的植株，要做好根系的保湿保鲜工作。先栽在有一定颗粒度、排水透气性的粗砂土中“养坯”，有条件的话最好能地栽，这样不仅能够提高树桩的成活率，而且还十分有利于新枝的增粗，为以后造型，缩短养桩时间，使盆景早日成型打下良好的基础，无条件的话也可盆栽“养坯”。栽种前可在较粗枝干、根系的伤口处涂抹植物伤口愈合剂、红霉素药膏、烧伤膏等药物，以避免细菌侵入、水分的蒸发，影响成活，栽后将土压实，浇透水，喷一遍水后，以后保持土壤湿润而不积水，以免沤根，经常向植株及周围环境喷水，以创造湿润的局部小环境，有利于植株的成活。对于成活的树桩第一年可施几次腐熟的稀薄液肥，以提供充足的养分，有利于桩子的生长，但肥液不要过浓，以免烧坏刚刚恢复的新根。第二年则可进行正常的水肥管理。

桩子成活的第一年应任其生长，不要进行造型，以促使枝条的增粗（俗称“拔条”），等过渡枝基本到位时再根据桩子的形态进行造型。

对于真柏，可用圆柏、侧柏、刺柏等种类柏树的老桩作砧木，在1~2年生的枝条上嫁接真柏，成活后进行造型，以改良品种，加快成型速度。

柏树盆景的造型十分丰富，几乎包含了直干式、斜干式、临水式、悬崖式、双干式、丛林

叠翠
梁彬作品

星河鹭起
吴选明作品

风华正茂
吕更作品

临渊听
赵德福作品

式、水旱式、附石式、文人树、垂枝式等所有形式，树干、树枝还可处理成舍利干或神枝，以表现其饱经岁月沧桑，依旧生机盎然的韵味。

一般认为，柏树盆景的造型应在冬季或早春的休眠期进行，此时树液流动较为缓慢，对植株生长影响不大，但也存在着伤口愈合缓慢的不足。而一些盆景工作者的实践经验证明，柏树盆景也可在生长期进行造型，而且具有伤口愈合迅速等优点。在冬季，如果有大棚或温室，也可进行修剪、蟠扎造型，如果是在室外，只能进行修剪，而不能进行蟠扎造型。

对于播种、扦插、压条等方法繁育的柏树幼树，可根据树的形态和分枝情况定势，如果树干太直，栽种时适当倾斜一点，以增加树的动势，并根据造型的需要，或短截，或作弯，剪除造型不需要的枝条，再用金属丝蟠扎，以后逐渐完善其造型。

对于生长多年的老桩造型要因树而异，参考大自然中的柏树形态和绘画中的古柏，采用蟠扎与修剪相结合的方法，以表现出柏树既苍老古朴，又生机勃勃的风姿。柏树盆景的蟠扎顺序是主干、次干、主枝、侧枝依次进行。

对于刺柏等品种的柏树先根据枝干粗细的不同，选用粗细不等的金属丝缠绕其上，边缠绕、边扭转、边弯曲，有人称之为“扭筋转骨法”，这样可使枝干具有古拙苍劲的纹理和态势，在蟠扎主枝时应顺着金属丝扭曲的方向向下压，以防止基部裂开。当金属丝开始勒进枝干时，应及时解下金属丝，若形状达不到要求，可重新进行蟠扎，以避免造成伤痕。

还可采用嫁接的方法，在缺枝、缺根的部位补根补枝，使作品更加完美。

柏树盆景的造型还要根据具体树种进行，像真柏的枝叶则作团簇状处理，并适当下垂，使其既符合自然规律，又具有美感；而刺柏、地柏的枝叶密集，叶片尖锐，树冠则以规整的云片式或潇洒的自然式为主；璎珞柏、线柏、垂枝柏的枝条自然下垂，最适合制作垂枝式造型的盆景。而侧柏盆景的造型则有丰满挺拔、枝叶稠密、苍郁葱笼的直立式大树型；树冠潇洒的自然型；苍古疏狂、枝叶稀疏的老树型等不同造型，甚至还可做成垂枝式造型。

舍利干的制作

舍利干，是柏树盆景造型的主要特点，具有一定的难度，要求制作者具有丰富的盆景知识，熟悉不同种类、品种柏树的习性和形态特征，能够熟练地使用电动和手动工具，这样才能对舍利干、神枝的雕刻、拉丝技艺随心所欲地使用，制作时舍利干、神枝的位置要仔细考虑，数量不要过多，否则有画蛇添足之嫌，而且看上去千疮百孔、白骨森森，难以令人产生美感。

制作舍利干时要注意选择时机，以3~5月为宜，因为此时树液流动活跃，切口容易愈合隆起，做神枝时，应尽量选择分叉较多者，这样做出来才漂亮美观。此外，刚翻盆换土的树因植株的机能尚未完全恢复，有枯死的可能；幼龄树木的木质不够坚硬，容易损坏，这些都不太适合做舍利干。

雕刻前必须先认真察看柏树的水线（也就是活的皮层部分），找准其所在的位置，切不可盲目下手。对于生长旺盛、皮层饱满的柏树，最好在树干筋脉隆起的位置来确定保留水线。因这样的水线健壮且相对应的部位定有树枝生长，是

TIPS 柏宜扭

大自然中古柏的树干扭转曲折，翻滚飘逸。盆景取势为以斜贵，并辅以舍利、神枝，使之枯荣相济，有藏有露，水线饱满凸起，沿着干脊弯曲游走，转折巧妙，变化自然，切不可如蛇缠树或切干横行。枝则应虬曲下垂，起伏跌宕，状若云团，错落有致，通透自然，苍翠中偶现神枝，切不可多而杂乱。

关山梦长
吴选明作品

傲然
吴振文作品

古木青霭
陈德伟作品

乡韵
袁正平作品

最佳的生命线。每棵桩干上最好能留有两条以上的水线，水线之间要有宽有窄，要有聚散开合的变化。需要指出的是，水线太少，尤其根部的皮扒得太多的话，近土面部分的木质禁不起日复一日的干湿交替，极易腐烂。因此制作时尽量多留几条水线，通过水线的开合、交织使树干浑然一体，并保证根部的健康成活。

对于只有半边是活的柏树，也可留一条较宽的水线，在有桩节的地方使水线分开，绕过桩节而合拢，也可在水线太过平板的地方顺水线的走势刻一道线，刻线的位置不要将水线分得太均等，线的长短宽窄也要根据水线变化的要求来决定。

水线的位置最好能起于树干的两侧或一侧，使前后都能看得到，其走向也应根据树干的形态和纹理来确定：或扭曲盘旋，或直行上扬，使水线和舍利干的纹理相一致。但水线最好别挡在正前方或正后方，在正前方则会将树干一分为二而影响树干的整体美，在正后方则因看不到水线而显得死气沉沉。

舍利干的雕刻可采用机械帮助雕刻或手工雕刻。但机械雕刻最后也必须通过手工来消除机械的痕迹。加工之前，一定要准确地确定树桩的水线，舍利干不能影响树桩的生存与生长，树桩的生存是第一位的。加工时要注意顺木质的纹理自然而有序地进行，其纹理的扭曲或旋结，也一定要宛若天成。对枯干断面的雕琢，比例要适当，收口要自然。做到枯干的走势与主枝、树型协调统一，浑然一体。对愈合线的雕琢要精细，促使水线暴凸起来，以取“暴筋露骨”的艺术效果。

需要指出的是，柏树跟松树一样，如果要对枝干进行大的造型，当年就不要翻盆了，即“动上不动下”，以避免因翻盆时损伤根系，造型时损伤枝干，对植株造成双重损伤，影响其正常生长，导致长势衰弱，甚至死亡。

柏树盆景养护

柏树喜阳光充足和空气流通、温暖湿润的环境。生长期可放在光照充足、通风良好、空气洁净处养护，不要在空气污染处摆放。保持盆土湿润而不积水，经常向叶面喷水，以增加局部空气湿度，使叶色翠绿。在生长季节，每20天左右施一次腐熟的稀薄液肥，施肥不宜过多过勤，以免因肥水过大，造成植株徒长，影响树姿的美观。传统的观念认为，晚秋和冬季柏树生长缓慢或完全停止，所需要的养分不多，应停止施肥，而实践证明，晚秋和冬季施肥能够有效地促进枝干的增粗和根系的发育。此外，还可利用“玉肥盒”施肥，所谓玉肥盒，就是一种镂空的软质塑料盒，而玉肥是一种长效有机颗粒肥，直径1~2.5厘米，玉肥盒可以完整地包裹每一粒玉肥，使肥料养分顺着容器根部直接渗入土壤内部，不会像传统肥料一样污染土壤表面及盆面的苔藓，避免烧根情况发生。冬季移入低温室内，浇水做到“干透浇透”。

玉肥盒

柏树盆景的修剪整型宜在冬季或早春进行，剪去多余的枝条，角度不好的枝条以及其他影响树形的枝条，对于过长的枝条可在生长期摘心，以促发新芽，使枝叶稠密。地柏、刺柏之类的柏树盆景在养护中有时会长出很长的枝条，应及时剪除，以免破坏树形的美观。生长期经常打头摘心，以控制枝条延伸，促使侧枝生长，使枝叶短而密集。而真柏盆景、侧柏盆景在3~9月的生长期，树冠外围会有不少长芽冒出，应注意截短，以保持树冠的浓密优美，最好用竹剪、铜剪或指甲掐，而不能用铁剪，以免伤口产生锈斑，影响观赏。对于真柏盆景不宜作过多的修剪，否则会出现刺状叶，需要较长时间的养护才能慢慢恢复成鳞状叶。每年的雨季过后，部分老叶会枯萎变黄，可将其摘除，并清除其他枯叶、枯枝、弱枝，以保持树冠内部的通风透光，并增加盆景的美观。

游龙戏凤
董仲恺作品

中小型柏树盆景每2~3年翻盆一次，大型柏树盆景可每3~4年翻盆一次，一般在春季萌芽前进行，并根据需要改变造型，以提高盆景的观赏性，使其常看常新。翻盆时应对根系进行修剪，除去部分旧土，用新的培养土重新栽种。盆土要求含腐殖质丰富、肥沃湿润、疏松透气、具有良好的排水性，可用腐殖土2份、砂子1份混合配制，并在花盆的下部放入腐熟的动物蹄角、骨头等作基肥，如果是较深的签筒盆，还应在盆底放入颗粒状的粗砂、砾石，以增加排水透气性。

异叶南洋杉

Araucaria heterophylla

异叶南洋杉枝叶繁茂，小枝自然下垂，柔韧性好，可用修剪与蟠扎相结合的方法造型，其根系发达，苍古多姿，造型时应给予突出。

异叶南洋杉盆景
王俊升作品

和谐
郑州陈砦花市作品

异叶南洋杉别名细叶南洋杉、澳洲杉、钻叶杉。为南洋杉科南洋杉属常绿乔木，在原产地株高可达60米，主干通直，树皮暗灰色，裂成薄片状脱落。大枝轮生而平伸，小枝平展或下垂，侧枝常呈羽状排列，下垂。叶二型，幼树及小枝上的叶排列疏松，锥形，向上弯曲，3~4棱；大树及花果枝的叶排列紧密，微开展，宽卵形或三角状卵形。雄球花生于枝顶，圆柱形；球果近圆球形或椭圆状球形。

南洋杉属植物约19种，分布于南美洲、大洋洲及太平洋群岛。

造型

异叶南洋杉常用扦插、压条或播种的方法繁殖。可制成斜干式、直干式、曲干式、双干式、卧干式等不同形式的盆景，树冠多采用潇洒的自然式，也可利用其小枝自然下垂的特点，制作成垂枝式盆景。加工时应剪去造型不需要的枝条，有时其主干直而无姿，可截去，另外培养形态较好的侧枝作主干，以使其曲折有致，具有较高的观赏性。异叶南洋杉枝条柔软，若有些枝、干形态不佳或位置不合适，可用金属丝进行蟠扎或牵拉，小枝的造型则以修剪为主。异叶南洋杉的根部古朴多姿，可提出土面或附在石上，使其悬根露爪，以提高盆景的艺术价值。

养护

异叶南洋杉喜温暖湿润和阳光充足的环境，稍耐半阴，春、夏、秋三季的生长季节，可放在室外通风良好、阳光充足处养护，浇水做到“不干不浇，浇则浇透”。每20天左右施一次腐熟的稀薄液肥，为使叶色浓绿，可喷施叶面宝等叶面肥。冬季移至冷室内越冬，控制浇水，保持盆土0℃以上不结冰即可。异叶南洋杉顶端优势较强，当植株长到一定的高度后，可将顶部截去，以控制植株高度；对于侧枝也要疏剪，以使其高低错落，疏密有致，合乎造型要求，但对于轮生枝则要有选择地保留，以突出品种特色，保持其特有风貌。每1~2年的春季翻盆一次，盆土宜用疏松肥沃、含腐殖质丰富的中性至微酸性土壤。

香榧

Torreya grandis 'Merrillii'

香榧树姿潇洒，枝叶层次分明，根系发达，可制作多种造型的盆景。

香榧盆景
玉山摄影

香榧别名羊角榧、细榧。为红豆杉科榧树属常绿乔木，小枝下垂，1~2年生小枝绿色，3年生枝紫色或绿紫色；叶条形，排成两列，绿色，质地软。树雌雄异株，有性繁殖全周期需29个月，一代果实从花芽原基形成到果实成熟，需经历3个年头，每年的5~9月，同时有两代果实在树上生长发育，还有新一代果实的花芽原基在分化发育。

香榧在一些地区经常当作红豆杉出售，应注意辨别。二者最明显的区别是果实的差异，其中红豆杉的果实在未成熟时，是绿色小圆球，当年成熟后呈鲜红色，并且顶部中空。而香榧果实很大，比红豆杉的果实大五倍左右，而且去皮后，是棕色椭圆形的坚果。此外二者的叶子也有一定差异，香榧叶背面的2条气孔带是黄绿色或灰绿色；而红豆杉叶背面的气孔带为灰白色。

造型

香榧通常用播种、嫁接的方法繁殖。也可采挖生长多年的老树，经锯截后，先在大盆或地栽“养坯”，等活稳后再进行造型。其根系发达、树姿潇洒，可制作成多种形式的盆景。

养护

香榧喜温暖湿润和阳光充足的环境，耐半阴。生长期宜保持土壤空气湿润，夏季高温时注意遮阴，以避免烈日暴晒。每20天左右施一次薄肥。随时剪除影响美观的枝条。春季发芽前进行整型，剪除细弱枝及病虫枝，将长枝短截，以促发侧枝，形成紧凑的树型。冬季移入冷室内，保持盆土不结冰即可。

每3年翻盆一次，一般在春季进行，盆土宜用肥沃疏松、透气、排水良好的微酸性土壤。

伽罗木

Taxus cuspidata var.*nsana*

伽罗木树干苍古，枝叶紧凑，叶短而厚实，颇有参天古木风采，常以蟠扎、修剪相结合的方法造型，将树冠塑造得紧凑而又富有层次感。

追月
张小宝作品

伽罗木又名矮紫杉，是从东北红豆杉（*Taxus cuspidata*，别名日本红豆杉）中选育出来的一个具有很高观赏价值的品种。为红豆杉科红豆杉属常绿植物，植株呈丛生灌木状，株型矮小，树皮稍有裂纹，树冠半圆球形，枝条密集，平展或斜展。叶密生，小而厚实，排成不规则的二列，绿色，有光泽。花期5~6月，种子卵圆形，9~10月成熟后呈紫红色。

红豆杉属植物约11种，分布于北半球的温带至热带地区。此外，还有一些园艺种和变种。

造型

伽罗木的繁殖可在春季萌芽前进行扦插，也可在生长季节进行高空压条。因种子具有休眠性，宜随采随播或低温湿沙贮藏后翌年春季播种，未经低温沙藏的种子播后要等一年后才陆续出苗。

伽罗木盆景有直干式、斜干式、曲干式、悬崖式等多种造型，树冠一般处理成云片式或团簇状，可采用蟠扎、修剪相结合的方法进行造型。

养护

伽罗木喜温暖湿润、空气流通的环境，要求有明亮而充足的阳光。平时可放在室外光照充足、通风良好之处养护，夏季高温时注意遮光，以防因闷热和光照过强引起叶片发黄，甚至脱落。生长期保持土壤湿润而不积水，春夏季节空气干燥，水分蒸发快，可经常向叶面喷水，以增加空气湿度，使叶色润泽。4~6月每15天左右施一次稀薄的液肥，秋季也要施肥1~2次，每月浇一次黑矾水，可使叶色浓绿光亮。

伽罗木耐寒性强，南方可放在室外避风向阳处越冬，北方则置于冷室越冬，并减少浇水，停止施肥。每2年左右翻盆一次，一般在3~4月进行，宜用疏松肥沃、排水透气性良好的微酸性土壤。

伽罗木萌发力强，平时注意修剪、打头、摘心，以控制株型，保持美观。

杂木类盆景

ZAMULEIPENJING

杂木，画论上称杂树，泛指松、柏、杉、柳之外的多种树木总称。

按盆景界约定成俗的分类法，松、柏类及花、果类以外的盆景树种都可以称为杂木，还有一些植物的花、果虽然有着较高的观赏价值，但作为盆景树种，却不是以花、果取胜，而是以独特的姿态赢人，这些树种也可归为杂木类。杂木类盆景有着浓郁的个性之美。如果将松柏类盆景比作宴会大餐，那么，杂木类盆景就是地方小吃。此外，杂木类树种还有取材容易、适应性强、易于造型等特点，在盆景艺术中有着极为重要的地位。

榕树

Ficus microcarpa

榕树生命力顽强，生长迅速，耐修剪，也宜蟠扎，可制作多种造型的盆景，其根系发达，具有很高的观赏性，造型时应予以表现。

古榕美髯
黄丰收作品

榕树也称细叶榕、榕树须。为桑科榕属常绿乔木，植株高大，冠幅广展，树皮深灰色；单叶互生，叶薄革质，狭椭圆形，表面深绿色，有光泽。老树常生有褐色气生根，并向下伸入土壤中，形成新的树干称之为“支柱根”，其支柱根和枝干交织在一起，可向四面无限伸展，形似稠密的丛林，具有“独木成林”的景观效果。

榕属植物约有1000种，分布于热带、亚热带地区，中国约有98种3亚种43变种2变型。盆景中常用的有细叶榕及园艺种人参榕（*Ficus microcarpa*‘Ginseng’）；红榕（*F. elastica*‘Burgandy’）、菩提榕（*F. religiosa*）、黄葛树（*F. virens* var. *sublanceolata*）等。其叶青翠稠密，四季常青，枝干苍劲，根系发达，是叶、枝、干、根皆可赏的盆景树种。此外，还有一种六角榕（*F. tinctoria*，学名斜叶榕），其形态奇特狂野，多用于制作怪异式盆景。

造型

榕树的繁殖可用播种、扦插、压条、嫁接等方法。也可在春夏季节采挖姿态虬曲苍劲的老桩，锯截定型后制作盆景。

榕树盆景的造型十分丰富，有大树型、文人树式、露根式、丛林式、悬崖式、临水式、象形式、附石式等。其萌发力强，耐修剪，枝条柔软，可采用修剪与蟠扎相结合的方法造型。

榕树的根系发达，根盘稳健雄奇，而下垂的气生根飘逸多姿，更是榕树盆景的一大亮点，造型时应注意这点，可根据需要进行提根，还可以通过人工培育气生根的方法，提高观赏性。主要方法有嫁接法和折枝法两种。

嫁接法　类似于嫁接中的靠接，将根系较多

世代兴荣
李日成作品

榕情雅韵
徐祖勉作品

相依成趣
沈勇仁作品

红榕盆景
商丘明香石榴盆景园作品

的小榕树带盆靠接于所要造型的榕树的枝干上。成功后，除去盆和根间土壤，让小榕树的根自由生长。

折枝法　选择要长根的侧枝，在近主干处割一刀，深达木质部，用手轻轻折断，并用泥浆堵住伤口。不久后，从断裂处就会长出许多侧根，引导其向下生长，可造成独木成林的景观。

为了加快盆景的成型速度，使枝干尽快增粗，并使根部虬髯多姿，可将数株榕树苗的树干并在一起种植，并将树干与树干之间的接触面刻伤，注意根部合理布局，然后将其捆扎，时间久了，这些树干就会自然靠接在一起，其树干凹凸古雅，根部苍劲。此外，榕树的嫁接还可用于补枝、补根，以弥补造型的不足。

还可利用榕树根系发达的特点，制作立式盆景。将观赏面处理成粗糙的石头质感或做成砖墙、石墙纹理。植物则从墙的缝隙中长出，盘根错节的根系则牢牢地“抓”住墙面，以表现了植物对环境极强的适应性，揭示出“物竞天择，适者生存”这一大自然之真理。其古朴粗犷，观之令人震撼。

人参榕以膨大的块根著称，可挑选块根像人或动物的植株，制作象形式盆景，自然生动，富有意趣。

养护

榕树喜温暖湿润和阳光充足的环境，4~10月的生长期可放在室外阳光充足、空气流通处养护，浇水要浇透，避免干旱，夏季高温季节空气干燥，要经常向植株及周围喷水，以增加空气湿度，使叶色清新润泽。生长期每月施一次腐熟的液肥或复合肥，以满足生长对养分的需要。冬季移入阳光充足的室内，温度宜维持5℃以上。

平时注意观察，及时剪去影响造型的枝芽和徒长枝，新梢萌动时注意打头摘心，以保持盆景的美观，每年春季进行一次整型，剪除交叉枝、重叠枝、干枯枝，以促使新枝的萌发，形成紧凑而层次分明的树冠。榕树的枝干遒劲多姿，在盆景欣赏和展览前常摘去叶子，以表现枝条的阳刚之美。

每2~3年左右翻盆一次，在春末进行，盆土宜用含腐殖质丰富、疏松透气的微酸性土壤。

容榕和谐
徐伟华作品

钟灵毓秀
小叶榕
陈万钧作品

扶摇而上九万里
吕绍先作品

龙啸云去
王建昌作品

魔界
六角榕盆景
香港趣怡园作品

生存
韩学年作品

构树

Broussonetia papyrifera

构树的适应性和自我繁殖能力都很强，在我国不少地方沦为野杂树，可在冬春季节挖掘形态适宜的桩子。其枝条柔软，萌发力强，可采用蟠扎与修剪相结合的方法造型。

飞鸟
张仟跃作品

构树也称构树、枸桃或楮树、榖树。为桑科构属落叶乔木，树皮暗灰色；小枝密生柔毛。树冠张开，叶卵形至广卵形；树皮平滑，浅灰色或灰褐色，不易裂。雌雄异株；雄花序为柔荑花序，雌花序球形头状，苞片棍棒状。聚花果直径1.5~3cm，成熟时橙红色，肉质。花期4~5月，果期6~7月。

造型

构树在我国有着广泛的分布，其习性强健，适应性强。可制作大树型、直干式、斜干式、悬崖式等多种造型的盆景，因其叶片较大，树冠多采用自然型。

养护

构树喜温暖湿润和阳光充足的环境，生长期给予足够的光照，以使叶子变的小而厚实；保持土壤湿润，勿要积水。注意打头摘心，剪去杂乱枝条，以保持作品的优美。

TIPS 规则式与自然式

规则式盆景要求每个干、枝等必须按照一定的模式制作。具有造型严谨、规范等特点，但也存在着形式呆板、千篇一律、人工痕迹过重、失之自然野趣、缺乏植物的物种特性等不足。

自然式盆景造型相对灵活，它师法自然，根据树桩的形态和作者表达的内容进行创作，具有生动多变、野趣盎然等特点，自然式盆景虽然没有那么多条条框框的束缚，但也有一定的程式约束，即“有规则的自由活动”。否则会陷入泛自然化的窠臼，使得作品粗野而杂乱。自然式盆景也不是完全照搬大自然中的树木，而是将大自然中的树木提炼加工，将其最美、最具有人文精神的一面表现出来，使之既符合人们的审美情趣，又不失自然趣味。

黄杨

Buxus sinica

黄杨植株不大，或雄浑矮壮，或清雅秀美，其生长缓慢，老干木质坚硬，幼枝柔韧性好，适宜制作多种造型和规格的盆景。

黄杨组合
向勇作品

黄杨也称小叶黄杨、千年矮、瓜子黄杨、豆瓣黄杨。为黄杨科黄杨属常绿灌木或小乔木，树干灰白色，光洁，枝条密生，枝四棱形。叶对生，革质，全缘，椭圆或倒卵形，先端圆或微凹，表面亮绿色，背面黄绿色。花簇生叶腋或枝端，4~5月开放，花黄绿色。变种小叶黄杨（*Buxus sinica* var. *parvifolia*）俗称珍珠黄杨，叶小而质厚，晚秋至冬季叶色往往呈红褐色。另有金边珍珠黄杨，叶缘黄色。

黄杨属植物约70种，用于制作盆景的还有雀舌黄杨（*B. bodinieri*），小枝初被短柔毛，以后变无毛；叶薄革质，通常匙形，亦有狭卵形或倒卵形，先端圆或钝。近似种金柳（*B. microphylla*）也常常被称为雀舌黄杨，其枝干皴裂，叶小而质厚，原产湖北、广东、贵州、福建等地。由日本引进我国台湾种植，再由我国台湾引进日本，在日本国风展中通称“台湾黄杨”，国内的一些网站则称之为“日本黄杨”。此外，匙叶黄杨（*B. harlandii*）在盆景植物中也被称为雀舌黄杨。因此，盆景中所讲的雀舌黄杨，并不是一种植物，而是对几种叶细长，形似雀舌（另一说法是其雌花细小如雀舌状）黄杨属植物的总称。

黄杨植株不大，生长缓慢，木质细腻坚实，寿命长，叶片细小光亮，耐修剪，是我国传统的盆景树种，清代苏灵在《盆景偶录》中，将其与金雀、迎春花、绒针柏并称为盆景四大家。

造型

黄杨可用扦插、播种、压条等方法繁殖。由于黄杨是常见的绿化苗木，还可到苗圃去购买那些姿态优美的可塑之材制作盆景。此外，也可利用城市建设改造中那些淘汰的老黄杨；到山野采挖那些植株矮小、虬曲多姿、苍劲古朴的黄杨老桩制作盆景。

黄杨的采挖移栽一年四季都可进行，尤其以春夏季节成活率最高，采挖后要及时运输栽种，对于不带土球的桩子，可用青苔或湿草、塑料袋包裹进行保湿，以利于成活。栽种前先在清水中浸泡，以补充失去的水分，并对桩子修剪整型，剪去那些造型不需要的枝条，黄杨萌发力虽强，但有个怪脾气，就是“无叶则不发”，因此无论是造型，还是日常修剪，对不到位的枝干可采用“逐段留叶，短截逼芽”的方法，使其逐步下行发芽到位，且不可盲目追求一步到位，不留枝叶的剪。否则会造成枝条及整株不萌发甚至枯死。但所保留的叶片也不能过多，以免因水分蒸发过多影响成活。

黄杨适宜在疏松透气的微酸性土壤中生长，冬春季节栽种的桩子最好能罩上透明的塑料袋或放在温室内进行保温保湿，夏季采挖的桩子可植于避风、无直射阳光和空气湿润处养护，栽后保持空气和土壤湿润，但要避免积水，以防烂根。

黄杨可根据树桩的形态，制作直干式、斜干式、悬崖式、丛林式、一本多干式、附石式、文人树等多种造型的盆景，树冠既可采用层次分明的云片状、馒头型，也可采用清秀典雅的自然型。其较粗的枝干皮薄质硬，不易弯曲，在造型

平步青云
倪国俊作品

气贯山河
万放明作品

TIPS 云片式造型

云片式也叫圆片式、云朵式，是树桩盆景的传统造型，利用某些种类的植物叶片细小稠密的特点，采用修剪与蟠扎相结合的方法，将树冠加工成大小不一的云片状，其特点是规整严谨，但如果使用不当，难免给人呆板的感觉，而且也失去了植物的物种特色，看上去千篇一律。其实，在大自然中，枝叶水平生长，呈云片状的植物不在少数，像非洲的猴面包树、虎刺以及高山崖壁上的树木。

造型时应注意云片的大小、形状及厚度都要与盆景的整体造型相协调，或清秀，或雄浑，或磅礴。并注意“云片”既不能过小过碎，以免显得凌乱；也不能过大，以免呆板僵硬。要做到大小搭配合适，使之既和谐统一，又有一定的变化，这样才显得美观大方。

嘉年华
康传健作品

绿影婆娑
严忠仁作品

春漫云岭
周宽祥作品

逸仙记
高荣森作品

时应以修剪为主，必要时也可辅以蟠扎、牵拉等手法，但需要注意的是在做较大幅度弯曲时应循序渐进，分几次进行，切不可一次完成，以免将折断撕裂，从而影响整个造型，甚至前功尽弃。

黄杨一二年生的枝条较为柔软，非常适宜蟠扎造型，像扬派盆景中的很多传统精品就是以黄杨为素材，其造型根据国画“枝无寸直”的画理，用棕丝将每寸枝干缠成三弯，谓之“一寸三弯”，用此法蟠扎的云片造型严谨规整，在上面放一盘清水，绝不会有点滴外溢。云片的多少、大小可根据树木的大小而定，一株树木上云片一般为1~9个，其布局要疏密得当、高低错落、层次分明。其中1~3个云片的称“台式”，有多层云片的称“巧云式”。并根据造型需要进行提根，以增加苍古之气（此技法也常用于榆树、桧柏、刺柏等树种）。

养护

黄杨喜温暖湿润的半阴环境，怕烈日暴晒，否则会使叶片发黄。生长期需经常浇水，防止因失水造成叶片脱落。5~8月是黄杨的生长旺盛期，可结合浇水追施几次稀薄的腐熟饼肥。平时注意修剪整型，以保持盆景的优美；并及时摘去果实，以免消耗养分，影响新芽的萌发。

每2~3年翻盆一次，一般在春季萌芽前或秋后新梢老熟后进行，换盆时剪除部分过长过密的老根，更换新的培养土重新种植，盆土宜用疏松肥沃的微酸性土壤。

将
雀舌黄杨
吴亮作品

高柯谒青天
躬耕园作品

太白遗风
龙川盆景艺苑作品

大叶黄杨

Euonymus japonicus

大叶黄杨习性强健，根干虬曲多姿，枝条柔韧性好，萌发力强，生长迅速，以修剪、蟠扎相结合的方法造型。

大叶黄杨盆景
杨自强作品

大叶黄杨，中文名冬青卫矛或正木，别名冬青、大叶冬青。为卫矛科卫矛属常绿灌木或小乔木，小枝绿色，稍有棱；叶革质，绿色，有光泽，椭圆形或倒卵形，先端圆钝，基部楔形，边缘有浅细钝齿。花5~12朵集成聚伞花序，生于枝条上部的叶腋，小花白绿色，花期6~7月；蒴果近球形，淡红色，10月成熟时开裂，露出橘红色假果皮。

大叶黄杨的变种有：叶片边缘为白色的银叶大叶黄杨；叶片边缘为金黄色的金边大叶黄杨；叶面有黄色斑点的洒金大叶黄杨；叶片中央部分为黄色的金心大叶黄杨；叶片较小的小叶正木等。

造型

大叶黄杨用扦插、分株、压条、播种的方法繁殖，都很容易成活。由于大叶黄杨是常用的园林绿化树种，有着普遍而广泛的种植，在北方的城乡随处可见，还可用在修路、城市建设、园林改造过程中园林部门淘汰的老树桩制作盆景，且具有成型时间短、形态古雅等优点。

大叶黄杨盆景可根据树桩形态加工成直干式、斜干式、曲干式、双干式、悬崖式、临水式、附石式等不同形式的盆景；幼苗因枝条柔软，可从小造型，方法是先对主干进行蟠扎，接着是主枝、侧枝，并注意及时剪除多余的枝条。由于其叶片较大，中小型盆景树冠多采用潇洒的自然形，而大型盆景也可用规整的圆片形、馒头形、三角形树冠。其造型多在生长季节进行，常采用“粗扎细剪”的方法进行，先用金属丝蟠扎出基本形态，再细细修剪，直至成型。大叶黄杨伤口愈合很快，可利用这个特点，对树干进行雕刻，使其苍老古朴。

野趣
张国军作品

大叶黄杨盆景
郑州植物园作品

竞秀
杨海峰作品

大叶黄杨盆景
赵明安作品

养护

大叶黄杨原产日本南部，我国中部地区也有分布，喜温暖湿润和阳光充足的环境，稍耐阴，耐寒冷，对土壤要求不严，用普通的园土栽种即可。平时可放在室外通风向阳处养护，浇水做到见干见湿，夏季气温高，蒸发量大，应勤浇水，以保证有充足的水分供应，避免叶片干枯，空气干燥时注意向植株喷水，既可增加空气湿度，又可冲洗去叶面上的尘土，使叶色洁净润泽。每月施一次稀薄的矾肥水，以提供充足的养分，使叶色浓绿光亮，但要避免肥水过大，否则会造成植株徒长，叶片变大，影响观赏。

由于大叶黄杨萌发力强，养护中要经常打头、摘心，以控制植株长势，使叶片变得密集细小，对于树干上影响树型的枝条、新芽，应及时除去，以保持盆景的优美。冬季将花盆放在室外避风向阳处或在冷室内越冬，不要施肥，当盆土过于干燥时可适当浇些水，以保持土壤湿润，避免因干冻造成盆景死亡。需要说明的是在室内越冬的大叶黄杨盆景不宜出房过早，这是因其萌芽较早，若遇倒春寒或突然降温，很容易将刚刚萌发的新芽冻死，造成植株长势减弱，严重时还会导致植株死亡。每2~3年的春季翻盆一次。

扶芳藤

Euonymus fortunei

扶芳藤茎干苍古奇特，枝条柔软，易于蟠扎，萌发力强，耐修剪。但主枝增粗缓慢，应尽量利用原有的粗枝造型。

翠怀纵览山前月
徐国杰作品

扶芳藤别名爬行卫矛，为卫矛科卫矛属常绿藤本植物，植株匍匐或向上攀缘生长，枝上有小的瘤状凸起；叶对生，薄革质，叶片倒卵形或椭圆形、椭圆状卵形，长短、宽窄变化极大，可窄至披针形，叶缘有不明显的浅锯齿。聚伞花序具长柄，有3~4次分枝，花白绿色，蒴果粉红色或黄色，假种皮红色。花期6月，果期10月。

扶芳藤原产华中、华东及四川、陕西、河南等地。其园艺品种很多，常见的有花叶扶芳藤、小叶扶芳藤、圆叶扶芳藤等。

造型

扶芳藤的繁殖常用播种、扦插、压条等方法，均容易成活。也可用生长多年，桩头粗大，古朴虬曲的老桩制作盆景，一般在春季发芽前或雨季移栽，先地栽或在较大的瓦盆“养坯”，以保证成活，由于其叶片大而稠密，留枝亦不必过多，以免使树冠过于繁杂，影响观赏。

扶芳藤可根据树桩的形态制作成直干式、斜干式、曲干式、双干式、临水式、水旱式等多种造型的盆景。树冠即可加工成疏密得当的三角形或馒头形，也可加工成层次分明的云片状，清雅的自然型。常用修剪、蟠扎相结合的方法进行造型，并辅以牵拉等手段，使枝条布局合理。对于人工繁殖的扶芳藤，由于树干粗度不够，而且缺乏苍老古朴之气势，可将其附在形状、大小合适的奇石或枯树桩上，以提高观赏性。

养护

扶芳藤喜温暖湿润和阳光充足的环境，耐半阴，有一定的耐寒性。制作好的盆景可放在室外光线充足处养护，盛夏高温时可适当遮光，以避免烈日暴晒，否则会使叶片发黄；生长期浇水掌握“不干不浇，浇则浇透”，空气干燥时勤向植株喷水，以增加空气湿度，防止叶片边缘枯焦。平时不宜施肥过多，以防叶片变大，影响观赏，每月施一次腐熟的饼肥水即可，秋季注意增施磷钾肥，以促使经霜的叶片变得鲜红，并延长观赏时间。冬季在冷室内或室外避风处越冬，停止施肥，控制浇水，保持盆土不过于干燥即可。

根据盆景规格不同，每2~3年翻盆一次，一般在春季进行，翻盆时除去大部分泥土，剪去枯烂的根系和过长的老根，再用新的培养土栽种，盆土宜用疏松肥沃、排水透气性良好的砂质土壤。

扶芳藤生长迅速，萌发力强，春季发芽前对植株进行一次修剪整型，初夏也要对当年生的新枝进行一次修剪。生长期随时剪去无用的徒长枝或其他影响树型的枝条，并注意打头摘心，以促使萌发新的侧枝，使树冠浓密紧凑，保持盆景形态的优美。

维视千古
姜拥军作品

花叶扶芳藤盆景
杨福根作品

扶芳藤盆景
玉山摄影

南蛇藤

Celastrus orbiculatus

南蛇藤枝干曲折有致，根部虬曲发达，造型时应给予表现，将根提出土面，使作品苍古刚劲。

南蛇藤盆景
吴吉成作品

南蛇藤别名南蛇风、大南蛇、果山藤。为卫矛科南蛇藤属落叶藤状灌木，小枝光滑无毛，灰棕色或棕褐色；叶通常阔倒卵形、近圆形或长方椭圆形，叶缘有锯齿；聚伞花序腋生，间有顶生。花小，雌雄异花；蒴果近球形，种子椭圆形，稍扁，赤褐色。

南蛇藤属植物约30种，分布于亚洲、大洋洲、南美美洲、马达加斯加的热带及亚热带地区。我国有24种和2变种，除新疆、青海外，各地均有分布，以长江以南最多。

造型

南蛇藤可用播种、扦插、压条等方法获取材料，也可采挖生长多年、虬曲古雅的老桩制作盆景，以春季萌芽前挖掘成活率最高。

南蛇藤盆景有直干式、斜干式、文人树、丛林式、卧干式等多种造型，其根系发达，虬曲多姿，尤其适合制作提根式、以根带干式等以观根为主的盆景。因其为藤本植物，有着较长的主干，可在适宜的位置截断，以促进侧枝的萌发，并通过蟠扎、修剪等方法调节枝条的走向和长短，使之形成层次分明、自然得体的树冠。

养护

南蛇藤喜阳光充足和温暖湿润的环境，也耐阴。生长期可放在室外光照充足处，这样培养出的叶片小而厚实，与古朴的根部相映成趣，堪与榕树盆景媲美。其叶片较大，蒸发快，要注意及时浇水，夏季高温干燥时还要向植株及周围环境喷水，以增加空气湿度，使叶色光亮润泽。每月施一次腐熟的稀薄有机液肥或将复合肥放在玉肥盒内，使之缓慢地释放养分，供植株吸收。冬季移至冷室内越冬，控制浇水，停止施肥，不低于0℃可安全越冬。

南蛇藤萌发力强，生长较快，要注意修剪，以保持树姿的美观。每隔2~3年翻盆一次，盆土宜用疏松肥沃的砂质土壤。

岗松

Baeckea frutescens

岗松树姿优美，枝干苍老，可采用修剪与蟠扎相结合的方法造型。

无华
林淦滔作品

岗松，即盆景植物中的香松，为桃金娘科岗松属灌木或小乔木，树干粗糙，嫩枝纤细，多分枝，叶小，无柄，或有短柄，叶片狭线形或线形，先端尖，上面有沟，下面突起，有透明油腺点。花小，黄白色，单生于叶腋内，花期夏秋季节。

岗松产于福建、广东、广西及江西等地，东南亚各地也有分布。生于低丘及荒山草丛坡、灌木丛中。另有高岗松（*Sannantha virgata*），为桃金娘科扁籽岗松属植物，亦可用于制作盆景。

造型及养护

岗松可制作多种不同造型的盆景。其繁殖多用播种的方法，也可采挖那些古雅的老树，造型时可采用修剪与蟠扎相结合的方法，以表现其自然野趣。

岗松喜温暖湿润和阳光充足的环境，生长期保持土壤湿润而不积水，避免干旱和积水。冬季移入室内，以免遭受冻害。

TIPS 配件的应用要大道至简

配件也称摆件、饰件，是指盆景中植物、山石以外的点缀品，包括人物、动物以及舟船、竹筏等交通工具；亭塔、房屋等建筑物。恰当的配件，能够起到画龙点睛的作用，点明作品的主题，不少盆景的题名就是以配件命名的，像《牧归》《八骏图》《童趣》《对弈》等。其应用原则是少而精，除了点缀盆内，在某种特定的环境中，还可将配件摆放在盆钵之外，以延伸意境，增加表现力。配件的应用要简洁大方，即“大道至简”。切不可过多过滥，点到为止即可。否则就会有画蛇添足之感，甚至喧宾夺主，因为观者第一眼看到是这些林林总总的摆件，而不是作为盆景的造型艺术。

赤楠 *Syzygium buxifolium*

赤楠枝干古朴多姿，枝条柔软，萌发力强，新叶鲜嫩可爱，叶片不大而排列紧凑，可用修剪与蟠扎相结合的方法，制作多种造型的盆景。

古木新姿
三叶赤楠盆景
刘建一作品

赤楠也称红杨、千年矮，为桃金娘科蒲桃属常绿灌木或小乔木，树干赤褐色，枝条密集，叶对生，革质，椭圆形、倒卵形或阔倒卵形，新叶红色，以后逐渐转为绿色，聚伞花序顶生，有花数朵，小花白色；果实球形，成熟时黑紫色。花期6~8月。

另有三叶赤楠（*Syzygium grijsii*），学名轮叶蒲桃，也称小叶赤楠，其植株矮小，枝条细密，节间很短，通常三叶轮生，细小的叶片呈长椭圆形，绿色，有光泽，新叶红艳如花。

造型

赤楠的繁殖可用播种、扦插、压条等方法。亦可在山野掘取形态苍古的老桩，其一年四季都可移栽，尤其以春夏季节成活率最高，栽种前先整型，剪除一些造型不必要的枝条，尽量保留侧根和须根，然后地栽或在大的盆器内养坯，等根系发育完善、枝条粗壮后再造型。

赤楠盆景可根据树桩的形态，制作斜干式、直干式、悬崖式、临水式、水旱式等多种造型的盆景，方法以蟠扎为主，修剪为辅，扎、剪并用，制成规整严谨的云片式、馒头形，枝叶扶疏的自然型。其蟠扎造型在夏季的6~7月，修剪造型在春季萌芽前后或6~7月进行，全株各部位的的枝条必须同时进行，尽量不进行独枝修剪，剪后不要摘叶，新芽、新枝暂时也不要疏除，以保持有一定面积的叶子进行光合作用，尽快恢复树势，保证不失枝、少失枝。

养护

赤楠喜温暖湿润和阳光充足的环境，耐半阴，不耐旱。生长期可放在室外阳光充足、空气流通处养护，夏季高温季节应适当遮阴，以避免烈日暴晒。保持土壤湿润而不积水，空气干燥和夏季高温时应在早晚间向植株喷水，以增加空气湿度。4~9月的生长期可每月施一次稀薄的饼肥水，并在水中加入黑矾，以使叶色油绿光亮。冬季保持0℃以上的温度，浇水掌握“不干不浇，浇则浇透”。赤楠的萌发力强，生长期宜经常打头摘心，除去过长的新梢。根据树势，每隔1~2年对老枝进行修剪，剪除徒长枝、交叉重叠枝以及其他需要更新的枝条，并对嫩枝进行回缩性修剪，以保持盆景形态的优美。

每2~3年的春天萌芽前翻盆一次，盆土宜用疏松肥沃、排水透气性良好、含腐殖质丰富的微酸性砂质土壤。

回眸
三叶赤楠盆景
邓光华作品

山乡春早
董晓华作品

神龙之春
田世义作品

蚊母

Distylium racemosum

蚊母树桩古朴多姿，枝条柔软，萌发力强，适合制作多种造型的盆景。

故乡的风
单凌飞作品

蚊母，学名蚊母树，别名蚊子树、米心树，为金缕梅科蚊母树属常绿灌木或中小乔木，小枝和芽有盾状鳞片，老枝秃净，呈褐色；叶革质，椭圆形或倒卵状椭圆形，顶端钝或略尖，基部宽楔形，全缘，叶面深绿，有光泽，背面初时有鳞垢，以后变秃净，新叶在阳光充足的条件下有红晕。总状花序，腋生，有星状毛；苞片披针形，红色；萼筒极短，花后脱落，萼齿大小不等，有鳞毛。蒴果卵圆形，密生褐色星状毛。

蚊母树属植物约有18种，分布于东亚和印度，我国12种，产于西南至东南，用于制作盆景的有小叶蚊母（*Distylium buxifolium*）、中华蚊母（*D. chinense*）、杨梅叶蚊母树（*D. myricoides*）及三峡蚊母等。

造型

蚊母的繁殖可在春季用成熟的枝条“带踵（即一小段老枝）”扦插，或在夏季多雨时用半成熟的枝条扦插，还可在春季用播种法繁殖。也可用生长多年植株矮小、苍劲古拙的蚊母老桩制作盆景，一般在春季发芽前或雨季移栽。

蚊母枝条柔韧，萌发力强，耐修剪，适合制作直干式、曲干式、斜干式、枯干式、双干式、悬崖式、临水式等不同形式的盆景，叶片较小的中华蚊母、中华细叶蚊母的树冠常加工成规整的云片形，而叶片较大的蚊母、杨梅叶蚊母的树冠多制作成潇洒飘逸的自然型。加工方法采取扎、剪并用，幼树的造型应胸有成竹，按照设计逐步进行，使之成型，并注意对根的培养提升，使之悬根露爪，以表现其古朴多姿。对于生长多年的老桩则要因势利导，因桩造型，尽量利用树桩的原有形态，辅以牵拉、蟠扎、修剪等手段，以突出其自然美。

中华蚊母盆景
夏建元作品

风凌湘江
中华蚊母
喻克悌作品

思齐
中华蚊母
黄晓欣作品

三峡蚊母盆景
李斌作品

养护

蚊母喜温暖、湿润和阳光充足的环境，耐半阴，稍耐寒。生长期可放在室外光线明亮、空气流通处养护，平时保持盆土湿润，避免干旱，经常向叶面喷水，以增加空气湿度，使叶色浓绿光亮；每月施一次腐熟的稀薄液肥。夏季高温时要避免烈日暴晒，以免造成叶片边缘枯焦，也不要缺水。由于其长势旺盛，萌发力强，应经常摘心、打头，剪去影响造型的枝条，以使盆景紧凑美观。冬季移至冷室内越冬，温度控制在0~10℃，也不要浇太多的水，使植株休眠，以利于来年的生长。每年春季发芽前对植株进行一次整型，剪去过密枝、过长枝、病虫枝以及其他影响树姿美观的枝条，促发新的枝叶，以提高观赏性。由于蚊母是观叶树种，花期应及时摘除花序，勿使开花、结果，以保证叶片的正常生长。每2~3年的春季翻盆一次，盆土要求含腐殖质丰富、肥沃疏松，并有良好的排水透气性。

银缕梅

Parrotia subaequalis

银缕梅枝干旁逸斜出，侧枝平展，其生长速度缓慢，多用蟠扎的方法造型。

天地正气
吴涛作品

银缕梅别名小叶金缕梅、单氏木、小叶银缕梅，在河南俗称响铃木、野木瓜。为金缕梅科银缕梅属（也称波斯铁木属）落叶灌木或小乔木，树冠开张，树干自然扭曲，凹凸不平，树皮呈不规则薄片状剥落，常有大型坚硬虫瘿。嫩枝初时有星状毛，以后秃净，干后暗褐色，无皮孔；裸芽，被褐色茸毛。单叶互生，薄革质，倒卵形，先端钝，基部圆形、截形或微心形，边缘中部以上有4~5个钝锯齿。头状花序腋生或顶生，花小，两性，先叶开放，无花瓣，雄蕊具细长的银白色花丝，如缕缕银丝。蒴果近圆形，密被星状毛，种子纺锤形，有光泽，成熟后风吹之时种子在果内会发出类似铃铛响动的声音。花期4~5月，果期9~10月。

《中国植物志》将其划归金缕梅属（*Hamamelis*），定名小叶金缕梅（*Hamamelis subaequalis*）。

造型

银缕梅的繁殖可用播种、全光喷雾扦插等方法。

银缕梅主枝斜逸旁出，侧枝平展，层次分明，尤其生长多年的老桩，苍古遒劲，崆峒嶙峋，凹凸斑驳，给人以沟壑纵横、饱经沧桑之感。可根据树桩的形态，因桩赋形，制作直干式、露根式、悬崖式、曲干式、临水式、以根带干式等多种造型的盆景。因其生长缓慢，造型方法以蟠扎为主，修剪为辅。先用金属丝蟠扎出其基本骨架，再通过修剪的方法逐步完善，塑造出理想的形态。

养护

银缕梅喜阳光充足和温暖湿润的环境，耐干旱，有一定的耐寒性。生长期可放在室外光照充足、空气流通之处养护，浇水掌握“不干不浇，浇则浇透”的原则，避免盆土积水和干旱缺水，夏季高温时应向叶片喷水，以增加空气湿度。生长期一般不施肥，为了使叶色油绿光亮，可向叶面喷施0.2%~0.5%的尿素、磷酸二氢钾等液肥。并注意及时剪去徒长枝、细弱枝，交叉重叠枝，过密枝以及其他影响美观的枝条，以保持枝叶层次分明、错落有致的景观效果。冬季放在冷室内或室外避风向阳处越冬。

对于成型的银缕梅盆景每2~3年的早春翻盆一次，盆土要求疏松透气，排水良好，并施泥炭土或腐熟的豆饼或其他农家肥做基肥。

银缕梅盆景
河南中州盆景文化园作品

银缕梅盆景
河南中州盆景文化园作品

银缕梅盆景
玉山摄影

银缕梅盆景
玉山摄影

福建茶

Carmona microphylla

福建茶细叶不大，排列紧密，萌发力强，枝条柔软，可用修剪与蟠扎相结合的方法造型，并适当提根，以增加作品的古雅神韵。

同林鸟
流花湖公园作品

福建茶也称基及树、猫仔树，为紫草科基及树属常绿灌木，树干嶙峋，灰白色至灰褐色，植株多分枝；叶互生或簇生，长3~9厘米，革质，倒卵形或匙形，深绿色，有光泽；花冠钟状，花白色或稍带红色，夏季开放；核果成熟后红色或橙黄色。品种有大叶、中叶、小叶之分。其中的小叶福建茶植株矮小虬曲，叶小，果多，最适合制作小型和微型盆景以及丛林式盆景。

造型

福建茶的繁殖可用播种、扦插、压条等方法。老桩的最佳移栽时间是在立春至立夏这段时间，采挖时截去造型不需要的枝干，保留基本骨架，并对根系进行修整，运输途中做好保鲜保湿工作，以利于桩子的成活。

福建茶萌发力强，耐修剪，可制作斜干式、直干式、丛林式、悬崖式、水旱式等多种造型的盆景。在气候温暖的南方，一年四季都可生长，其造型方法以修剪为主，而北方地区，生长时间只有半年，可以采用修剪与蟠扎相结合的方法，以加快成型速度。

养护

福建茶喜温暖湿润的半阴环境，成型的盆景在生长期可放在室外空气流通、没有直射阳光处养护，保持土壤湿润，天热和空气干燥时可向植株及周围喷水，以增加空气湿度，使叶色润泽。春秋季节各施一次腐熟的稀薄液肥即可满足植株的正常生长，肥水过大反而会使枝条徒长，叶子变大，破坏整体造型。冬季移入光照充足的室内，根据气候环境，浇水掌握“见干见湿”，不低于5℃可安全越冬。福建茶萌发力强，枝叶过密时及时进行修剪，以保持盆景的美观。初夏和秋季各进行一次修剪，修剪时可按岭南派盆景的“截干蓄枝”的方法进行，这样可使枝干古拙苍劲，棱角分明。

每2~3年翻盆一次，在早春或秋季进行，盆土宜用疏松肥沃、含腐殖质丰富的微酸性土壤。

福建茶盆景
黄就成作品

斗罢罡风
陆志伟作品

游龙探春
张礼贤作品

古茶春晓
劳杰林作品

古木临风
陈治辛作品

苏铁 *Cycas revoluta*

苏铁树姿端庄，树干粗硬，几乎没有分枝，不可用传统的修剪、蟠扎等方法造型，可改变种植角度来达到所需要的效果。

苏铁盆景
郑州植物园作品

苏铁也称铁树，为苏铁科苏铁属常绿植物，茎干多为圆柱形，偶有块状或其他形状，直立或倾斜生长，有宿存的叶基；羽状叶丛生于茎干的顶端，叶色深绿而有光泽。雌雄异株，雄花序圆柱形，直立生长；雌花序圆球状，密生黄褐色茸毛。种子卵形，朱红色。

苏铁属植物约17种，除苏铁外，还有篦齿苏铁、四川苏铁、攀枝花苏铁、华南苏铁、海南苏铁、叉叶苏铁、海南苏铁、云南苏铁、台湾苏铁、白鳞铁以及墨西哥铁树（*Zamia furfuracea*，泽米铁科泽米铁属）等，只要桩材合适，叶片短小，都可以用于制作盆景。

造型

苏铁可用播种、分蘖等方法繁殖。因其生长缓慢，需要较长时间才能成型，为了加快盆景的成型速度可到花市或苗圃购买那些植株低矮、形态奇特的桩子制作盆景。一般在春季移栽，栽种时剪去部分叶子，以减少蒸发，保证成活。对于无根的桩子可以先栽在透气性良好的砂质土中生根，栽种时注意角度，或卧或立，或直或斜，使之达到最佳观赏效果。栽后置于无直射阳光处，以后保持土壤湿润而不积水，以利于新根的萌发，等新叶萌发后再移至光照充足处，以促进其生长健壮。

苏铁因其株型似椰子树，制作盆景时多用于表现热带海滩风光或其他景色，因其树干粗硬，少有分枝，造型方法不可用传统盆景常用的蟠扎、修剪等技法，只需选择适宜的角度植于盆中即可。其造型有直干式、斜干式、卧干式、临水式、劈干式、双干式以及水旱式等，既可单株成型，也可数株合栽。两株合栽时注意两株之间大小、高低、直斜的对比，使之具有一定的变化；对于多株组合的苏铁盆景，注意主次、疏密的搭配，使之自然和谐。

养护

苏铁喜温暖、湿润和阳光充足的环境，有一定的耐寒性，耐半阴，也耐干旱，但怕土壤积水。对于成型的盆景平时可放在室外阳光充足、通风良好的地方养护，也可放在半阴处或室内光线明亮处。但新叶抽生时必须给予充足的阳光，并严格控制浇水，也不要向叶面喷水，等靠近叶柄基部3~4片卷曲的羽状叶展开时再浇少量的水，第二天再浇一次透水，不可一次浇透，否则会使根部突然吸收大量的水分而涨破其表皮。用这种方法培养的苏铁羽状叶短而紧凑，具有较高的观赏性。生长期的其他时间浇水做到“见干见湿”，盆土不可长期积水，以免造成肉质根腐烂，勤向叶面喷水，以增加空气湿度，避免叶尖枯焦变黄。冬季只要保持土壤不结冰即可安全越冬，并注意控制浇水。

4~10月的生长期每20~30天施一次腐熟的稀薄液肥或观叶植物专用肥。苏铁喜欢铁元素，可在浇水或施肥时加入些硫酸亚铁（黑矾），也可在土壤内掺少量的铁屑，以增加对铁元素的吸收，使叶色黑绿光亮。苏铁盆景下部的叶片容易老化，失去观赏性，可将其剪掉，以保持盆景的优美。

苏铁盆景可每2年左右翻盆一次，盆土宜用肥沃疏松、排水透气性良好，并含有丰富铁元素的砂质土。

苏铁盆景
李魏巍作品

长相依
余秀莺作品

小叶女贞 *Ligustrum quihoui*

小叶女贞树桩虬曲苍劲，叶小而密，枝条柔软，萌发力强，根系发达，可制作多种造型的盆景。

牧归
任晓燕作品

小叶女贞别名小叶冬青、小白蜡、楝青，为木犀科女贞属常绿或半落叶灌木或小乔木，小枝淡棕色；叶片薄革质，绿色，其形状有披针形、长圆状椭圆形、椭圆形、倒卵状长圆形至倒披针形或倒卵形等，大小也有很大差异，长1~5厘米，宽0.5~3厘米，先端锐尖、钝或微凹。圆锥花序顶生，近圆柱形，小花白色。其近似种及园艺种有花叶女贞及‘金叶女贞’‘金森女贞’等。其中的花叶女贞叶倒卵形，呈厚革质，绿色，叶缘黄色，常用于制作微型盆景或山水盆景的点缀植物。

在我国河南、山东等地，经常把女贞称为“冬青”，因此小叶女贞又有小叶冬青的别名，一些地方还把那些叶子特别细小的品种称“米叶冬青（简称米冬）”，其桩头虬曲苍劲，叶片小而厚实，最为适合制作小型和微型盆景，也是优良的山水盆景点缀植物。

在一些展览及花市上，有时会把小叶女贞写作“女贞”，这是不对的。因为小叶女贞与女贞（*Ligustrum lucidum*）是两种完全不同的植物，其中女贞的叶子较大，树干直而无姿，很少用于制作盆景。

造型

小叶女贞可用扦插、压条等方法繁殖。小叶女贞的生命力顽强，移栽极易成活，从野外挖取不受季节限制。挖取后的运输途中，要注意保湿保鲜工作。

小叶女贞枝条柔软，耐强剪，易于造型。可以根据树桩的自然姿态，制作成直干式、斜干式、曲干式、临水式、悬崖式、双干式、丛林式、过桥式、树石式等树桩盆景。造型以扎剪并用的方法进行，以金属丝蟠扎骨架，以修剪的方法对进行树冠造型。

养护

小叶女贞喜温暖湿润和阳光充足的环境，耐半阴。生长期可放在光照充足、空气流通之处养护，但夏季高温时要注意遮阴，以避免烈日暴晒而引起的卷叶现象。平时保持土壤、空气湿润，但不要积水。4~9月的生长期，每20~30天施一次薄肥。冬季在冷室内或室外避风向阳处越冬。

每隔2~3年翻盆一次，翻盆时将朽根，老根剪除，以防树桩老化。并在花盆的底部要施一些腐熟的有机肥料做基肥，以后1~2年不用追肥，就能保证植株的需肥量。

为了避免树桩的退化和老化，每隔几年，在保留桩子基本骨架的基础上，对枝条进行重型短截，然后再造型。而在生长旺盛的季节，要经常摘心和修剪，促使新枝萌发，使之叶子变小、叶子稠密、叶色亮丽。

俏崖青谷
王宪作品

花叶女贞盆景
李云龙作品

清荫滴翠
米叶冬青
王胜利作品

华夏图腾
朱瑞宗作品

风华蔚然
丁玉仓作品

并肩耐岁寒
米叶冬青
支传峰作品

小叶女贞盆景
边长武作品

秋·思
李云龙作品

水蜡

Ligustrum obtusifolium

水蜡树姿优美，枝叶密集，生长迅速，枝条柔软，通常采用蟠扎与修剪相结合的方法造型。

蛟龙听涛
左宏发作品

青云朵朵
全东云作品

绿树浓荫
全东云作品

水蜡为木犀科女贞属落叶或半常绿小乔木或灌木，树干黑灰色，有白色皮孔，枝条开张呈拱形，略微下垂；叶薄革质，椭圆形或卵状椭圆形，圆锥花序顶生，小花白色，有芳香，花期5月。

同属中近似种有小蜡（*Ligustrum sinense*）等，也常用于盆景的制作。

造型

水蜡树干苍劲古雅，形态多姿，叶片色泽光亮，而且生长迅速，耐修剪，枝条柔软，易于造型，可制作枯干式、直干式、大树型、悬崖式等多种造型的盆景。

养护

水蜡的习性与小叶女贞接近，其养护可参考进行。

香楠 *Ligustrum retusum*

香楠姿态雄浑大气，叶片细小而稠密，可采用修剪与蟠扎、牵拉相结合的方法造型。其耐寒性较差，养护时应注意防寒。

王者至尊
陈昌作品

香楠中文学名凹叶女贞，为木犀科女贞属常绿灌木，植株直立生长，枝圆柱形，浅灰褐色或浅灰黄色，具皮孔；叶片革质，绿色，有光泽，倒卵状椭圆形，先端钝或微凹，基部楔形或宽楔形。圆锥花序生于小枝顶端，小花白色，果椭圆形或近球形。变种有花叶凹叶女贞，其叶面上有黄色或白色斑纹。

在茜草科植物中也有香楠（*Aidia canthioides*），别名水棉木、台北茜草树，为茜树属常绿灌木或小乔木，叶纸质或薄革质，对生，长圆状椭圆形、长圆状披针形，先端尖。聚伞花序腋生，小花白色或黄白色。该植物原产福建、广东、台湾、香港、云南、海南等地，越南、日本也有分布。其根、干苍劲古朴，也可用于制作盆景，因其叶子较大，树冠多作自然式造型。

造型

香楠的繁殖可用分株、压条、扦插和播种等方法。其人工繁殖的苗生长较为缓慢，可在不破坏生态的情况下，采挖生长多年、虬曲多姿的老桩制作盆景。

香楠枝干古雅苍劲，叶片不大而稠密，可根据树桩的形态，制作大树型、直干式、斜干式、文人树等多种造型的盆景。树冠可采用云片式或三角形、馒头形，也可采用自然式，方法以蟠扎、修剪相结合，使之达到理想的形态。

养护

香楠分布于我国的海南、广东等热带地区，喜温暖湿润和阳光充足的环境，不耐寒。平时可放在室外光照充足之处养护，保持盆土湿润而不积水，经常向植株喷水，以增加空气湿度，使叶色清新润泽。香楠的最佳观赏期是新叶萌动之时，可在参展前10~20天将老叶摘掉，以促使新叶的萌发，谓之“脱衣换锦”，如此萌发的新叶小而厚实，与苍劲的枝干相映成趣，有着极高的观赏性。冬季移入室内光照充足之处（岭南等气候较为温度的地区亦可在室外越冬，但若遇寒流等极端天气应注意防寒保护，以免遭受冻害）。

每年的春天进行修剪整型，剪去杂乱、拥挤的枝条，对树冠进行回缩，以保持作品的优美。2~3年翻盆一次，一般在春季进行，盆土宜用疏松肥沃、透气性良好的微酸性土壤。

展望和谐
容乾晖作品

飘逸
香楠（苦草科）
侯明刚作品

TIPS 树桩盆景的摘叶

树桩盆景，特别是落叶树种，在新叶刚刚长出时最为美观，是最佳观赏期。但这种最佳观赏期在自然条件下每年只有一次，因此为了提高观赏性，可在夏季或初秋的生长旺季对植株进行摘叶，使其萌发出叶片细小、稠密、鲜亮的新叶，有些树种的新叶还呈美丽的红色或带有红晕，如石榴、三角枫、槭树等。此外，有些杂木树种如黄荆、榆树、雀梅、小叶女贞等，萌发力强，摘叶后，再长出的新叶小而厚实，更具有观赏性。多年生的常绿植物叶子虽然可存留数年，但老叶粗大质硬，很不美观，可考虑将其摘除，以促发新鲜的嫩叶。对于冬红果、石榴、苹果、梨、木瓜等观果植物盆景，还可在观赏期摘除部分，甚至全部叶子，以突出果实的丰美。对于动式盆景，摘叶后筋骨毕露，更能彰显其在狂风暴雨中不畏强暴的抗争精神。

在岭南派盆景中，摘叶被称为“脱衣换锦”，因为不少盆景的枝干顿挫刚健，苍劲挺拔，摘叶后筋骨毕露，所展示的“寒树”相极富阳刚之美，而新芽萌发后，鲜嫩的芽，翠绿的叶与苍键的枝干相映成趣，犹如给树木披上一层翠绿的“锦袍”，极具观赏性。

对节白蜡

Fraxinus hupehensis

对节白蜡树姿美观，盘根错节，有“盆景之王”的美誉，生长迅速，耐修剪，枝条柔软，易于蟠扎。养护中可在生长期进行摘叶，以表现其苍古雄浑的阳刚之美。

水木清华
张志刚作品

对节白蜡中文学名湖北梣，别名湖北白蜡。为木犀科梣属落叶乔木，树皮深灰色，老时有纵裂，幼枝、壮枝树皮光滑，呈浅灰绿色，营养枝常呈棘刺状。羽状复叶，小叶革质，绿色，有光泽，披针形至卵状披针形，先端渐尖，基部楔形，叶缘具锐锯齿。花杂性，簇生于前一年的枝上，排成短的圆锥聚伞花序，翅果匙形，花期2~3月，果期9月。

梣属植物约61种，我国产27种1变种。本种产于湖北省大洪山余脉的京山与钟祥的交界处，是我国的特有物种，其树姿美观，盘根错节，有“活化石”“盆景之王”的美誉。

造型

对节白蜡的繁殖以扦插为主，一年四季都可进行，以冬、春季节成活率最高，选择形态优美的枝条作插穗，蘸生根粉后扦插于砂土中，很容易生根。亦可在冬春季节采挖生长多年、虬曲苍劲、形态古雅的老桩制作盆景。

对节白蜡可根据树桩的形态制作成直干式、曲干式、斜干式、双干式、悬崖式、临水式、丛林式、水旱式、风动式等不同形式的盆景，常采用截干、蓄枝、修剪、蟠扎、嫁接、雕刻相结合的方法进行造型。由于其枝叶紧凑，树冠多采用层次分明的云片式或规整严谨的三角形。对于生长旺盛的树桩，可在立秋后定枝，留下符合造型位置和方向的枝条，丛生枝留1~2枝，其余的枝条全部剪除。如果发现在应该出枝的部位没有枝条，可用树干下部多余的枝条进行靠接，使其形成新枝。对于下部需要造型的枝条常采用金属丝牵拉的方法使之到位，不宜将金属丝缠绕在枝条上，这是因为对节白蜡的枝条增粗较快，稍不

声在树间
叶天森作品

沧桑岁月
熊松荣作品

老当益壮
王明好作品

风韵奇古
吴成发作品

注意就会“陷丝”，影响生长和美观。对节白蜡生长旺盛，培育一年后，除特意留长增粗的顶生过渡枝、飘枝、大俯枝外，其他枝条都已基本到位，就可以造型了，初期应以蟠扎、牵拉为主，修剪为辅，等到基本定型后则以修剪为主。造型时应遵循先上后下、抑强扶弱的原则，对于弱枝可先放养，使其增粗，达到一定的粗度后再造型，使枝与干之间比例协调。

生长多年的对节白蜡根部和树干虬曲苍劲，粗壮多姿，可在保留一定“水路”的条件，将其雕琢成山形、怪石形，苍老古朴的树干与青枝绿叶相映成趣，具有较高的观赏性。

养护

对节白蜡喜温暖湿润和阳光充足的环境，生长期可放在阳光充足、空气流通处养护，经常浇水，保持盆土湿润，勤向枝叶喷水，以增加空气湿度；每20天左右施一次腐熟的稀薄液肥。冬季在冷室内或室外避风向阳处越冬，适当浇水，避免盆土干冻和积水，0℃左右可安全越冬。每1~2年的春季换盆一次，盆土宜用疏松肥沃、含腐殖质丰富、透气性良好的砂质土壤。

对节白蜡萌发力强，生长期应随时抹去树干上多余的枝芽，经常打头，以保持盆景的美观，并避免消耗过多的养分，影响枝条的增粗。和大多数杂木盆景一样，对节白蜡盆景的最佳观赏期是新叶刚长出后。因此，可在9月上中旬将老叶全部摘除，以促发新叶，摘叶前5~6天施一次腐熟的稀薄饼肥水，新叶长出后再施一次液肥，以后加强水肥管理，到了国庆节前夕其株形丰满，叶片细小厚实、色泽浓绿光亮，就可以参加盆景展览了。冬季落叶后对植株进行一次整型，剪去病虫枝、交叉枝、细弱枝、平行交叉枝以及其他影响造型的枝条，以使盆景更加优美。

幽林遐想
吴成发作品

风荡汉江
邵火生作品

雪柳 *Fontanesia fortunei*

雪柳树姿优美，枝条柔软，萌发力强，可用修剪、蟠扎相结合的方法造型。

雪柳盆景
玉山摄影

雪柳也称挂梁青、珍珠花，为木犀科雪柳属落叶灌木或小乔木，高达8米；树皮灰褐色，枝灰白色，小枝淡黄色或淡绿色，四棱形或具棱角；叶片纸质，披针形、卵状披针形或狭卵形，先端锐尖至渐尖，基部楔形，全缘，两面无毛。圆锥花序顶生或腋生，小花白色，春天开放。

雪柳原产河北、河南、山东、浙江、江苏、安徽等地。

造型

繁殖以播种为主，老桩的移栽可至春季进行。枝叶秀雅，花色洁白，用其制作盆景，独具一格。因其叶片稍大，树冠可采用自然型，而不必蟠扎成云片状。

养护

雪柳喜温暖湿润和阳光充足的环境，稍耐阴，有一定的耐寒性。适宜在肥沃疏松、排水良好的土壤种生长。

TIPS 师法自然

“盆景是大自然精华的浓缩与艺术化再现”。因此，制作盆景一定要师法自然，认真观察，仔细琢磨大自然中，尤其是一些名山大川、旅游景区、深山老林、旷野郊外、悬崖陡壁上树木的根、干、枝的布局及走势形态，去芜存菁，从中汲取养分，使自己的作品符合自然规律，避免闭门造车，使作品生硬僵化不自然，即唐代画家张璪提出的“外师造化，中得心源”中国美学理论，其中的“造化”指大自然，“心源”指作者的内心感悟，其意思是艺术创作来源于对大自然的师法，但自然的美并不能够自动成为艺术的美，对于这一转化过程，艺术家个人情愫的融入和构思是不可或缺的。

尖叶木樨榄

Olea ferruginea

尖叶木樨榄是云南的特色树种，其木质坚硬，萌发力强，生长迅速，可以修剪与蟠扎相结合的方法，制作多种形式的盆景。

盛气凌人
普发春作品

尖叶木樨榄中文正名锈鳞木樨榄，别名吉利树，在云南、广西等原产地俗称“鬼柳”“木西兰”。为木犀科木樨榄属常绿灌木或小乔木。其嫩枝具沟槽，密被铁锈色鳞片；单叶对生，具柄，叶片革质，狭披针形至长圆状椭圆形，叶缘稍翻卷，基部渐窄，先端渐尖。圆锥花序，小花白色；果宽椭圆形或近球形，成熟后暗褐色。花期4~8月，果期8~11月。

造型

尖叶木樨榄原产云南、广西及四川西部，印度、爪哇也有分布，可用播种、分株、扦插等方法进行繁殖。制作盆景可采挖老桩，在其主要产地云南，秋冬季节移栽有着较高的成活率，在1月或10月，即便是裸根移植也能成活。

尖叶木樨榄木质坚硬，不易腐烂，在大自然中经坠石砸压，人类砍伐，兽类踏踩，很容易形成天然舍利干，造型时应尽量利用这些自然因素。剪截桩材时应一次到位，并用石蜡或植物愈合剂封住伤口。

尖叶木樨榄萌发力强，生长速度快，可在新芽长到30天左右进行定芽，根据造型的需要，抹去多余的枝芽。除采用截干蓄枝法外，还可用金属丝定向蓄养，在新枝长度30~50厘米时进行牵引蟠扎，定出方向，生长旺季40~50天即可解除金属丝，以免“陷丝”，对植物造成伤害。解除金属丝后，可用竹棍等托起生长点，使之挺直向上，如此枝的生长速度快而平衡。并注意及时剪除枝干上萌发的多余芽，以保障营养充分供给造型所需要的枝条。

养护

尖叶木樨榄喜温暖湿润和阳光充足的环境，有一定的耐寒性。生长期对过密的枝叶应及时疏剪，以增加内部的通风透光。浇水做到“干透浇透”，避免积水，勤施肥。每2~3年的春季翻盆，盆土宜用排水透气性良好的微酸性土壤。

幸得风霜砺傲骨
吕斌作品

岁月悠悠
汤永顺作品

邀月共舞
王伟作品

博兰

Blachia chunii

博兰根系发达，树姿虬曲苍古，生长迅速，耐修剪，枝条柔软，易于蟠扎。可在观赏期进行摘叶处理，促使萌发苍翠碧绿的新叶，谓之『脱衣换锦』。

涌动的山林
王礼勇作品

博兰中文学名海南留萼木，香港称之为博楠。为大戟科留萼木属常绿灌木，株高1~2米；当年生小枝被细柔毛，老枝无毛，有时具木栓质狭棱。叶纸质，倒卵状椭圆形，长2~4.5厘米，宽1.5~2.5厘米，顶端圆形，稀微凹，全缘。

留萼木属植物约12种，其中的海南留萼木（即博兰）是海南特有的物种。

造型

博兰可用播种、扦插、压条繁殖。在海南受高温、高湿、台风等热带海岛气候的影响，其根系发达，枝干古朴苍劲、虬曲多姿，盆景展中常摘去叶片，以表现苍古之韵味。老桩一年四季均可采挖和移植，尤其以5月上旬和8月中旬成活率最高。栽种前去掉主根、粗根、垂直根，保留须根；根据整体构图要求，尽可能保留天然枝干，锯掉多余的树干及切干枝、内生枝、交叉枝、重叠枝、顶胸枝、夹角枝等不符合盆景造型规律的枝干，锯截时尽量注意转折角度与过渡变化。先地栽或深盆种植“养桩”，土壤宜用排水透气性良好的砂质土，定植后浇足定根水，以后每天在树上喷水2~3次，半月左右可长出新根并萌发许多新芽。

博兰适合制作多种造型的盆景，除单株成景外，还可数株合栽，制作丛林式盆景，与山石搭配，制作树石盆景，还可利用其萌发力强的特点，制作模仿热带雨林精神的雨林式造型盆景。造型可采用修剪与蟠扎相结合的方法。

龙行天下
钟辉作品

扬帆起航
刘传刚作品

南风怒
彭锦平作品

大风歌
刘传刚作品

春意盎然
彭盛材作品

鹤舞
吴成发作品

养护

博兰喜温暖湿润和阳光充足的环境，要求有充足的光照及水、肥供应（即高光、高水、高肥的“三高”），施肥应在晴朗的天气进行，雨天及盆土潮湿的状态下不要施肥。其萌发力强，耐修剪，可随时剪去影响造型的枝、芽，以保持盆景的美观。博兰不耐寒，冬季最好保持10℃以上。

浩气盎然
徐杰作品

山格木 *Phyllanthus cochinchinensis*

山格木树形自然潇洒，但生长速度缓慢，造型方法应以蟠扎为主，并尽量利用原桩上的枝条。

悠悠绯心
赵富仔作品

春到岭南翠满枝
张新华作品

山格木中文学名越南叶下珠，别名山甲木、荚木。为大戟科（有些文献将其划归叶下珠科）叶下珠属常绿灌木，茎皮黄褐色或灰褐色；叶互生或3~5枚着生于小枝极短的凸起处，叶片革质，绿色有光泽，倒卵形、长倒卵形或匙形。按株型的不同，山格木有灌木型，垂枝型、藤蔓型三种类型，叶片也有大叶、小叶、中叶三种类型，其中小叶品种叶片细小光亮，最适宜制作盆景。

造型

山格木的挖掘移栽可在春、夏、秋三季进行，因其生长缓慢，很难培育较粗的托枝，应尽量利用原桩上的枝干进行造型，山格木的木质坚硬，侧根少，应保留侧根、须根、横向根、幼根，并做好保鲜措施，尽量缩短离土时间，栽种后避免被烈日暴晒和干热风、冷风吹，这些措施都是为了保证桩子的成活。先栽种在大的容器内养桩，浇透水，每天喷水数次，以确保成活。养坯期间，其植株长势弱，枝条未长粗，即使栽培时间再长，但根系还未丰盛，只能适可而止地作轻剪及疏枝定托，不能重剪。

山格木的株型多为直干或双干、三干丛生，而且较粗的桩子比较难觅，因此盆景造型时可考虑文人树造型，以突出其高耸俊逸的特色，也可采用丛林式等造型，以表现自然和谐的山林景观。

养护

山格木喜温暖湿润的半阴环境，在荫蔽处及强光暴晒处均生长不良，生长期保持土壤湿润而不积水，每月施一次以磷钾为主的稀薄液肥。4~10月是其生长旺季，可进行修剪。10月以后，植株进入休眠期，就不宜修剪了，因为被剪短的枝托部位，不能及时长出足够长的枝条，对山格木的安全越冬影响十分大。经验说明，山格木叶小皮薄，长枝条是维持其整株供应水分生长平衡的关键，因此应尽量保留长枝条，以确保安全越冬。

每3~5年翻盆一次，盆土宜用疏松湿润、透气性良好的微酸性土壤。

小石积

Osteomeles anthyllidifolia

小石积枝干多姿，枝条柔韧性好，萌发力强，通常利用蟠扎与修剪相结合的方法制作垂枝式或其他造型的盆景。

唐风宋韵
陈治辛作品

小石积别名黑果、糊炒，为蔷薇科小石积属落叶或半常绿灌木，株高1~3米；小枝圆柱形，奇数羽状复叶，具小叶片7~15对，倒卵形或倒卵状长圆形，伞房花序，密具多花，苞片披针形，花直径约1厘米；萼筒钟状，萼片三角披针形，花瓣匙形，白色；果实椭圆形或长圆形，萼片宿存，直立。

小石积属植物约有5种，分布于亚洲东部及太平洋岛屿，我国产3种。其中的华西小石积（*Osteomeles schwerinae*，别名地石榴、小石积木、小黑果等）及其变种有小叶华西小石积；圆叶小石积（*O. subrotunda*）等，均可用于制作盆景。

造型

小石积的繁殖以播种为主。制作盆景可在冬春季节挖掘那些生长多年、形态奇特的老桩，尤以春季为最佳。小石积易发叶，但生根比较难，在采挖时一定要保护好须根，栽后应经常向树干喷水，但盆土不宜过湿，以促使根系的萌发。第一年任其生长，不必抹芽，以使树桩根系发达，生长健壮。翌年开始修剪造型。

小石积的枝条修长柔软，叶片细小，最适宜制作垂枝式盆景，以仿垂柳婀娜飘逸的神韵，其方法可采用蟠扎与修剪相结合的方法，先剪出大致轮廓，再用金属丝蟠扎，使原本向上生长的枝条下垂，呈依依的垂柳状。也可利用其枝干曲折多姿、萌发力强等特点，制作其他形式的盆景。

养护

小石积喜温暖湿润和阳光充足的环境，平时可放在空气流通、光照充足之处养护，保持土壤湿润，但勿使积水。其萌发力强，耐修剪，而且越剪新芽越旺，因此要及时抹芽、勤修剪，以保持树姿的美观，避免枝叶过密。参展前15~20天，可进行摘叶，将老叶摘除，以促发秀美典雅的新芽，使作品疏朗通透。

每3年左右翻盆一次，盆土要求肥沃、疏松透气。

春晓
陈治辛作品

如沐甘露
香港盆景雅石学会作品

小石积盆景
香港趣怡园作品

游龙戏水
华西小石积
刘华东作品

柞木 *Xylosma racemosum*

柞木树桩姿态丰富，萌发力强，耐修剪，宜用修剪、蟠扎相结合的方法造型。

柞木盆景
悟园作品

柞木别名刺冬青、凿子树、葫芦刺、蒙古栎、金钱木，为大风子科柞木属常绿大灌木或小乔木，树皮棕灰色，有不规则向上反卷的小裂片；幼时有枝刺，结果株无刺；枝条近无毛或有疏短毛；叶薄革质，宽卵形或卵圆形，叶缘有疏锯齿，春季的新叶呈暗红色，以后逐渐转为亮绿色。雌雄异株，小花黄色，浆果球形，成熟后黑红色。

柞木属植物40~50种，我国产4种及3变种。其近似种榨木（*Xylosma japonicum*）叶片不大，树干古雅，也常用于制作盆景。

造型

柞木在我国有着广泛的分布，可在早春萌芽前挖掘那些生长多年、形态古雅多姿的小老桩制作盆景，其根系发达，须根较多，移栽很容易成活。

柞木树桩形态丰富，造型可根据树桩的不同形态因势利导，加工制作成单干式、双干式、丛林式、一本多干式、悬崖式、临水式等不同形式的盆景。树冠既可塑造成潇洒疏散的自然型，又可修剪成规整的圆片型。造型方法以修剪、蟠扎相结合，多在秋末冬初进行。

养护

柞木适宜在温暖湿润、阳光充足的环境中生长，耐半阴，有一定的耐寒性。平时管理较为粗放，当年移栽的树桩不要施肥，盆土干燥时应及时补充水分，夏季高温时注意遮光，以防烈日暴晒。成型作品生长季节可每20天施一次腐熟的稀薄液肥，但夏季高温时和冬季休眠时要停止施肥。夏季也不必遮光，平时保持盆土湿润，空气干燥时向叶面喷些水，以增加空气湿度，使叶色光亮翠绿。生长期随时除去影响造型的新枝嫩芽，以保持盆景的美观。每年的秋末冬初进行一次修剪整型，剪除病枝、交叉枝、平行枝、枯枝，以增加盆景的内膛通风透光。冬季移至冷室内，越冬温度宜保持在0~10℃，不要施肥，也不要浇过多的水。每2~3年的春季翻盆一次，本种对土壤要求不严，但在疏松肥沃、含有丰富的腐殖质、排水透气性良好的砂质土壤中生长较好。

大唐气象
刘永辉作品

盛世风华
榨木
香港盆景雅石学会作品

柞木盆景
朱天才作品

柞木盆景
徐满堂作品

红牛

Scolopia chinensis

红牛树种苍古大气，老叶苍翠，新叶红艳，耐修剪，易于蟠扎，可二者结合，制作多种造型的盆景。

灵妙绝伦
罗志杰作品

澎湃情怀
香港盆景雅石学会作品

红牛中文学名箣柊，别名牛头簕。为大风子科（也称刺篱木科，有些植物分类则将其划归杨柳科）箣柊属常绿灌木或小乔木，树皮浅灰色，枝和小枝均有稀疏的刺；叶革质，新叶红色，以后逐渐转为绿色，椭圆形至长圆状椭圆形，长4~7厘米，宽2~4厘米，先端圆或钝，全缘或有细锯齿，两面光滑无毛；花小，淡黄色。浆果紫红色，椭圆形或近圆球形。花期4~6月，果熟期9~12月。

箣柊属植物有37~40种，箣柊以及黄杨叶箣柊（*Scolopia buxifolia*）、珍珠箣柊（*S. henryi*）、广东箣柊（*S. saeva*）、鲁花树（*S. oldhamii*）等5种产于我国的广东、广西、海南、福建、台湾等地。

造型

可在春季掘取形态古拙的老桩制作盆景。其树态苍劲大气，四季常青，新叶红艳，萌发力强，耐修剪，适合制作多种造型的盆景。通常以修剪与蟠扎相结合等方法造型。

养护

红牛喜温暖湿润和阳光充足等环境，不耐寒。平时保持土壤、空气湿润，勿使干燥和积水。因其萌发力强，注意及时剪除超过树冠线的嫩枝，以保持美观；每年初春进行修剪整型，剪除枯枝、细弱枝、病虫枝、交叉重叠及过密枝，其他影响造型的杂乱枝也要剪除。

每2~3年的春季翻盆一次，盆土宜用疏松肥沃、含腐殖质丰富的微酸性砂质土壤。

黄连木

Pistacia chinensis

黄连木树干苍古，枝叶密集，萌发力强，造型方法以修剪为主。其根系发达，可作提根处理。

苍劲
杨利德作品

彝山神木
王元文作品

黄连木也称黄莲木、楷木、楷树、黄楝树、药树、药木。为漆树科黄连木属落叶乔木，树干扭曲，树皮暗褐色，呈鳞片状剥落；小枝有柔毛，冬芽红褐色。奇数羽状复叶互生，小叶5~7对，纸质，披针形或卵状披针形或线状披针形，全缘，基歪斜。花小，单性异株，无花瓣；雌花成腋生圆锥花序，雄花成密总状花序。核果球形，0.6厘米左右，成熟时红色或紫蓝色。

造型与养护

黄连木树干苍古，枝叶密集，秋叶呈橙黄或鲜红色，十分美丽，适合制作多种造型的盆景。其适应性强，喜阳光充足和温暖湿润的环境，耐干旱瘠薄。平时注意浇水保湿，生长期每20~30天施一次腐熟的液肥。秋冬季进行整型，采用疏剪、短剪、回缩等手段，剪去多余的侧枝、平行枝、交叉枝、过密枝、徒长枝和枯枝，以突出主干。

黄连木为雌雄异株，因此制作盆景应注意雌雄株按比例搭配。也可以在雌株枝条上嫁接雄性枝芽，并结合人工授粉，提高坐果率和结实率，以使同一盆景能同时达到观叶、观花（雌、雄花序）、观果、观树桩的多重效果。黄连木抗逆性强，树叶及树皮内所含挥发性芳香物有强烈的驱虫和杀虫作用，鲜有病害和虫害。

黄栌

Cotinus coggygria

黄栌枝干虬曲多姿，秋季叶片红艳动人，是著名的红叶树种。枝条柔软，萌发力强。秋季尽量给予空气清新、光照充足、昼夜温差大的环境，以促使叶子变红。

顾影自怜
范天喜作品

黄栌又名红叶、栌木、烟树，为漆树科黄栌属落叶灌木或小乔木，树皮深灰褐色，新枝表皮光滑，老枝粗糙。单叶互生，具细长的叶柄，叶片有宽卵形、倒卵形、圆形或宽椭圆形，全缘，先端圆或微凹，叶面深绿色，背面青灰色，深秋经霜后根据品种和栽培环境的不同，变为红色、紫红色、黄红色、绿红色。圆锥花序顶生，4~5月开黄绿色小花，不孕花为粉红色，呈羽毛状，能在树上保留较长时间而不脱落，远远望去好似缕缕炊烟缭绕树上。

黄栌属植物有5种，我国有3种，此外还有些变种和引进种、园艺种，像毛黄栌、粉背黄栌、四川黄栌以及美国红叶黄栌、金叶黄栌、垂枝黄栌等，也可用于制作盆景，但不如黄栌应用广泛。

造型

黄栌的繁殖可用播种、压条、分株等方法。还可到山野采挖那些生长多年、虬曲多姿、主干短粗的黄栌老桩制作盆景。从晚秋到次年的春季都可以挖掘。因其根系不多，挖掘时应尽量保留须根，但过长的主根要截断，造型不需要的枝条也要剪除，并在根部罩上塑料袋或用湿苔藓、草绳包裹，以保持新鲜。

黄栌盆景常见的形式有直干式、曲干式、悬崖式、双干式、丛林式、卧干式、树石式等。人工繁育的植株可根据需要，采用蟠扎与修剪相结合的方法进行造型。而从山野采挖的黄栌老桩，则要根据具体形态，因势利导，制作不同形式风格的盆景。黄栌枝条柔软，易于造型，因其叶片大而稀疏，叶柄较长，树冠多采用自然式，可先用金属丝对枝干进行蟠扎，使枝条高低错落，叶片疏密有致。为了使树姿丰满，可在生长季节进行打头摘心，以控制植株生长，促使枝条萌发更多的枝叶，使枝叶更加稠密。但要注意剪除徒长枝、交叉枝、平行枝、病虫枝、细弱枝，以保持盆景姿态的完美。

养护

黄栌喜温暖湿润和阳光充足的环境，耐寒冷。平时可放在室外光照充足、空气流通处养护，夏季高温时可适当遮光，以防烈日暴晒。浇水掌握“不干不浇，浇则浇透”，避免盆土长期潮湿，也不要肥、水过大，否则会造成植株徒长，叶片变大，影响盆景的美观。经常向植株及周围环境洒水，以增加空气湿度，使叶色清新，富有生机。冬季移至低温室内或在室外避风向阳处越冬，盆土不要过于干燥，以免因土壤“干冻”使植株受到伤害。根据植株的大小，每2年左右翻盆一次，多在春季萌芽前进行，翻盆时去掉1/2的旧土，用新的培养土重新栽种，对土壤要求不严，但在疏松肥沃、含腐殖质丰富、排水透气性良好的砂质土壤中生长更好，还可盆底放少许腐熟的饼肥之类的有机肥作基肥。

除生长季节进行打头摘心，控制植株生长外，春季发芽前也要对盆景进行整型，剪除造型不需要的枝条，修剪时注意“剪直留曲”，即剪除枝条的主脉保留侧枝，这样经过几年的养护后，可使枝条硬角曲折，刚劲有力。黄栌萌发力强，春季发芽后应及时抹去多余的新芽，以免消耗过多的养分，影响生长。为了增加观赏性，可在7月上旬将全树的叶片摘除，随后喷施一次0.3%的尿素，并加强水肥管理，约7天左右就会有新的叶片长出，20天后满树的新叶嫩绿可爱，给人以欣欣向荣的感觉。

黄栌是著名的红叶树种，但在城市中莳养的黄栌盆景中很难见到其叶色变红，这是因为黄栌叶色变红是需要较高的气候条件，即阳光充足，昼夜温差大，空气湿润清新，而在城市中很难有这样的气候条件，因此往往不等叶子变红，就干枯焦边，直至脱落。如果改善栽培条件，为其创造良好的局部生态环境，其叶也会变得红艳动人。

秋意阑珊
赵建国作品

卧看苍穹
杨海峰作品

清香木

Pistacia weinmannifolia

清香木树姿苍劲优雅，四季常青，萌发力强。其木质坚硬，可作舍利干处理。

只手擎天
王昌作品

清香木别名细叶楷木、香叶子，为漆树科黄连木属常绿灌木或小乔木，株高2~8米，最高可达15米，树皮灰色，小枝具棕色皮孔，幼枝被灰黄色微柔毛。偶数羽状复叶互生，有小叶4~9对，革质，长圆形或倒卵状长圆形，有清香，嫩叶红色，老叶绿色。核果，8~10月成熟后呈红色。

在一些花卉市场上常把芸香科花椒属的胡椒木（*Zanthoxylum piperitum*）当做清香木，这是一种张冠李戴的现象。

造型

清香木的繁殖可在春秋季节进行播种和扦插。清香木的移栽宜在春季进行，采挖时进行一次粗剪，截掉造型不需要的大枝和较长的直根，但尽量不要伤须根和小根。并用青苔、塑料袋等物品包裹根部，进行保湿，先地栽或栽于较大的盆器内“养坯”，土壤宜用不含有太多养分的素土，栽后浇透定根水，以后注意向桩子喷水，以增加空气湿度，有利于其根系的恢复。

清香木可根据树桩的形态制作直干式、双干式、曲干式、悬崖式以及水旱式等多种造型的盆景，造型方法以修剪为主，剪除交叉枝、重叠枝、徒长枝等影响造型的枝条，使得枝叶疏密得当，错落有致。

养护

清香木喜阳光充足和温暖湿润的环境，稍耐阴，耐瘠薄。生长期可放在室外阳光充足，空气流通之处养护。浇水应掌握“不干不浇，浇则浇透”的原则，不要长期湿涝积水，也不要只浇表皮水，一定要浇透，否则会造成叶片大量脱落，此外，通风不良也会造成叶片脱落。

清香木耐瘠薄，如果施肥不当会造成烧根，因此施肥一定要谨慎，甚至可以不施肥。冬季移入阳光充足的室内，控制浇水，不低于0℃可安全越冬。每3年左右翻盆一次，在春季进行，盆土要求疏松透气，排水良好。

彝山神木
王元文作品

峥嵘如歌
普发春作品

蛟龙入海
张国淋作品

华夏魂
龚靖翔作品
刘少红提供

胡椒木

Zanthoxylum piperitum

胡椒木树姿优美，叶片小而厚实，清香宜人，可采用修剪与蟠扎相结合的方法造型。因其植株不大，常作微型或小型盆景。

日本胡椒木盆景
铃木浩之提供

胡椒木也称台湾胡椒木，为芸香科花椒属常绿灌木，奇数羽状复叶，叶基有短刺2枚，叶轴有狭翼。小叶对生，倒卵形，革质，叶色浓绿，有光泽，用手指将叶揉碎，有浓烈的芳香味或花椒味（清香木则没有这种芸香科植物叶片特有的气味），叶面有透明的油点（清香木叶片则没有透明油点）。雌雄异株，雄花黄色，雌花橙红色，蓇葖果椭圆形，绿褐色或红褐色。

有文献将胡椒木的学名写作*Zanthoxylum beecheyanum*。此外，该植物常被当作清香木（*Pistacia weinmannifolia*），这是一种“张冠李戴”现象，应注意区分二者的差异。

造型

胡椒木的繁殖可在秋季采用当年生的半成熟枝条进行扦插。盆景造型有直干式、斜干式、曲干式、水旱式、悬崖式等。可采用修剪与蟠扎相结合的方法造型。树冠既可修剪成规整严谨的云片形，又可加工成扶疏潇洒的自然型。其根系发达，可进行提根，使之悬根露爪，以增加盆景苍劲古朴的韵味。

养护

胡椒木喜温暖湿润和阳光充足的环境，要求通风良好，耐热、较耐寒、稍耐旱、耐修剪，易移植。生长季节要求有充足的阳光，长期在阴暗的环境中，会导致生长不良，叶片发黄脱落。平时保持盆土湿润而不积水，保证生长环境的相对空气湿度在50%~70%。生长季节每隔半月浇施一次稀薄的液态肥，也可定期在盆土中埋施少量多元缓释复合肥颗粒，中秋后追施1~2次浓度为0.3%的磷酸二氢钾溶液，以增加植株的越冬抗寒性。冬季移入室内阳光充足处，虽然0℃左右植株不会死亡，但叶片会大量脱落，影响观赏，而且对翌年的生长也不利，因此盆景的越冬温度最好维持5℃以上。

生长期注意修剪，及时剪去过长的枝条或其他影响树姿美观的枝条。春季发芽前进行一次大的整型，剪除细弱枝、交叉重叠枝，将长枝剪短，以促使萌发嫩绿鲜亮的新叶，提高观赏性。

对于成型的胡椒木盆景可每2~3年翻盆一次，在春季进行，盆土要求含腐殖质丰富、疏松透气。

胡椒木盆景
袁振威作品

胡椒木盆景
倪民中作品

TIPS 盆景的修剪

修剪，是树桩盆景造型的基本技法，我们知道，植物是有生命的，是会不断生长的，如果任其自然生长，不加抑制，势必会影响盆景造型而失去其艺术价值。所以必须进行及时修剪，除去多余的部分，留其所需，补其不足，以扬长避短，达到树形优美的目的，并能加强内部的通风透光，有利于植物的健康生长。修剪的方法包括疏剪、短剪、缩剪及折枝等。

截干蓄枝是岭南派盆景的重要修剪技法之一，现已在其他流派的盆景中推广应用。可以使树桩矮化、紧凑，更能体现其艺术美。“截干”是在树干适当的位置截断，使其断口处长出新芽，继而长成新的枝条，新枝经过一段时间的蓄养，达到一定的粗度后，再在适当的位置截断，使其发芽出枝，当其枝条长到一定粗度后，再将其截断。以此类推，经过不断的截干、蓄枝后，其枝干自粗到细过渡自然，顿挫有力，似鸡爪，如鹿角，像蟹脚，极富阳刚之美，甚至每个枝条剪下后都能单独成景。

两面针

Zanthoxylum nitidum

两面针茎干苍劲嶙峋，虬曲多姿，萌发力强，造型方法以修剪为主，蟠扎、牵拉为辅。

回眸
何韵发作品

两面针也称两背针、入地金牛，为芸香科花椒属常绿植物，幼株呈直立灌木状，成龄植株为木质藤本攀缘状，茎干浅黑褐色，老茎有翼状蜿蜒而上的木栓层，茎枝及叶轴两面、小叶两面中脉均有弯钩锐刺，茎干上部具皮刺；小叶对生，厚纸质至革质，宽卵形，近圆形或窄椭圆形，叶缘有疏浅裂齿。聚伞状圆锥花序腋生，淡黄绿色小花具芳香，花期3~4月；果实近球形，果皮红褐色，顶端有短芒尖，果期9~10月。

需要指出的是，在一些地方常把豆科植物春云实（*Caesalpinia vernalis*）当作两面针，应注意鉴别。

造型

两面针多生于我国南方地区的山地旷野、杂木林中，亦有人工栽培。多以种子育苗，也可扦插繁殖。盆景制作以老桩为好。采掘宜于3~5月进行。挖出后将根部蘸上少许泥浆，以苔藓、稻草或塑料袋等包裹，防止因水分蒸发过多而影响成活。两面针易萌发、耐修剪，新采桩坯栽种前，可根据造型需要进行一次重剪，去除过密枝、重叠枝及粗壮的直根。除过大的桩体外，一般可直接上盆培养。

两面针盆景茎干苍劲嶙峋，虬曲多姿，非常适合表现山野古木潇洒清逸的韵味。其造型有直干式、双干式、悬崖式、临水形等多种形式。造型手法以修剪为主，蟠扎为辅，先使主要枝干形成造型需要的大致轮廓，通过修剪逐步完善成型，并通过蟠扎调整枝条的位置和走势。

养护

两面针喜阳光充足和温暖湿润的环境，亦耐阴，不耐寒。生长期应及时浇水，以保持盆土湿润。每15天左右追施一次稀薄的腐熟饼肥水或稀释的尿素液肥；北方盐碱地区可每10天浇一次用硫酸亚铁和豆饼混合沤制的矾肥水，以改善土质，防止盆土碱化。冬季应移入光照充足、温度在5℃以上的室内养护。两面针的枝干苍劲多姿，可在参展前摘除叶子，以彰显其阳刚之美。

两面针常见虫害为天牛蛀食危害茎干和根部，可人工捕捉成虫或清除虫卵，也可用药棉浸80%敌敌畏原液塞入蛀孔，用泥封口，毒杀幼虫。

南国三月
黄震宇作品

龙腾
黄就成作品

跃韵
彭盛添作品

九里香 *Murraya exotica*

九里香树姿古雅遒劲，表皮色彩淡雅，萌发力强，造型方法以修剪为主，蟠扎为辅。并在生长期摘叶，以表现其古雅的树种特色。

漓江春水
黄泽明作品

九里香也称月橘、七里香、木万年青、千里香、石桂树，为芸香科九里香属常绿灌木或小乔木，树干和老枝灰白色或淡黄灰色，当年生新枝绿色；奇数羽状复叶，小叶3~9片，有卵形、倒卵形、倒卵状椭圆形等多种形状，绿色，有光泽。花序通常顶生兼腋生，花多朵聚成伞状，花白色，有芳香，花期4~8月或秋后；果实橙黄色至朱红色，椭圆形或阔卵形，9~12月成熟。

同属中另有广西九里香（*Murraya kwangsiensis*），也称广西黄皮，其叶较大，很少用于制作盆景；近似种七里香（学名千里香，*M. paniculata*），也可用于制作盆景。

造型

九里香的繁殖可用播种、扦插、压条等方法。亦可到山野采挖那些生长多年、形态古雅的老桩制作盆景，大、中型桩子一般在春季至夏初移栽，并注意尽量带土球，若不带土球则要做好保鲜保湿工作，以保证成活。栽种前先对桩子进行修剪整型，伤口处涂白乳胶或植物伤口愈合剂，以防止水分走失和杂菌侵入。栽后浇透水，置于光照充足、昼夜温差较大的环境中，经常向树身及枝干喷水，但土壤不必太湿，1个月左右就会发芽。

九里香是岭南派盆景的代表树种之一，其树干色泽淡雅，形态古雅遒劲，适合制作大树型、悬崖式、双干式、直干式、文人树、斜干式等多种造型的盆景，无论何种造型的盆景，都要表现植物的枝干古朴苍劲的特色。造型方法以修剪为主，在4~6月进行，通常采用“截干蓄枝”的方法，即将树干的主枝培养到适合的粗度时，每一根枝干上剪掉一段，如将这些剪过的枝干称作第一节枝，则以后在其上面生出的次枝就称为第二节枝。当第二节枝长到适合的粗度时，再将其剪掉一段，使生出第三节枝。以此类推，进行造型加工。这样经过多年修剪后，枝干即能达到自然曲折苍劲的效果。当然在修剪加工时还要根据造型的需要，作一些灵活处理，达到疏密有致，富有画意。

养护

九里香喜温暖湿润和阳光充足的环境，不耐寒，适宜在疏松肥沃、排水良好的砂质土壤中生长。九里香枝条萌生性强，为保持一定造型，生长期要及时修剪整型，长枝短剪，密枝疏剪，枯枝、平行枝、交叉枝等影响美观的枝条均应及时剪去，以保持优美的树姿和适当的比例。为抑制其高生长，促进侧枝发育平展，可摘去其枝梢嫩头。其干基或干上生长出许多不定芽时，应随时摘芽。对准备留下备用的枝条可留待春季4~5月，结合造型再进行一次修剪。

每隔2~3年翻一次盆，如保留较多的原土，则可随时进行翻盆，不受季节限制，如需换去大部分或全部宿土，以秋季10~11月为最佳时期，晚春4~5月份也行。翻盆时可结合修根、换土，根系太密太长的应予修剪。

老朽争春
张华江作品

焯焯风姿
曾安昌作品

峥嵘岁月筑香魂
李生作品

七里香盆景
陈有鹏作品

春云实

Caesalpinia vernalis

春云实姿态扶疏潇洒，新叶红艳，老叶苍翠，萌发力强，造型方法以修剪为主，制作丛林式造型的盆景。

春云实盆景
河南商丘明香石榴盆景园作品

春云实也叫乌爪簕藤，为豆科云实属常绿藤本有刺植物，植株有分枝，其各部被锈色茸毛；二回羽状复叶，新叶红色，以后逐渐转为绿色。小叶对生，革质，卵状披针形、卵形或椭圆形。圆锥花序生于上部叶腋或顶生，花瓣黄色，花期4月。

春云实在一些地区常被当做两面针（*Zanthoxylum nitidum*），这是一种张冠李戴现象。

造型及养护

春云实根部虬曲苍劲，株型扶疏潇洒，新叶红艳，老叶翠绿，适合做一本多干、丛林式等造型的盆景。造型方法以修剪为主，辅以牵拉等技法，使枝叶疏密得当，自然清雅。

春云实喜阳光充足和温暖湿润的环境，稍耐阴。生长期宜放在光照充足、空气流通之处养护，保持土壤和空气湿润，及时剪去多余的枝条。每3年左右翻盆一次，盆土宜用肥沃疏松的微酸性土壤。

春云实盆景
张伟作品

寿娘子 *Premna corymbosa*

寿娘子茎干苍古，叶小而密集，四季常青，萌发力强，造型方法以修剪为主，并用金属丝调整不到位的枝条。因其生长迅速，养护中注意修剪，以保持树形的优美。

寿娘子盆景
嘉盛园艺作品
王志宏提供

寿娘子中文学名伞序臭黄荆，别名小叶寿娘子、臭娘子、俏娘子。为马鞭草科（有些植物分类将其划归唇形科）豆腐柴属常绿灌木或小乔木，枝条有黄白色椭圆形皮孔；叶片纸质，长圆形至广卵形，全缘或微呈波状，或仅至上部疏生不明显的钝齿；聚伞花序在枝顶端组成伞房状，小花黄绿色，核果圆球形，花果期4~10月。

豆腐柴属植物约200种，主要分布于亚洲、非洲的热带，少数延伸至亚热带，我国有44种和5变种，分布于云南、华中、华东、西藏等地。其中的钝叶臭黄荆（*Premna obtusifolia*）、海南臭黄荆（*P. hainanensis*）形态与伞序臭黄荆非常近似，也可用于盆景的制作，并被称为“寿娘子”，即广义上的寿娘子。

造型

寿娘子可用播种、扦插等方法繁殖。其茎干苍古多姿，小枝密集，叶片不大，四季常青，生长迅速，萌发力强，耐修剪，而且根系发达，老枝老干脱皮后色泽灰白，可做舍利干或神枝造型，以表现其沧桑古雅的风采。通常采用修剪与蟠扎相结合的方法，制作直干式、斜干式、丛林式、提根式等多种造型的盆景。因其枝叶稠密，制作盆景时要注意分出一定的层次，切不可“一团绿”，使得作品杂乱无章。

养护

寿娘子喜温暖湿润和半阴的环境，耐瘠薄，适宜在疏松肥沃的土壤中生长。平时可放在光线明亮、空气流通处养护，勤浇水和向植株喷水，以保持土壤和空气湿润。因其生长速度较快，要注意修型，及时剪除影响美观的枝条。寿娘子的耐寒性较差，冬季一定放在10℃以上的室内越冬，以免遭受冻害。

寿娘子盆景
江琅宝（印度尼西亚）作品
王志宏提供

寿娘子盆景
江琅宝（印度尼西亚）作品
王志宏提供

寿娘子盆景
王小军作品

寿娘子盆景
王小军作品

黄荆

Vitex negundo

黄荆根、干、枝虬曲多姿，习性强健，萌发力强，枝条柔韧性好，可用修剪与蟠扎相结合的方法造型，并注意对根部的提升处理，以表现其苍劲古朴的神韵。

古桩新韵
高文露作品

黄荆别名黄荆柴、蚊烟柴、七指风、布荆、土蔓荆，为马鞭草科牡荆属落叶灌木或小乔木，树皮灰褐色，小枝四棱形，灰白色，密被细茸毛。掌状复叶对生，具长柄，小叶3~5片，中间的1片最大，两边的依次渐小，小叶椭圆状卵形至披针形，顶端渐尖，基部楔形，全缘或有少数粗锯齿，上面淡绿色，背面灰白色，密布短柔毛。聚伞花序成对组成穗状圆锥花序，花萼钟状，外有灰白色茸毛，花冠淡紫色、紫红色或偶带白粉，外面有柔毛，花期6~8月。

牡荆属植物中约250个种，主要分布在热带和温带地区，我国有14个种，7个变种，3个变型。用于制作盆景的除黄荆外，还有其变种牡荆、荆条等，造型方法及养护与黄荆基本相同，有些地区把这类植物统称为“黄荆”，即广义上的黄荆（本书所讲的黄荆就是广义上的黄荆）。

荆条（*Vitex negundo* var. *heterophylla*）在河南俗称“花叶黄荆”，别名荆棵、荆梢子、黑谷子、七枝箭，掌状复叶3~5，叶缘为缺刻状，或深裂至中脉呈羽状，背面灰白色，密被茸毛。

牡荆（*V. negundo* var. *cannabifolia*）别名土常山、五指柑、补荆，小枝四棱形，叶对生，掌状复叶，小叶5，少有3；小叶片披针形至椭圆状披针形，顶端渐尖，基部楔形，叶缘有多数粗锯齿，上面绿色，背面浅绿色，无毛或稍有毛。圆锥花序顶生，花萼钟形，顶端有5齿裂，花冠淡紫色。花果期7~11月。

造型

广义上的黄荆在我国各地分布广泛，可寻找植株矮小、形态古雅苍奇的老桩制作盆景，一年四季都可移栽，但以冬春季节成活率最高。其木质坚硬紧密，采挖后失水缓慢，很容易成活，尽管如此，对于失水严重的桩子，仍要在水中浸泡一段时间，以补充水分，保证成活。

黄荆树桩形态奇特古雅，或虬曲多姿，或枯朽斑驳，或崆峒嶙峋……极富变化，造型时可根据树桩的具体形态，制作不同形式的盆景，其大致可分为自然型、仿松树型、仿树石型，每种造型里又有不同的形式，如单干式、斜干式、双干式、直干式、曲干式、卧干式、悬崖式、临水式、露根式、树石式等。

自然式黄荆盆景枝叶扶疏自然，潇洒清秀，用修剪、蟠扎相结合的方法进行造型。

仿松树型黄荆盆景雄浑大气，采用粗扎细剪的方法，通过重剪勤剪，使之成为中间微凸、周围稍薄的圆片，犹如远眺的高山之松，凝重苍劲。

仿树石型黄荆盆景则选取形状奇特，或似奇石，或似山峰的黄荆疙瘩，并以此为山、为石，将疙瘩上的枝条蟠扎修剪成自然型或松柏型。并注意树与“山”、树与“石”比例的协调，天衣无缝。

在黄荆中还有一种桩子，其根茎不粗，但线条曲折有致，富有动感，可用其制作悬崖式、临水式盆景，线条刚健优美，极有特色。

岁月峥嵘
边长武作品

玉树临风
雷天舟作品

中华风骨
周润武作品

回春
刘秀根作品

黄荆盆景
王满坡作品

峥嵘岁月
何瑞兴作品

黄荆盆景
雷天舟作品

探幽
王小军作品

黄荆盆景的造型多在生长季节进行，先用金属丝蟠扎出基本骨架，再仔细修剪，使之成型。新生枝条要等半木质化后方可进行，蟠扎前要适当扣水，以免枝条发脆折断，金属丝缠绕时不要破坏芽眼。若有姿态优美的黄荆枝干，可在冬春季节截下，适当疏剪后扦插，成活后稍加蟠扎、修剪便可成型，此法特别适合制作微型或中小型盆景。

在黄荆盆景的造型过程中，常常会遇到这样的情况：需要有枝条的地方，恰恰没有枝条，可于生长期在需要长芽的树干、树枝上，用湿布包裹，其半月内就会有新芽萌发。黄荆的木质层洁白，可做舍利干处理，使之古雅苍劲。

养护

黄荆喜温暖湿润和阳光充足的环境，耐寒冷和干旱。生长期可放在室外光照充足、空气流通的地方养护，浇水做到“不干不浇，浇则浇透”，除天气过于干旱、空气过于干燥外，对叶片喷水不宜过多，否则会使叶片变大，失去雅趣，影响观赏。此外，肥水过大也会造成这种现象，因此平时不要施太多的肥，每月施一次腐熟的稀薄液肥即可满足生长的需求。生长期注意摘心，以使枝节变短，叶片小而稠密。及时剪除影响造型的枝条，以保持盆景的完美。为了增加观赏性，可在生长期进行摘叶，摘叶后加强水肥管理，不久就会长出鲜嫩可爱、细小质厚的新叶。

冬季落叶后进行一次整型，使枝条分布合理，呈现出虬曲多姿、钢骨铁爪的寒树相。冬季在室外避风向阳处或冷室内越冬，注意浇水，以免土壤干冻。春季发芽前剪除枯枝、病虫枝以及其他影响造型枝条。每2~3年翻盆一次，对土壤要求不严，但在疏松透气、排水良好的砂质土壤中生长更好。

故土飞歌
刘秀根作品

风华蔚然
孟传兴作品

黑骨香 *Diospyros vaccinioides*

黑骨香枝干黝黑古雅，枝叶密集，虽萌发力强，但枝条增粗更是缓慢，造型方法可蟠扎与修剪相结合，并尽量利用原来桩子上粗枝造型。

栈
林伟作品
王志宏提供

黑骨香，中文学名小果柿，别名黑骨茶、枫港柿以及黑檀、小叶紫檀等。为柿科柿属常绿矮灌木，幼枝绿色，老时深褐色，树干黑褐色；嫩枝、嫩叶和冬芽有锈色柔毛。新生嫩叶褐红色。叶革质或薄革质，通常卵形，全缘，叶片表面深绿光亮，无毛。雌雄异株，花细小，单生叶腋，近无梗，花冠钟形。果小，椭圆形至近球形，嫩时绿色，老实黑色，果实有宿存萼。种子红褐色，椭圆形。花期4~5月，果期11月。变种有长叶小果柿（*Diospyros vaccinioides* var. *oblongata*），其叶长圆形。同属中近似种岩柿（*D. sdumetorum*），别名小叶柿、石柿花，其叶薄革质，披针形、卵状披针形或倒披针形。产于四川、贵州、云南等地。

黑骨香从海南至香港的华南地区以及台湾均有分布，因产地环境的差异，形态也有所变化，其中产于广州珠江口岛屿或山丘的叶子特别小，是制作盆景珍贵树种。黑骨香的木质细腻黝黑，有人将其称作“黑檀”“紫檀”“小叶紫檀”。而实际上真正的黑檀（*Dalbergia nigra*）也称乌木、黑紫檀，为豆科黄檀属植物；紫檀（*Pterocarpus indicus*）为豆科紫檀属植物；小叶紫檀（*Pterocarpus santalinus*）是檀香紫檀的别名，也为豆科紫檀属植物，这些真正的檀木或因资源稀缺，或因叶大、干直无姿等多种因素，几乎没有用于制作盆景者。因此花市标名“紫檀”“黑檀”“小叶紫檀”者均为小果柿（即黑骨香）。

造型

黑骨香的繁殖以播种为主，也可用油柿（*D. oleifera*，俗称毛柿、绿柿）、山柿（*D. montana*）等习性强健的柿属植物作砧木，进行枝接或芽接。制作盆景多在春季采挖老桩，以加快成型速度。

黑骨香虽然萌芽力较强，但生长速度不是那么快，尤其是枝干增粗缓慢，应尽量利用桩子上的原有枝条造型，可采用修剪与蟠扎相结合的方法，制作多种形式的盆景。其修剪一年四季都可进行，以春、秋季节最为适宜；由于黑骨香的枝条基本是向上生长的，可用金属丝蟠扎，使之横向伸展，并注意枝条节奏的变化，避免呆板僵硬。

养护

黑骨香喜温暖湿润和阳光充足的环境，有一定的耐阴性。生长期宜放在光照充足、空气流通之处养护，保持土壤和空气湿润，但不要盆土长期积水。为了保持作品不变形，水肥不宜过大，每月施一次薄肥即可满足生长的营养。随时摘除杂乱的枝、芽，每年的清明节前后可将老叶摘除，以促发红艳靓丽新叶。

每3~5年翻盆一次，一般在春季进行，盆土要求疏松透气、排水良好。需要指出的是，黑骨香的须根不是很多，因此在翻盆的时候应做到尽量不伤根。

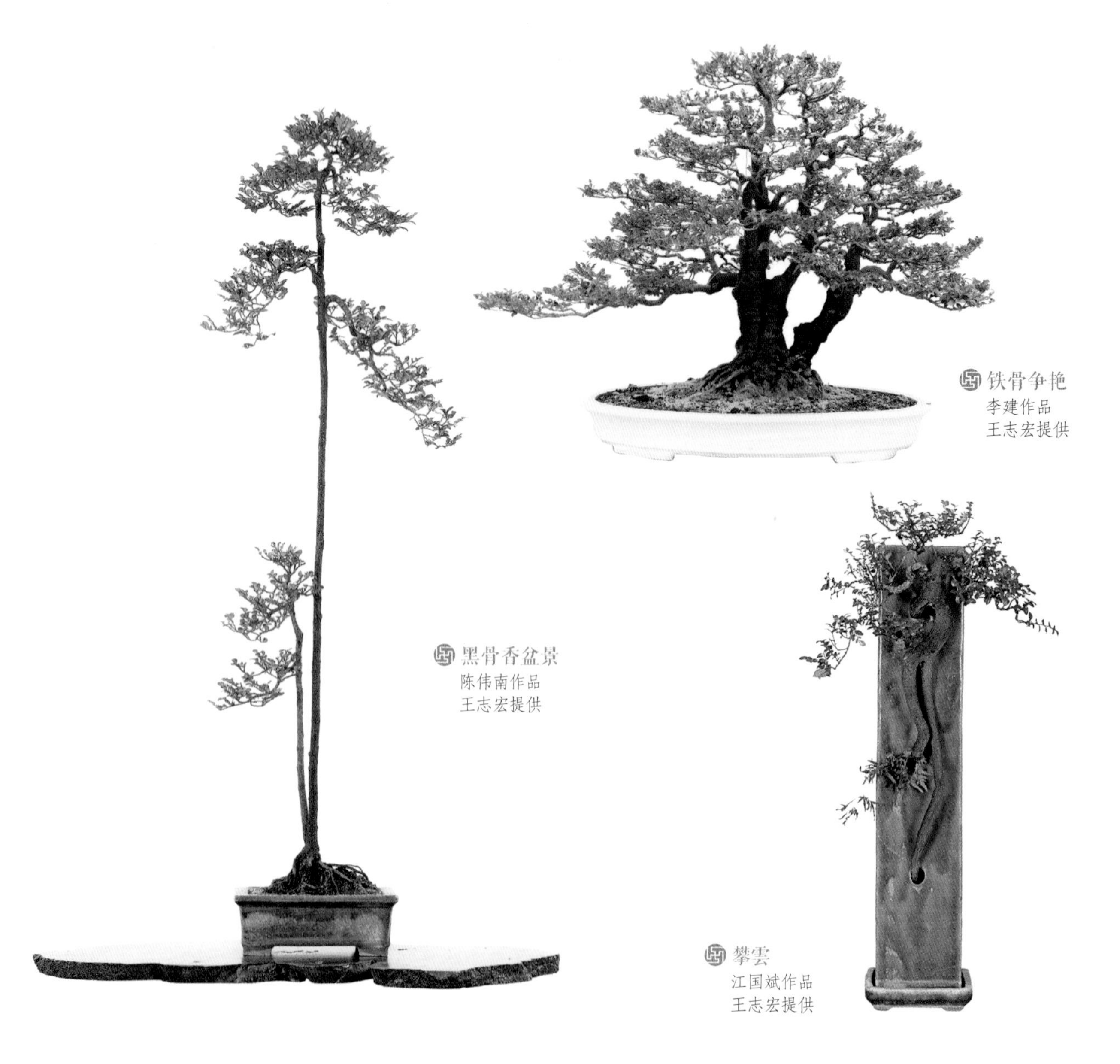

铁骨争艳
李建作品
王志宏提供

黑骨香盆景
陈伟南作品
王志宏提供

攀雲
江国斌作品
王志宏提供

象牙树

Diospyros ferrea

象牙树的木质坚硬，生长缓慢，应尽量利用原桩子上的枝条。

象牙树盆景
嘉盛园艺作品
王志宏提供

泄翠
金祥春作品

象牙树也称象牙木、琉球黑檀、乌皮，为柿科柿属常绿乔木，树皮灰褐或黑褐色，小枝纤细；叶革质，互生，倒卵形，长2~4厘米，宽2厘米，先端钝或圆形，深绿色，有光泽。雌雄异株，花腋生，乳白色，春末夏初开放。果实椭圆形，成熟后由橙黄色转紫红色。

近似种有翠米茶（*Eurya emarginata*）也称米碎茶、米碎花、碎米茶、凹叶柃木、米碎柃木，在没开花的时候常与象牙树弄混，为山茶科柃木属常绿灌木，叶薄，边缘有细锯齿；花单性，白色至黄绿色，11~12月开放，浆果翌年6~7月成熟，黑色。

造型及养护

象牙树的繁殖可用播种和扦插的方法，其中扦插最为常用，在18~25℃的环境中，2~3周可生根。其木质坚硬，枝叶密集，四季常青，而且生长缓慢，不易变形，寿命长，适合制作多种造型的盆景，树冠可处理成云片状、馒头状、自然型等形状。

象牙树喜温暖湿润的和阳光充足的环境，在半阴处也能生长良好。生长期保湿土壤湿润而不积水；每月施一次稀薄液肥。随时抹去影响造型美观的枝芽。越冬温度宜维持5℃以上。宜用疏松透气、排水良好的土壤栽种。

鹅耳枥

Carpinus turczaninowii

鹅耳枥根干苍劲多姿，萌发力强，枝条柔软，可用修剪与蟠扎相结合的方法造型。

文雅清秀
杨明德作品

鹅耳枥也称牛荆、穗子榆，为桦木科鹅耳枥属落叶乔木，粗糙的树皮呈暗灰褐色，有浅纵裂；叶卵形、宽卵形、卵状椭圆形或卵菱形，有时卵状披针形，顶端锐尖或渐尖，基部近圆形或宽楔形，有时微心形或楔形，边缘具规则或不规则的重锯齿。雌花序长3~6厘米，苞片半卵形、半长圆形、半宽卵形；坚果宽卵形，花期4~5月，果期8~9月。

鹅耳枥产于辽宁南部以及山西、陕西、河南、河北、山东、甘肃，日本、朝鲜也有分布。

造型

鹅耳枥的繁殖可用扦插、播种等方法，但苗子生长缓慢，因此多采挖老桩制作盆景，一般在秋末初冬至翌年春季萌发前移栽。

鹅耳枥的桩子苍劲多姿，枝干曲折有致，枝条柔软，易于蟠扎造型，而且萌发力强。可采用修剪为主、蟠扎为辅、剪扎并用的方法，制作曲干式、斜干式、卧干式、提根式、双干式等不同造型的盆景，树冠或采用自然式，以表现其自然潇洒的风采；如果是作成云片式，则应层次分明，并有一定的动感，与树桩的古雅和谐统一。鹅耳枥大枝锯截的伤口处易成簇的萌发新芽，可将造型不需要的全部剪除，切不可在伤口处蓄养一簇簇丛生枝遮掩截口，应采取雕、凿等方法，使截口和谐自然，避免生硬。

养护

鹅耳枥喜温暖湿润和阳光充足的环境，稍耐阴。生长期可放在光照充足，空气流通之处养护，夏季高温时适当遮光，以避免暴晒。浇水见干见湿，盆土积水和过于干旱都会对植株造成伤害。早春萌芽前结合浇水施一次腐熟的稀薄液肥，春芽停止生长后，每半月左右施一次薄肥。夏季停止施肥，秋季施一次以磷钾为主的薄肥，为越冬打下良好的基础。冬季在冷室内或室外避风向阳处越冬。

鹅耳枥的萌芽能力强，对于造型不需要的芽一律剪除。生长期可进行多次摘芽，以促进侧芽的萌发，调整走势；秋季落叶后至翌年春季发芽前进行一次细致的修剪，以保持作品的美观。

每3年左右翻盆一次，一般在春季进行，对土壤要求不严，但在肥沃透水性良好的土壤中生长更好。

固守正气立苍穹
徐国杰作品

白云深处
禹端作品

TIPS 盆景的题名

题名是盆景的“灵魂”。恰当的题名能够点明盆景的主题，延伸内涵，具体要求是确切、寓意深远、外在形象与内涵情趣高度概括。字数要简洁明了，不宜过多，一般不超过7个字。内容可从古诗词、典故中选取，也可从盆景的造型、配件中择取。还可把树种的名字嵌入题名中，像金雀盆景题名《雀之乐园》《小鸟天堂》；迎春花盆景《喜迎春归》《迎春曲》；连根式雀梅盆景题名《鹊桥》；榕树盆景题名为《有容乃大》《世代兴容》；紫薇、紫藤盆景题名为《紫气东来》等。需要指出的是，盆景的题名还要注意作品所表现的季节性和相应的地理环境，如表现秋天硕果垂枝的作品题以“枯木逢春”；表现垂柳婀娜飘逸的作品题以“沙漠之春”之类的名字就不太适宜了。

题名虽然能够点明主题，但也在一定范围内禁锢了观者的想象空间，使之只能按照作品的题名欣赏。因此，也有人主张盆景不必题名，让观者自己去品味、感悟，充分发挥其想象空间，体会盆景艺术的内涵。

紫叶小檗

Berberis thunbergii var. *atropurpurea*

紫叶小檗叶色红艳，花、果也很美，耐修剪，易蟠扎，因其植株不大，可作小型或微型盆景。

紫叶小檗盆景
王小军作品

紫叶小檗又称红叶小檗、紫叶日本小檗，是日本小檗的自然变种，为小檗科小檗属落叶灌木，植株丛生，枝条紫褐或红褐色，具叶刺，叶簇生或单生，叶片菱状卵形，先端钝，基部急狭或楔形，全缘，新叶嫩红色，以后逐渐呈紫红色（在阳光不足的环境中呈墨绿色）。花2~5朵簇生或呈近簇生的伞形花序，小花黄白色，4~6月开放；浆果长椭圆形，红色而有光泽，9~10月成熟。

小檗属植物约500种，主要产在北温带，我国约有250种。其中不少种类株型紧凑，叶片不大，都可用于制作盆景。

造型

紫叶小檗可用播种、压条、分株、扦插等方法繁殖。还可利用苗圃或园林绿化部门淘汰的红叶小檗老桩制作盆景，可在春季萌芽前或雨季移栽，都很容易成活。

紫叶小檗植株不大，能以小见大，表现出大树风姿，最适合制作小型或微型盆景。主要造型有直干式、双干式、斜干式、悬崖式以及丛林式等。因其形态小巧，还可栽植于山水盆景上，作为点缀植物。其萌发力强，耐修剪，枝条柔软，易蟠扎，常用蟠扎与修剪相结合的方法进行造型，还可用截干蓄枝的方法，将其塑造得曲折有致，自然飘逸。无论哪种形式的盆景，在制作时都应做到层次分明，疏密得当，避免枝条交叉重叠。

养护

紫叶小檗喜阳光充足和温暖湿润的环境，耐寒冷和干旱。生长期放在室外阳光充足、空气流通处养护，若光照不足，会使植株徒长，叶色呈绿褐色，影响观赏。浇水做到“见干见湿”，每20天左右施一次腐熟的稀薄液肥，花期每周向叶面喷施一次磷酸二氢钾溶液，以促进坐果。红叶小檗萌发力强，应及时剪除影响盆景造型的枝条、蘖芽，将过长的枝条短截。冬季在冷室内越冬，维持0℃以上不结冰即可，也可将花盆埋在室外避风向阳处越冬。

紫叶小檗的新叶较为美观，可在8月底将老叶摘除，摘叶前3~5天施一次稀薄液肥，摘叶后再施一次肥，同时向植株喷洒0.1%的尿素。约20天左右新叶长出，叶色鲜红，稍带绿晕，非常艳丽，冬季放在室内阳光充足处可观赏到12中旬。

每1~2年的春季萌芽前翻盆一次，对盆土要求不严，普通的园土加砂土、炉渣即可，并结合换盆对植株进行修剪整型，剪去病虫枝、干枯枝以及其他影响造型的枝条，以促其萌发健壮的新枝。

紫叶小檗盆景
王小军作品

紫叶小檗盆景
宋建禄作品

TIPS 盆景中的留白

留白，是指艺术创作中，为使整个作品画面、章法更为协调而有意留下的空白，以留下让人想象的空间。这是一种极具中国美学特征的艺术手法，在国画、书法以及以京剧为代表的中国戏曲中有着广泛的应用。

在盆景创作中，适当的留白会使作品空灵生动。像文人树盆景中的留白，通过合理的布局，以大面积的空白，细长的高干展现线条之美，配以寥寥的枝叶，简洁中蕴藏苍劲之力，使得作品刚柔并济，气韵生动。即便是枝叶繁茂的大树型盆景，在其枝叶间也要留下一些气孔，使得作品避免僵硬，富有灵气。

阔叶十大功劳

Mahonia bealei

阔叶十大功劳枝干自然优美，叶片扶疏，新枝柔韧性好，可蟠扎；老干一般通过改变种植角度造型；并剪除影响美观的枝叶。

阔叶十大功劳盆景
王松岳提供

阔叶十大功劳又名土黄柏、土黄连、八角刺、刺黄柏、黄天竹，为小檗科十大功劳属常绿灌木，植株丛生，直立或匍匐生长，主干淡褐色至黄褐色，表皮粗糙龟裂。奇数羽状复叶聚生于枝的顶端，叶狭倒卵形至长圆形，厚革质，顶端的一枚较大，叶缘反卷，有疏刺齿，新叶黄绿色，带有红晕，老叶正面蓝绿色，有金属光泽，叶背黄绿色。6~9个总状花序簇生于枝顶的叶丛中，直立生长，稍有弯曲，小花金黄色，有芳香。浆果卵形，蓝黑色，被有白粉。

十大功劳属植物约60种，分布于东亚、东南亚及中南美洲，我国产35种。其中不少种类都可以用于盆景都制作，像十大功劳（*Mahonia fortunei*）、亮叶十大功劳（*M. nitens*）、密叶十大功劳（*M. conferta*）等。需要指出的是，十大功劳属植物与小檗属植物的亲缘较近，有的分类法已将之归为小檗属。

造型

阔叶十大功劳的繁殖可用播种、扦插、分株等方法；也可挖掘生长多年、形态佳的植株制作盆景。有丛林式、双干式、单干式、斜干式、临水式、悬崖式等不同形式的盆景。其造型方法以修剪为主，蟠扎为辅。蟠扎时间宜在新枝木质化后进行，因为此时枝条的柔韧性较强，不易折断，而新枝由于柔嫩质脆，非常容易折断，所以不作蟠扎造型。主干及老枝比较脆硬，只能在一定范围内用金属丝或棕丝牵拉或适当地扭曲造型，以免造成枝干折断。因其叶片较大，树冠多采用自然式造型，以表现其潇洒扶疏的自然美。

阔叶十大功劳盆景在制作过程中还可培养定向芽，方法是当植株的某个部位需要芽时，可经常对其喷水，用不了多久，这个位置就会有新芽长出。

养护

阔叶十大功劳喜温暖湿润的半阴环境，4~9月可放在荫棚下、树荫下或其他光线明亮又无直射阳光处养护。若阳光过强会灼伤顶端的新叶，影响当年生长和植株美观；但也不宜过于荫蔽，否则会造成下部的叶片发黄脱落。生长期保持盆土湿润，当新叶长出后要控制浇水，等盆土发干时再浇水，也可采用少浇水多向叶片喷水的方法，使叶片变得小而厚实，以增加观赏性。天气干旱时除正常浇水外，还要经常向植株喷水，以增加空气湿度，使叶色润泽美观。生长期每月施一次腐熟的稀薄液肥或速效复合肥，肥液要氮、磷、钾营养全面，特别是氮肥含量不能过多，以免植株徒长，叶片变大，失之雅趣。北方冬季放在冷室内越冬，在较为温暖的南方也可在室外向阳避风处越冬。

阔叶十大功劳生长迅速，栽培2~3年后可对枝干进行短截，一些残败的叶片也要及时摘除，以保持树姿的美观。如不作观果盆景栽培，花后要剪去残花，以免消耗过多的养分，影响长势。

每年春季发芽前翻盆一次，盆土宜用含腐殖质丰富、疏松透气、排水性良好的砂质土壤。

阔叶十大功劳盆景
王松岳提供

阔叶十大功劳盆景
王小军作品

十大功劳盆景
陈得民作品

南天竹

Nandina domestica

南天竹根部虬曲多姿，枝叶疏朗秀美，因其树干较直，不宜蟠扎，可通过改变种植角度、修剪等方法造型。

南天竹盆景
王小栓作品

南天竹又名天竹、天竺、兰天竹，为小檗科南天竹属常绿灌木，植株丛生，树干直立，少分枝，幼枝常为红色，以后逐渐呈灰色。叶互生，集中生于茎都上部， 二至三回羽状复叶，小叶椭圆形或椭圆状披针形，顶端尖，基部楔形，全缘，很像竹子的叶，叶色根据环境、季节的变化而不同，在阳光充足条件下的植株为暗红色，在荫蔽处则为蓝绿色，冬季呈砖红色或红褐色。圆锥花序聚生在枝顶，小花白色。浆果球形，初为绿色，成熟后呈鲜红色或黄色，其中红果类的果穗又可分为穗长、果密的狐尾型和穗短而果大的狮尾型两大类。花期5~7月，9~10月果熟，果穗宿存在枝头经冬不落，可持续到第二年的早春。

南天竹属植物仅1种，但却有着众多的变种及园艺种，像玉果南天竹、五彩南天竹、白果南天竹、火焰南天竹、红叶南天竹、狭叶南天竹、圆叶南天竹以及从日本、韩国引进的姬南天竹系列品种（姬，就是小的意思。姬南天竹，就是小型南天竹，有琴丝、细叶、赤缩缅、玉狮子、青芽锦丝等品种），都可以制作盆景。

造型

南天竹的繁殖可用播种、分株、扦插等方法。为了加快成型速度，常用生长多年、根部清奇古雅的老桩制作盆景。在温暖湿润的南方全年都可移栽，北方地区多在冬、春季节移栽。

南天竹根部虬曲多姿，有些还很像动物或人物，可将其提出土面，苍劲古朴的根干与清秀典雅的叶片、鲜红的果实相映成趣，非常美丽。其主要造型有露根式、连根式、一本多干式、丛林式、双干式、象形式，如果桩材合适，也可制作悬崖式、临水式、曲干式等形式等盆景。南天竹

秋韵
兑宝峰作品

南天一秀
李德萍作品

南天竹盆景
敲香斋作品

的树干较直，不宜蟠扎，常用修剪的方法造型，使其枝干分布合理，树冠则多模仿竹子的造型，通过修剪使叶片疏密有致、高低错落、层次分明。有些植株较小，可用拼接的方法将数株合栽于一盆，拼接时注意衔接处的过渡自然，使之达到“虽是人工，犹如天成”的效果。对于修剪下来形态好的根干，可制成小型或微型盆景，效果亦佳。

养护

南天竹喜温暖湿润的半阴环境，稍耐寒。生长期可放在室外通风良好的半阴处养护，避免烈日暴晒，否则会造成叶片边缘枯焦，但也不能过于荫蔽，以免结果稀少，甚至不结果。浇水做到见干见湿，花期少浇水，以防落花，秋末及冬季也要节制浇水，夏季高温时还应经常向植株及周围喷水，以增加空气湿度，使叶色润泽。5~6月的生长旺盛期每月施2次薄肥。

生长期及时除去根部萌发的造型不需要的枝条，秋后进行一次全面的整修，剪除病虫枝、干枯枝以及其他影响造型的枝条，将过长的枝条剪短，以使植株矮化，并利于春天萌发新枝。需要指出的是，南天竹的叶柄较长，叶子密集而显得杂乱，平时应注意整型，剪除杂乱的叶子，使之疏朗秀美。冬季在冷室内越冬，在较为温暖的南方也可在室外避风向阳处越冬。每2~3年的春季换盆一次，盆土宜用含腐殖质丰富、疏松肥沃、排水透气性良好的砂质土壤。

常春藤

Hedera nepalensis

常春藤叶色美丽，株型婀娜飘逸，但主干及主枝增粗缓慢，可利用原有粗枝，以修剪、蟠扎相结合的方法造型。

加拿利常春藤盆景
刘少红提供

常春藤也称爬树藤，为五加科常春藤属常绿藤本植物，茎具攀缘性，灰棕色至黑棕色，有气生根；单叶互生，叶二型，不育枝上的叶为三角状卵形或戟形，全缘或三裂；花枝上的叶有椭圆状披针形、卵形或圆卵形等多种变化。

常春藤属植物约有常春藤、加拿利常春藤、日本常春藤、革叶常春藤、洋常春藤等5种，每种又有一系列的品种及园艺种，有些叶面还有黄色或灰白色斑纹，像冰雪常春藤、花叶常春藤等。

造型

常春藤的繁殖以扦插和压条为主。亦可选择生长多年、藤茎粗壮、虬曲多姿的老桩制作盆景。主要造型有悬崖式、斜干式、大树型等，因其枝蔓较细，还可将之附在赏石、木头上，作成附石式、附木式等造型，以增加古朴沧桑的韵味。其枝条柔软修长，可通过修剪与蟠扎相结合的方法，达到理想的效果。

养护

常春藤喜温暖湿润的半阴环境，有一定的耐寒性，怕酷热，不耐旱，忌烈日暴晒。春、秋季节的生长期可放在半阴处养护，如果光线过强会灼伤叶片。平时注意保持土壤湿润，不要等土壤半干时再浇，否则会造成基部叶片脱落，经常向植株及周围环境喷水，以增加空气湿度，使叶色美观，每15天左右施一次薄肥。夏季气温超过25℃时植株就停止生长，宜放在通风凉爽的地方养护，勿使烈日暴晒，并注意保持土壤和空气湿润，但不要施肥。冬季要求冷凉，以3~15℃为宜，甚至能耐短期的0℃低温，切忌温度过高，以免引起红蜘蛛、介壳虫的危害。

常春藤虽然枝干增粗较慢，但萌发力强，藤蔓生长也较快，应注意修剪，及时剪除过长过乱的枝条，必要时可打头摘心，以促发侧枝，形成紧凑的株型。每2~3年翻盆一次，盆土要求疏松肥沃、排水透气性良好。

常春藤盆景
刘少红提供

常春藤盆景
朱立华作品
刘少红提供

常春藤盆景
敲香斋作品

络石

Trachelospermum jasminoides

络石品种丰富，枝干苍劲古朴，富于变化，枝条自然飘逸，萌发力强，柔韧性好，常作悬崖式或其他造型的盆景。

络石盆景
陈冠军作品

络石也称万字茉莉、万字花、石龙藤，为夹竹桃科络石属常绿木质藤本植物，茎赤褐色，圆柱形，有皮孔；小枝被黄色柔毛，老时渐无毛。叶革质或近革质，椭圆形至卵状椭圆形或宽倒卵形，顶端锐尖至渐尖或钝，入秋经霜后叶色由绿转红，最后呈紫红色。二歧聚伞花序腋生或顶生，花多朵组成圆锥状，花白色，芳香；蓇葖果双生，岔开，线状披针形，顶端渐尖，花期3~7月，果期7~12月。

络石属植物有30种，多分布在热带及亚热带，少数分布在温带，我国有10种。并有着大量的园艺栽培种及变种，适合制作盆景有络石、小叶络石、花叶络石及从日本引进的缩缅葛（小叶络石的一种）等。

造型

络石可用扦插、压条、分株等方法繁殖。其深褐色的老枝苍古曲折，枝条自然飘逸，可利用植物的自然属性，制作悬崖式、临水式、附石式等造型的盆景，并注意保留一些长枝，以增加植物品种特色和盆景的飘逸感。对于小叶络石、缩缅葛等枝叶密集的品种，也可通过不断地修剪，使得枝叶更加密集，制作大树型、卧干式、悬崖式或其他造型的盆景。造型方法采用蟠扎与修剪相结合的方法，先将柔软的枝条蟠扎出基本骨架，再剪除不需要的枝条，使之成型。

养护

络石喜温暖湿润的半阴环境，稍耐阴，有一定的耐寒性。4~10月的生长期宜保持土壤湿润，每15天左右施一次以磷钾为主的稀薄液肥，以促进植株开花。冬季移入室内，不低于0℃可安全越冬。冬季或春季进行整型，剪除干枯枝、细弱枝、过密枝、缠绕交叉枝以及其他杂乱枝，将过长的藤蔓剪短，以保持树姿的优美，有利于内部的通风透光。

每2~3年的春天翻盆一次，盆土要求疏松透气，可用腐殖土或园土掺砂土配制。

缩缅葛盆景
金常春作品

络石盆景
玉山摄影

苍梧碧秀
赵建明作品

日本络石盆景
铃木浩之提供

芙蓉菊

Crossostephium chinense

芙蓉菊枝干苍老，叶色洁白素雅，枝条萌发力强，柔韧性强，可用修剪与蟠扎相结合的方法造型。

芙蓉菊盆景
玉山摄影

芙蓉菊又名蕲艾、雪艾、香艾、香菊、玉芙蓉、千年艾，为菊科芙蓉菊属（也称蕲艾属）多年生常绿亚灌木，株高10~40厘米，主茎直立，主枝细长，侧枝多而密，分枝斜向向上生长，新枝及叶片均被有细密的白毛，枝干浅黄褐色或灰白色，老干有纵裂；单叶互生，聚生于枝头，狭匙形或狭倒披针形，全缘或有时3~5裂，顶端钝，两面密被淡灰色短柔毛，质地厚。头状花序盘状，生于枝端叶腋，排成有叶的总状花序，瘦果矩圆形，花果期全年。

造型

芙蓉菊的繁殖常用播种、压条、扦插等方法。其中扦插的方法最常用，一般在生长季节进行，插穗可用健壮充实的枝条，多年生的老枝、当年生的嫩枝都行，长短不限。

芙蓉菊盆景的造型可在4~10月的生长期进行，冬季由于枝干较弱，易折断，故不可造型。其造型可根据需要加工成直干式、曲干式、斜干式、双干式、丛林式、临水式、悬崖式、水旱式等不同形式的盆景，树冠既可采用自然型，也可采用规整的圆片型；造型方法以蟠扎为主，修剪为辅，精扎粗剪，先用金属丝将主干、主枝、侧枝蟠扎出基本形态，再做适当修剪，使之成型。造型时可利用其伤口愈合快的特点，将影响造型的枝条从基部带皮一并撕下，一个月左右伤口愈合后，其处苍劲古朴，没有人为痕迹，达到“虽由人作，宛如天成”的艺术效果，具有较高的观赏价值。

芙蓉菊的根部苍老多姿，制作盆景时可根据造型的需要将其提出土面，以增加盆景的苍古之感，跟大多数树桩盆景一样，芙蓉菊盆景的提根也要逐步进行，不可一次全部提出，以免毛细根裸露过多，影响植株生长，严重时甚至导致植株死亡。

养护

芙蓉菊喜温暖湿润和阳光充足的环境，稍耐半阴，不耐寒，也不耐阴，怕积水。成型的盆景生长季节可放在室外阳光充足处养护，即使是盛夏也不必遮光，若光照不足，会使枝叶徒长，株形松散不紧凑，叶色由银白色变为浅绿色，这些都影响观赏；其根系发达，吸收能力强，生长期要求有足够的水肥供应，可每10天左右施一次腐熟的稀薄饼肥水或其他腐熟的有机液肥，平时浇水不干不浇，浇则浇透，切不可浇半截水和盆土积水，空气干燥时注意向植株喷水，以增加空气湿度，避免叶片枯焦，雨季要及时排水防涝，否则会因盆土积水导致根部生病腐烂。冬季移置室内向阳处，节制浇水，停止施肥，维持5~10℃的室温。每1~2年翻盆一次，一般在春季进行，盆土要求含腐殖质丰富、疏松肥沃、具有良好的排水性。

每年春季进行一次修剪整形，将过长的枝条剪短，剪掉病虫枝、枯死枝、交叉重叠枝、冬季的徒长枝以及其他影响树型的枝条，这样既能保持盆景造型的优美，使枝干顿挫有力，富有刚性，并能防止因枝干衰老引起的退枝。芙蓉菊的萌发力强，生长期应及时摘除枝干上多余的萌芽，并注意打头摘心，以控制树型，促发新枝，使树冠丰满紧凑。芙蓉菊是以观叶为主的盆景树种，其黄绿色的花朵观赏价值并不高，而且还有一种怪怪的气味，因此当花蕾出现时应及时摘去，以免消耗过多的养分，使植株衰老。

瑞雪兆丰年
王桂玲作品

黄山笑迎天下客
王武传作品

芙蓉菊盆景
徐川作品

黄槿 *Hibiscus tiliaceus*

黄槿花朵大而美，但作为盆景则以雄浑苍健的树姿取胜，其萌发力强，枝条柔韧性好，可将其视作杂木类盆景进行造型。

千祥云集
杜建坤作品

黄槿别名桐花、糕仔树、弓背树，为锦葵科木槿属常绿灌木或乔木，小枝无毛或近似无毛；叶革质，近圆形或广卵形，先端突尖或渐尖，全缘或具不明显的细圆齿。花序顶生或腋生，常数朵排列成聚散花序，花冠钟状，直径6~7厘米，花瓣黄色，中心有紫色斑纹。

造型

黄槿的繁殖以扦插或压条为主，也可播种，但因其种皮较厚，需要用浓硫酸将种子拌湿，15分钟后用清水洗干净，然后用清水浸泡24小时，捞出沥干水分后播种。

黄槿虽然花朵较大，色彩明媚，但作为盆景是以雄浑苍健姿态取胜。因此，造型时可按杂木类型进行，可根据树桩的形态制作直干式、斜干式、大树型等多种造型的盆景，可采用剪与蟠扎相结合的方法进行造型。

养护

黄槿是热带植物，喜温暖湿润和阳光充足的环境，可放在室外光照充足、空气流通处养护，平时注意浇水，勿使干旱。随时剪去影响造型的枝条，并在参展或观赏前15~20天进行摘叶，萌发的新叶小而厚实，与苍劲枝干形成强烈的对比，极富阳刚之美。

铁马鞭

Rhamnus aurea

铁马鞭树姿苍劲，但枝干生长缓慢，应利用原桩上的枝条造型。

腾龙
昆明金殿公园作品

铁马鞭别名云南鼠李、黑刺、石梅。为鼠李科鼠李属常绿灌木，幼枝和当年枝密生细短柔毛，小枝粗糙，灰褐色至黑褐色，枝端具针刺。叶纸质或近革质，互生或在短枝上簇生，椭圆形、倒卵状椭圆形或倒卵形、矩圆形，长1~2厘米，宽0.5~1厘米，叶缘常翻卷，有细锯齿；花单性，雌雄异株，通常3~6朵簇生于短枝端。核果近球形，成熟时黑色。花期4月，果期5~8月。

铁马鞭原产云南、贵州的高海拔地区，枝干苍健多姿，适合制作多种造型的盆景，是云南等地的特色盆景树种。

造型

铁马鞭可在春季采挖，移栽时尽量避免土球散开，并套袋，以保护根系；栽种前对锯截修剪产生的伤口进行清理，用高锰酸钾之类的杀菌药物进行处理后，再用石蜡、植物伤口愈合剂封住伤口。土壤要求疏松透气、排水良好，通常用黑色腐殖土加中等颗粒的沙子、炉渣等材料配制，栽种时边加土边浇水，以使土壤与根系充分结合。为了保持湿润，还可在枝干上包裹缠绕保鲜膜或苔藓，如果冬季温度过低，还应罩上塑料袋或移至室内进行保温。

由于铁马鞭生长缓慢，应尽量利用原有的枝干进行造型，可根据树桩的形态，因势利导，制作多种造型的盆景，不论什么造型都尽量突出其枝干苍劲老道，叶片秀美鲜亮的特色，其树冠既可加工成自然型，又可加工成云片型。通常采用蟠扎与修剪相结合的方法，桩子成活后第一年所发的枝条不做任何处理，任其自由生长，目的是让其生根、长旺长壮。第二年早春剪去不需要的枝条，对保留的枝条进行蟠扎造型，但对于过细（不超过0.3厘米）的枝条要任其生长，等到合适的粗度时再用金属丝（一般为铝丝）蟠扎。蟠扎后不要将尾梢剪去，可将其向上拉，任其生长，以促使增粗，等到合适的粗度，再在适宜的位置剪掉尾梢。

养护

铁马鞭喜阳光充足的环境，可全光照养护，浇水见干见湿，避免积水，因其生长较为缓慢，施肥与否要求不严。随时剪除影响造型的枝芽。尽管其耐寒性强，但作为盆中植物，在寒冷冬季也要进行保护，以维持不结冰为佳。每3~4年的春季翻盆一次。

探幽
郭纹辛作品

叠翠
崔洪波作品

苍翠
车小伍作品

铁包金

Berchemia lineata

铁包金生长速度不快，尤其是枝条增粗缓慢，应尽量利用原桩上的枝条造型，并剪除多余的枝条，对位置不当的枝条用金属丝蟠扎引导。

铁包金盆景
冯卓展作品

铁包金别名米拉藤、小叶黄鳝藤，一些地区俗称老鼠耳。为鼠李科勾儿茶属植物，植株呈藤状或矮灌木状，小枝圆柱状，黄绿色，被密短柔毛；叶纸质，矩圆形或椭圆形，顶端圆形或钝，具小尖；花白色，通常数个乃至数十个密集成顶生的聚伞总状花序，有时也1~5个簇生于花序下部的叶腋；果实圆柱形，顶端钝，成熟后黑色或黑紫色。花期7~10月，果熟期11月。

在盆景植物中铁包金有大叶、中叶、小叶之分，其中小叶种叶片小而厚实，枝呈红褐色，是制作盆景的优秀素材。

造型

铁包金的繁殖以播种为主。老桩移栽时锯截应一次到位，尽量不要反复锯截，使其多次受伤。栽后浇一次透水，以后经常向树身喷水，以保持湿润，但土壤不要积水，以免烂根。

铁包金生长速度不快，尤其是小叶种更是增粗缓慢。因此应尽量利用原桩上的枝条造型。桩子成活后1~2年可剪除不需要的枝条，对保留的枝条用金属丝蟠扎引导，使之达到理想的效果。

养护

铁包金喜温暖湿润和阳光充足的环境，可放在光照充足之处养护，保持盆土湿润但不要积水，每2个月左右施一次薄肥。夏季植株生长旺盛，应注意抹芽摘心，剪除部分枝叶，增加内部的通风透光；冬季的休眠期注意防寒，并进行修剪，剪除一些影响造型的杂乱枝。铁包金的枝干苍劲老辣，参展前可摘除老叶，以促发小而嫩的新叶，彰显其骨架的优美，谓之“脱衣换锦”。每3年左右的春季翻盆一次，盆土要求疏松透气、排水良好。

雀梅 *Sageretia thea*

雀梅形态古雅多姿，木质坚硬，老枝老干增粗缓慢，但萌发力强，幼枝有一定的柔韧性，可制作多种造型的盆景。并注意对根部的提升塑造，以增加作品的苍古韵味。

圆梦故乡
花良海作品

雀梅中文学名雀梅藤，别名对节刺、刺冻绿、碎米子、酸味果。为鼠李科雀梅藤属攀缘性落叶植物，植株呈藤状或直立灌木状，树干褐色，表皮斑驳，有的甚至能形成枯朽的洞穴，给人以古朴苍老的感觉；小枝具刺；叶纸质，近对生或互生，椭圆形、矩圆形或卵状椭圆形，叶缘有细锯齿，绿色而有光泽；小花白色或黄色，核果近圆形，成熟后呈紫色。

雀梅因产地不同，有大叶、中叶、小叶、细叶之分，其中小叶雀梅及红芽细叶雀梅尤为珍贵，是制作盆景的好材料。

雀梅藤属植物约39种，主要分布于亚洲南部和东部，少数种在非洲和美洲也有分布。我国有16种及3变种。其中的钩刺雀梅藤（*Sageretia hamosa*）、少脉雀梅藤（*S. paucicostata*）及雀梅的变种心叶雀梅藤、毛叶雀梅藤等也可用于制作盆景。

造型

雀梅的繁殖可用播种、压条、分株等方法。制作盆景多采掘生长多年、形态奇特古雅的老桩。其移栽多在冬末初春植株萌芽前进行，由于其木质部结构紧密、坚硬，树干和老枝生长缓慢，栽种前要根据树桩的形状仔细考虑，然后将多余的枝条剪除，否则一旦不慎将必要的主枝、侧枝剪去，再等新枝长到合适的粗细补枝就十分困难了。栽种时将主根截断，多留侧根、须根。对于因挖掘时间过长而失水的树桩可在清水中浸泡一下，以补充水分，然后栽于排水良好、不含太多养分的砂土中，树干的中下部也可用砂土封埋，以免因水分散失过多影响成活。

雀梅树桩易出现假活现象，原因是植株生根前，本身所贮藏的水分和养分会使其萌发新芽，甚至长出新枝，因此在生长季节一旦发现新芽、新叶停止生长，就要遮光，向植株喷水，并将过长的新枝剪短，以免再消耗树桩本身的养分，导致植株死亡。栽后的第一年不要蟠扎、修剪，也不要施肥，以促使新的根系形生成。第二年春季如果树桩萌发正常，可将封埋树干的砂土逐渐去掉，并对枝条进行初步的造型。

雀梅盆景的造型应根据树桩的形态，加工成斜干式、直干式、枯干式、卧干式、悬崖式、提根式、过桥式等不同款式的盆景，树冠既可制成规整的圆片形，也可加工成潇洒扶疏的自然型。主枝、侧枝用金属丝蟠扎，细枝和圆片则靠修剪来完成。在岭南地区雀梅生长迅速，常用“截干蓄枝”的方法造型，经过不断的修剪，其枝干棱角分明，阳刚之气跃然眼前，不少作品在展览时常常摘去叶片，以表现其“寒树相”的刚性。

养护

雀梅喜温暖湿润和阳光充足的环境，除夏季高温时要适当遮光，避免烈日暴晒外，其他季节都要给予充足的光照。生长期保持盆土湿润而不积水，经常向叶面洒水，以增加空气湿度，使叶色碧绿宜人；每15天左右施一次稀薄的矾肥水，施肥应在盆土稍干燥的时候进行，施后浇一次透水，以利植株的吸收。雀梅萌发力较强，应经常修剪整型，及时剪除影响造型的枝条，由于剪枝后会促进侧枝的生长，因此其枝叶越剪越密，树

石篮溢香
叶龙作品

探月
陈尧辉作品

觅风
吴成发作品

姿也更加美。

雀梅容易退枝，经过多年培养，已经成型的大枝、粗枝往往会不明不白的干枯，因此雀梅又有“功成身退”的别名，养护中应注意观察水路是否畅通，是否有病虫害发生，一旦发现，要及时解决。

冬季放在室内光线明亮处，节制浇水，停止施肥，0℃以上盆土不结冰即可；在气候较为温暖的南方也可在室外避风向阳处越冬。每2至3年换盆一次，盆土宜用含腐殖质丰富、且排水良好的砂质土壤。

葱茏如歌
楼学文作品

金陵春
古林公园作品

风采神韵
朱秀文作品

TIPS 巧用植物的趋光性

植物都有趋光性，即枝叶会朝着光照相对强烈的方向生长延伸，因此植物该面的枝叶会比光照弱的那面茂盛。可利用植物的这个习性，将盆景的主要观赏面朝着光照较强的方向摆放，使之郁郁葱葱，生机盎然，对于观花、观果盆景，其花果的颜色也较为鲜艳美观，看上去更为顺眼。

柳

Salix babylonica

柳的树姿潇洒而富有野趣，枝条柔软，萌发力强，生长迅速，可用蟠扎于修剪相结合的方法造型。

柳塘春色
任晓燕作品

柳学名垂柳，别名柳树、垂丝柳、清明柳。为杨柳科柳属落叶乔木，树冠开展而疏散，树皮灰黑色，有不规则开裂；枝细，下垂；叶披针形或线状披针形，先端渐尖。柔荑花序直立或斜展，先于叶开放或与叶同时开放。变型有曲枝垂柳（*Salix babylonica* f. *tortuosa*），园艺种有黄金柳等。

柳属植物520余种，主要分布于北半球温带及寒带，我国有垂柳、旱柳、白柳等。

造型

柳的繁殖以播种、扦插为主。也可在春季采挖生长多年的柳树老株制作盆景。

我们知道，柳，尤其垂柳，是一种极具诗情画意的植物，其姿态婀娜飘逸。但由于该植物叶大枝长，用其作盆景，并不能表现柳树这种固有的人文化神韵。因此，柳树盆景多以杂木的手法，根据树桩的形态和个人情愫，制作多种形式的盆景，以表现大自然中千姿百态的树木神韵。柳的萌发力强，耐修剪，且枝条柔软，易于蟠扎，唯有叶子较大，失之雅趣，显得粗野，因此在盆景制作时要注意扬长避短，以达到最佳艺术效果。

养护

柳喜温暖湿润和阳光充足的环境，生长期宜保持土壤湿润，施肥与否要求不严。因其生长迅速，应注意打头摘心，剪去影响造型的枝条，以保持美观。春季萌芽前进行一次整型，剪去杂乱的枝条，将长枝短截。此外，在生长期还可进行摘叶处理，以促发小巧秀美的新叶。冬季移入冷室内或至室外避风向阳处越冬。每3年翻盆一次，对土壤要求不严，但在肥沃湿润的砂质土壤中生长更好。

柽柳

Tamarix chinensis

柽柳桩材虬曲苍劲，枝叶细密，萌发力强，枝条柔软，可修剪，可蟠扎。用其制作盆景，既能表现垂柳的飘逸婀娜，又可塑造松树的刚劲苍古。

柳荫牧歌
郑州碧沙岗公园作品

柽柳别名三春柳、观音柳、西湖柳、红柳、红荆条、红筋条。为柽柳科柽柳属落叶灌木或小乔木，植株多分枝，树形开张或疏散，有些枝条下垂，新枝树皮光滑，红褐或紫褐色，老干树皮粗糙多裂纹，呈灰黑色。叶互生，叶片细小，鲜绿色至蓝绿色，长圆状披针形至长卵形、钻形或卵状披针形。圆锥状花序着生于当年生枝条顶端，小花粉红色，春末至秋季可多次开放。

柽柳属植物约90种，主要分布于亚洲大陆和北非，欧洲干旱或半干旱地域也有分布，我国产18种1变种。除柽柳外，桧柽柳也常用于制作盆景。

桧柽柳（*Tamarix uniperina*），别名柽柳、柽、河柳，树干在很矮处就开始分枝，枝条密生，细长而柔弱，暗紫色；叶长椭圆状披针形，长0.25~0.4厘米。由众多的总状花序组成一个大的圆锥花序，小花淡红、紫红或白色，花期3~6月。

造型

柽柳的繁殖以播种、分株、扦插、压条为主。也可采挖生长多年、植株矮小、形态奇特、苍劲古雅的柽柳老桩制作盆景。可在冬季落叶后至春季萌芽前移栽，尤以春季即将发芽时成活率最高。新挖的树桩要以树取势，先根据形态进行修剪整型，去掉多余的枝、干和根。剪下来的枝、干，可选择形态佳者进行扦插，无论粗细、有根无根，只要方法得当都能成活。

柽柳盆景的主要造型有仿垂柳的垂枝式，仿松树的云片式以及意趣天成的自然式等几种。每种又有直干式、斜干式、临水式、悬崖式、文人树、枯干式、卧干式、曲干式、双干式、大树型、风动式、附石式、水旱式、丛林式等形式，也可将数种款式融于一盆，像双干式与水旱式结合，斜干式与水旱式结合，以增加作品的表现力。以修剪与蟠扎相结合，并辅以牵拉、提根等技法进行造型，造型时间多在春夏季节。

仿垂柳造型

这是柽柳盆景的主要造型形式。我们知道，在自然状态下，柽柳的枝条下垂力度并不是很理想，可以通过人工造型的方法使其理想化，呈现出依依的垂柳状。目前，常用的方法有蟠扎、重物下垂等方法。

蟠扎 这是让枝条下垂的主要方法，对于那些有一定粗度、质感较硬的枝条尤为适宜。方法是用金属丝对枝条进行缠绕蟠扎，使其下垂。目前常用的是铝丝，具有柔韧度适中、便于操作，而且也不会对树身造成大的伤害等特点。蟠扎前可适当控水，以使枝条柔软，避免折断，并进行摘叶处理，以便于操作。对于需要蟠扎的枝条可根据“先粗后细”的原则，逐次进行，并注意选择与枝条粗细相配的金属丝，使之既能定型，又不会对枝条造成大的伤害。定型后应及时解除蟠扎所用的金属丝，以免“陷丝”对枝条造成伤害。

重物下垂 多用于柽柳等速生树种，当年生的幼嫩枝尚未木质化的时候，其质柔软而可塑性强，可在枝端悬吊衣服夹子、螺丝帽或其他重量不等的悬垂重物，通过重力的作用，使其下垂，等枝条木质化定型后再取下架子。

此外，还有牵拉法、折枝法等方法，这些方法既可单独使用，也可综合使用。

需要指出的是，在大自然中，只要是姿态优美的垂柳，其主枝、侧枝往往是向上生长的，有些树龄长的主枝、侧枝常常有弯有折，显示出一定的刚性，制作盆景时应注意这点，最好先让枝条向上扬起一段，然后再做下垂之势，这样可使得盆景骨架优美，刚柔并济，富有美感。而呈下垂之态的新枝、嫩枝，枝条一般呈团簇状结构，一簇一簇的垂枝错落有致，形成圆转流畅的树冠。尽管其生长旺盛，但树型丰满而不散乱，树

古柳
张顺舟作品

柽柳
杨自强作品

势从内部的主干、主枝、侧枝，到下垂的细枝，都表现出层次分明、柔中带刚的美感。在制作盆景时也要尽量表现出垂柳的这些特征。仔细观察，大自然中的老柳树虽然老态龙钟，但主枝及侧枝的“弯儿”并不是很多，因此，造型时不要将其做得“弯弯曲曲”，状若蚯蚓，以免不伦不类，画蛇添足。柳的下垂枝条的长短也要适宜，过短，缺乏垂柳特有的飘逸婀娜之姿，显得不伦不类；过长，则杂乱无章。

下面两幅图片是一件题名为《牧归》的柽柳盆景不同时期所拍摄，是不是长枝的B图比短枝的A图更能表现垂柳婀娜飘逸的神韵？

仔细观察就会发现，大自然中的垂柳顶部中间高，四周低，呈圆润流畅的馒头形。因此在盆景结顶时也要注意这点儿，切不可做成大平顶，并注意顶部也要有一定的叶子，不能呈“秃顶”之态。否则既不美观，也不符合自然规律。

此外，大自然中的垂柳每个季节表现也不尽相同，春天新芽萌动，叶片不大，透过嫩叶还能看清柳枝，即“丝丝垂柳”“春风扬柳万千条”，如果是水旱盆景，还可在盆面摆上几只鸭子，以表现“春江水暖鸭先知”的意境；到了夏天，其枝叶浓密，尤其是下垂枝又长又密，甚至垂到地面，将树的主干遮挡，看上去，一团翠

牧归图A
梁凤楼作品

拂翠
玉山摄影

牧归图B
梁凤楼作品

绿，密不透风，即“浓荫蔽日”，还可在水面的部分摆放戏水的牧童，以示夏日炎热；秋天的柳，朦胧如梦，即所谓的“秋柳含烟”；冬季落叶后，线条毕露，谓之“寒柳”。盆景在表现垂柳的这些季节特征时，可根据造型需要，进行艺术化处理，像表现夏天的垂柳时就要处理得疏密有致，既彰显出树干的刚性，又有垂柳的飘逸，切不可一团乱麻，缺乏层次，否则只能做大自然的搬运工，而缺乏必要的艺术创作，使盆景创作走进“写实主义”的窠臼。

“盆景并不是大自然的照搬，而是其精华的浓缩和艺术化再现。”因此，在制作盆景时还应根据桩材形状等的差异，以大自然中的垂柳为蓝本，参考国画等美术作品中的垂柳，融入个人情愫，将垂柳的自然之美与人文之美有机地融合在一起，采用对比、夸张、延伸等手法，将垂柳最美的一面提炼出来，创作出“既源于自然，又高于自然”，诗情画意浓郁、姿态万千的仿垂柳造型盆景。我们知道，垂柳是速生树种，特点是生长速度快，但容易老化，寿命短。而且垂柳多生长在池畔水边、平原或山脚下等湿润且土层丰厚的地带。潮湿的生长环境很容易导致虫蛀或其他病虫害的发生，再加上自然或人为等因素的破坏，生长多年的老柳树往往树身孔洞斑驳，有时整块的树皮脱落，露出灰色的木质层，甚至木质层也朽化成灰，形成朽洞。这些特征在盆景中可以用舍利干、枯干式、劈干式等形式再现，但应将其处理成原木色，并有一定的层

春江水暖
姚乃恭作品

春韵
江南作品

TIPS 盆景中水景的表现

在盆景中表现江河湖溪等水景，多以虚拟的形式表现，即“留白”。此类盆景多以长方形或椭圆形、圆形、不规则等形状的白色浅盆为载体，材质以大理石、汉白玉为主，在盆中堆石填土，栽种植物，其余的部分则作为留白（这与国画中以留白的形式表现水景有着异曲同工之妙），但可在水景的部分点缀小船、桥梁，“岸边”摆放渔翁等配件，以起到点明主题，并在适宜的位置点缀小的观赏石，使之有大小、远近的变化，以增加意境的悠远。有人用黑色、蓝色或其他颜色的盆面表示水面，虽然不如白色盆面那么简洁，但对比强烈，凝重浑厚，别有一番特色。

次感，以区别松柏类盆景舍利干细腻的质地，灰白的色泽，使之既有树种自身特点，又符合自然规律，以艺术化的手法表现其栉风沐雨、沧桑古朴的韵味。

生长在河沿的垂柳往往树身会因暴雨、洪水对河沿泥土的冲刷以及风刮等原因，使得树身倾斜，甚至紧贴在水面上，这就产生了临水式、悬崖式、附石式等造型的盆景，这类盆景可将盆器看作河岸或岸石的抬高，而不是看作植物所生长的悬崖峭壁、奇石怪岩等环境。

仿松树造型

仿松树型柽柳盆景则以苍劲的树身模仿松树的躯干美，其形式可根据树桩形状的不同，配以叶片细小、大小相宜的圆片造型，使作品凝重、浑厚，犹如国画中的松树，又像在山上眺望远处的古松，富有朦胧美。造型方法采用“粗扎细剪”，先在所需的位置蟠扎出骨架，再细细修剪，使其不断萌发细密的嫩枝和叶子，最后形成中间凸起、周围稍薄、下面平整的圆片造型。

自然类造型

此类盆景既不像垂柳式盆景那样婀娜飘逸，也不像松树型那样规整严谨，而是介于两者之间，自然清新，意趣天成。日本等甚至还出现了以观花为主的自然式柽柳盆景，其清新雅致，别有韵味。制作时略加修剪和蟠扎即可成型。

不论什么样式造型的柽柳盆景，在制作完成后，都要在盆面做出自然起伏的地貌，并配上奇石，栽种小草，铺上青苔，如果是水旱式，还

平步青云
齐胜利作品

武林轶事
杨自强作品

悠悠故乡情
李兴作品

有做出水岸线，并注意“坡脚”的自然和谐。再根据盆景的意境摆放马、鹿、牧童、牛等盆景配件，配件不宜多，要少而精，以起到画龙点睛的作用。

养护

柽柳喜温暖湿润和阳光充足的环境，耐半阴和寒冷。生长期放在室外空气流通、阳光充足处养护，经常浇水，以保持盆土湿润，避免因干旱引起叶片发黄脱落，经常向植株喷水，以增加空气湿度，使其叶片翠绿，新枝健壮。每7~10天施一次腐熟的稀薄液肥，以提供充足的养分，使植株生长旺盛；肥液宜淡不宜浓，做到“薄肥勤施”。

冬季放在冷室内越冬，保持盆土不结冰、不过分干燥即可，黄河以南地区也可在室外避风向阳处越冬，保持土壤稍湿润，以防因“干冻”引起的退枝，严重时甚至会整株死亡。每2~3年的春季翻盆一次，盆土可用砂土、园土各1份的混合土，若浇几遍腐熟的液肥或掺入少量的草木灰则效果更好。

我国不少地方都有在“国庆节”前后举办盆景展览的习惯，但此时经过几个月的生长，柽柳的有些叶子开始老化发黄，即使不发黄，叶色也变得黯淡，缺乏生机。因此可以考虑适时摘叶，使其萌发嫩绿可人的新叶。除摘叶外，还可在7~8月将枝条短截，等新萌发的枝条长到一定长度后蟠扎造型，但前提是时间一定要早（一般在7月10日前后），否则新萌发的枝条长不到应有的长度，使得盆景缺乏垂柳特有的飘逸感。

摘叶或短截后，水、肥管理一定要跟上，可每3~5天施一次腐熟的稀薄液肥，并及时修剪整型，以保持树姿的优美。摘叶后还要注意天气的变化，当最高温度低于18℃时，夜晚最好将盆景移至没有露水的地方，以免露水将新叶打黄，甚至脱落。

柳韵
杨自强作品

松韵
郭振宪作品

榆树

Ulmus pumila

榆树种类丰富，树姿或苍健或秀美，枝条柔韧性好，萌发力强，或修剪或蟠扎，可制作多种风格的盆景，并注意对根部的提升，养护中还可摘叶，以表现枝干的苍劲。

共享自然
郑永泰作品

榆树别名家榆、白榆、春榆、榆钱树，为榆科榆属落叶乔木，在干旱贫瘠地呈灌木状。老树皮暗灰色，粗糙，有不规则深纵裂，幼树树皮平滑，灰褐色至浅灰色；叶椭圆状卵形、长卵形、椭圆状披针形、卵状披针形，叶缘有重锯齿或单锯齿。花先于叶开放，簇生于叶腋，翅果近圆形，形似古钱币，称“榆钱”，花果期3~6月或更晚（根据各地气候不同）。

榆属植物40余种，主要分布于北温带，我国产16种4变种及5栽培变种。其中的榔榆、红榆以及一些引进种也常用于盆景的制作。

榔榆（*Ulmus parvifolia*）别名小叶榆，落叶乔木，树冠广圆形，树干基部有时呈板状根，树皮灰色至灰褐色，裂成不规则鳞片状剥落，露出红褐色内皮。叶质地厚，披针状卵形或窄椭圆形，也有卵形或倒卵形，叶缘有整齐的钝锯齿，叶面深绿色，有光泽，背面颜色浅，冬季叶片脱落，或叶变为黄色、红色宿存，至翌年新叶萌发后才脱落。簇生或簇状聚伞花序，翅果椭圆形或卵状椭圆形，花果期8~10月。

造型

榆树在我国各地均有分布，一般在冬春季节的休眠期进行移栽，犹以萌芽前的2~3月成活率最高，先栽在砂土中“养坯”，栽种前要对枝干、根系进行修剪，其伤口处常有黏性树液流出，若这种树液渗出过多，会严重影响成活率，可用蜡、漆、红霉素药膏、植物伤口愈合剂等封住伤口，以防树液外流，但千万不能用水浸泡，否则会加重树液的流失，造成树根沤烂，植株死亡。栽后将土压实，但不必浇水，可每天向树干喷1~2次清水，等2~3天后浇一次透水。以后将植株放在通风透光处养护，浇水做到不干不浇，浇则浇透，严禁土壤积水。

高山云层
曹季德作品

揽月拨云回首望
芳辉作品

绿荫深处
张宪文作品

岁月沧桑
叶宗裕作品

千手之韵
徐淦作品

玉林鸟语
朱友达作品

榆树盆景
玉山摄影

榆树盆景
玉山摄影

峥嵘岁月
榔榆盆景
许瑞华作品

榆树盆景的造型既可在生长期，也可在休眠期，但要避开萌芽期，以免树液流失过多，影响植株生长。其形式可根据树桩的基本形状加工成直干式、曲干式、斜干式、枯干式、临水式、悬崖式、丛林式等各种不同形式的盆景。树冠既可用潇洒扶疏的自然型，也可采用圆顶的大树型，还可加工成规整的圆片造型。造型方法是扎、剪并用，先用金属丝蟠扎出基本形态，再细细修剪。

生长多年的榆树桩头俗称“榆木疙瘩”，其嶙峋多姿，具有山石的地貌形态，可将上面萌发的枝条培养成小树，形成“独木成林”的景观，造型时注意这些“小树”粗细、聚散、疏密、主次的对比变化，使之参差错落，自然得体，统一而不失变化，雄浑中又有清秀，《吼》《共享自然》《野趣》等就是此类作品。此种技法不仅可用于榆树，也可用于朴树、榕树、金弹子等杂木类树种。

养护

榆树习性强健，管理粗放。制作好的盆景可放在光照充足、通风良好的地方养护，保持盆土是湿润而不积水，夏季空气干燥时应向植株喷少许的水，以增加空气湿度，使叶色清新。每20天左右施一次腐熟的稀薄液肥。榆树盆景的萌发力强，生长较快，要经常修剪，既保持树型的优美，又增加植株的透光性。榆树盆景的最佳观赏期是新叶刚长出时。对于生长健壮的榆树盆景，可根据气候环境，在生长期将老叶全部摘除，以后加强水肥管理，10~20天即可再次长出嫩绿如春的新叶；为了欣赏其“寒枝”，可随时摘除老叶，彰显出虬枝铁干的阳刚之美。冬季可连盆埋在室外避风向阳处或移置冷室内越冬，温度不宜过高，否则使植株得不到充分的休眠，影响来年生长。每2~3年的早春翻盆一次，可用含腐殖丰富、疏松透气、排水良好的砂质土壤栽种。

碧螺春色
苏州虎丘山风景名胜区管理处作品

吼
史运福作品

青檀 *Pteroceltis tatarinowii*

青檀树形优美，根干苍劲，叶片不大且稠密，宜修剪，宜蟠扎，可制作多种形式的盆景。

万寿榆的传说
刘秀根作品

青檀又名翼朴，为榆科青檀属落叶乔木，高达20米，树皮灰色或深灰色，不规则的长片状剥落；小枝黄绿色，干时变栗褐色，疏被短柔毛，后渐脱落，皮孔明显，椭圆形或近圆形；冬芽卵形。叶纸质，宽卵形至长卵形，长3~10厘米，宽2~5厘米，先端渐尖至尾状渐尖，基部不对称，楔形、圆形或截形，边缘有不整齐的锯齿，叶面绿色，幼时被短硬毛，后脱落常残留有圆点，光滑或稍粗糙，叶背淡绿。

造型

青檀是我国的特有珍贵树种，其寿命长，木质细密，树干苍劲，叶片青翠，可根据树桩的形态，采用蟠扎与修剪相结合的方法，制作多种造型的盆景。

养护

青檀喜阳光充足的环境，耐瘠薄，生长期宜保持土壤湿润而不积水，随时剪去影响造型的枝条，以保持盆景的优美。

露的思考
平顶山园林处盆景园作品

朴树

Celtis sinensis

朴树树姿富于变化，枝条柔韧性好，萌发力强，可用修剪与蟠扎相结合的方法造型。养护中可作摘叶处理，使之筋骨毕露，富有阳刚之美。

艰辛岁月情逾浓
黄就明作品

朴树也称沙朴、朴榆，在岭南盆景中称相思。为榆科（有些文献将其归为大麻科Cannabaceae）朴属落叶乔木，树皮灰褐色，平滑不开裂；当年生枝密被柔毛；叶互生，质厚，卵状椭圆形或椭圆状矩圆形，叶长5~11厘米，宽2.5~5厘米，叶缘中上部有圆钝的锯齿。果实单生于叶腋或2~3集生，近球形，成熟时黄色或橙黄色。

朴属植物约60种，分布于全世界的热带和温带地区，我国有11种2变种，分布于辽东半岛以南的广大地区。用于制作盆景的还有小叶朴（*Celtis bungeana*）、四蕊朴（*C. tetrandra*）等种类。

造型

朴树的繁殖多用播种的方法，虽然一次能获得很多苗，但幼苗生长缓慢，形态也千篇一律。因此，可用那些生长多年、树干短粗、分枝合理、悬根露爪的老桩制作盆景，一般在初冬落叶后至春季发芽前移栽，但要避开严冬时间。挖掘前先根据树桩的形态进行修剪整型，并做好保鲜保湿工作，以利于桩子成活。

朴树盆景常见的造型有直干式、斜干式、悬崖式、丛林式、附石式等多种造型，对于幼树，可采用蟠扎的方法，再辅以修剪；而对于老桩则根据树桩的形态，利用根、干、枝在树势中的作用，前几年以蟠扎为主，做出基本骨架，以后以修剪为主。其中岭南派的朴树盆景采用“截干蓄枝”的修剪技法，其枝干苍古有力，尤其是落叶或人工摘叶后，其筋骨毕露，枝若鸡爪、似鹿角，刚健有力，极富阳刚之美。

养护

朴树喜光，生长期可放在室外阳光充足、空气流通之处养护，浇水掌握“见干见湿，浇则浇透”，新叶萌发之时则要扣水，以免枝叶徒长，叶片变大，影响美观。春末新枝生长基本停止后，每30天左右施一次腐熟的稀薄液肥，秋末冬初也要施一次肥，以利于植株越冬。朴树萌发力强，生长期可随时剪去影响美观的新枝，并进行摘叶处理，全面修剪则要在冬季落叶后进行。

每2~3年的春季萌芽前翻盆一次，其适应性强，对土壤要求不严，但在疏松肥沃、含腐殖质丰富、排水良好的砂质土中生长更好。

虎啸南天
何文开作品

览尽春秋
姜军利作品

情怀江渚
何长洪作品

丛林叠趣
罗小冬作品

抱定青山已忘年
周志英作品

舞韵
苏秋生作品

蛟龙出涧
吴成发作品

碣石临风
邓文祥作品

榉树

Zelkova serrata

榉树树干挺拔，分枝密集，可采用修剪与蟠扎相结合的方法，制作不同特色的盆景。

榉树盆景
郑志林作品

榉树盆景
汪益作品

榉树又名大叶榉、毛脉榉、金丝榔，为榆科榉属落叶乔木，树皮灰白色或灰褐色，有不规则的片状剥落；当年生枝紫褐色或棕褐色，疏被短柔毛；叶薄纸质或厚纸质，叶片有卵形、卵状披针形、椭圆形等变化，绿色，边缘有圆齿。

榉树在我国分布于辽东半岛至西南以东的广东地区，日本和朝鲜也有分布。

另有山毛榉（*Fagus longipetiolata*），也称水青冈，为山毛榉科山毛榉属植物，是几个不同类型树种的统称，欧美等国家也常用于制作盆景。

造型及养护

榉树多用播种的方法繁殖，也可在春季移栽生长多年、形态奇特、植株矮小的桩子制作盆景。其树干挺拔笔直，树皮光滑，多分枝，可利用这个特点，制作直干式、大树型等造型的盆景，亦可制作丛林式、附石式、水旱式等形式的盆景。喜温暖湿润和阳光充足的环境，怕积水。脱叶后，其枝干更为美观，因此，可在生长期适时摘叶，以提高观赏性。

水杨梅

Adina rubella

水杨梅桩材古雅奇特，叶片细密，枝条柔软，萌发力强，可制作多种造型的盆景。不论什么样的造型，都要突出其根、干苍劲多姿以及枝叶的秀美。

水杨梅盆景
玉山摄影

水杨梅中文学名细叶水团花，别名水杨柳。为茜草科水团花属落叶小灌木，树干苍老，枝条细长，树皮灰白色。叶对生，卵状披针形或卵状椭圆形，全缘，叶色翠绿，新叶带有红晕，在阳光充足的环境中尤为明显。头状花序顶生或腋生，小花褐色，6~7月开放。蒴果长卵状楔形，9~10月成熟。近似种水团花（*Adina pilulifera*）也有水杨梅的别名，也可用于制作盆景。

造型

水杨梅的繁殖可用播种、分株、扦插、压条等方法。为了加快成型速度，常选择那些生长多年、植株矮小、形状奇特古雅的水杨梅老桩制作盆景。一年四季都可挖掘移栽，但北方地区要避开严寒的冬季和干旱炎热的夏季，以春季萌芽前和雨季成活率最高。

水杨梅枝条柔软，易于蟠扎造型，萌发力强，耐修剪，适宜制作直干式、斜干式、双干式、悬崖式、临水式等不同形式的盆景。其中一些老桩嶙峋苍老，特别适合制作枯干式、枯梢式盆景。而一些生长在溪水边的植株，经过常年水流的冲刷，根部线条优美流畅，最适合制作以根代干式盆景。树冠既可加工成稀疏潇洒的自然式，其清奇古雅的树干配以绿色叶片，给人以既阅尽沧桑，又生机盎然的感觉。也可用那些刚劲挺拔的水杨梅老桩模拟古松的身躯，将枝叶修剪成大小不一、中间稍厚、周围较薄的圆片型，借以表现大自然中巍然屹立的苍松。

水杨梅盆景通常采用蟠扎与修剪相结合的方法进行造型，先用金属丝蟠扎出基本骨架，再仔细修剪。蟠扎的枝条定型后，及时解除金属丝，以免产生“陷丝”而影响美观。制作好的盆景可在春季或梅雨季节移入紫砂盆之类观赏盆，并根据需要进行提根，使其悬根露爪，以增加盆景的古老意境。

养护

水杨梅喜温暖湿润和阳光充足环境，耐半阴，耐涝，也有一定的抗旱能力。生长期可放在室外空气流通、光线明亮处养护，夏季高温时应进行遮光，以免烈日暴晒。除经常浇水，保持盆土湿润外，还要经常向植株及周围洒水，以增加空气湿度，防止叶片边缘枯干。每月施一次腐熟的稀薄液肥，以满足生长的要求。

水杨梅萌发力强，生长季节可随时剪去树干上的徒长枝、内膛的无用枝条，以保持造型的美观，对于一些枝条可适当蟠扎，使之分布合理，这样冬季落叶后就能欣赏到虬曲苍劲的寒树相盆景了。冬季移入冷室内越冬，控制浇水，保持盆土不过于干燥即可，南方地区也可在室外避风向阳处越冬。

对于成型的水杨梅盆景，可每1~2年翻盆一次，一般在春季萌芽前或秋季落叶后进行，盆土要求疏松肥沃，透气性良好，通常用腐殖土2份，园土、炉渣各1份混和配制。

清雅
韩建彬作品

生命之歌
平顶山园林处作品

中州风云
刘秀根作品

三角枫

Acer buergerianum

三角枫树姿雄健苍劲，枝条生长速度快，宜在其木质化之前进行蟠扎，以免老化后木质过硬，蟠扎时折断。其萌发力强，宜修剪，并提根，使之苍劲古雅。

荒林绕曲水
滁州市老科协盆景研究院

三角枫中文学名三角槭，日本称之为唐枫。为槭树科槭属（槭树属）落叶乔木，树皮褐色或灰褐色、深褐色，粗糙，小枝细而瘦，紫色或紫绿色。叶纸质，对生，叶片三浅裂，裂片三角形，少数全缘，表面深绿色，在阳光充足的条件下，新枝和新叶都呈红色，深秋其叶转为红色。变种有台湾三角槭、平翅三角槭、界山三角槭、宁波三角槭、雁荡三角槭等。

槭属植物约200种，分布于亚洲、欧洲及美洲，中国有140种。三角枫的近似种有五角枫（*Acer mono*）等，也可用于制作盆景。

造型

三角枫的繁殖可用播种、扦插、压条、分株等方法。也可采挖生长多年、形态古雅、虬曲苍劲的老桩制作盆景。其移栽可在冬季落叶后至春季萌芽前的休眠期进行，上盆前对失水严重的树桩应用清水浸泡1~2天，栽种前应根据树桩的形似立意取势，进行修剪，修剪时要尽量一步到位，避免因重复修剪、反复上盆造成的树桩回芽或死亡。

三角枫盆景的造型宜在生长季节进行，并根据枝条的弹性和韧性选择蟠扎时间。由于三角枫生长迅速，木质化也快，一些当年生的枝条当年就得造型，否则，枝条长得过硬时，再进行蟠扎、牵拉很容易折断。若在生长旺盛的伏天进行造型，遇有枝条开裂、折断时，伤口愈合很快，因此大的造型工作多在此时进行。其造型过程是边修剪、边蟠扎、边牵拉，如此反复进行，直到过渡枝、圆片形成，等整个树桩基本定型后，再以修剪为主。造型时对于留取的主枝、过渡枝不要轻易打头，否则会使枝条增粗缓慢。三角枫可根据树桩的情况制成单干式、双干式、曲干式、悬崖式等各种形式的盆景。

养护

制作好的三角枫盆景生长期宜放在半阴处养护，避免烈日暴晒，否则会造成叶尖干枯；平时保持盆土湿润，每20~30天施一次稀薄的液肥，肥水不要过大，以免植株徒长和叶片变大，影响美观。冬季在室外避风向阳处或冷室内越冬，温度不宜过高，否则植株得不到充分休眠，不仅易生病虫害，影响第二年的长势，而且树姿也不好控制。每2~3年翻盆一次，盆土用普通的园土即可。三角枫盆景的修剪要在春季萌芽期进行，若冬季修剪伤口处流出的树液得不到补充，会造成退枝。为提高观赏价值，可在夏秋季节对植株摘叶，摘叶后萌发的新叶带红晕，十分惹人喜爱。但要注意摘叶时间不宜过晚（一般不超过9月上旬），否则新芽萌发不全，甚至当年不再发新叶，严重影响观赏。盆景摘叶后不要急着施肥，等新叶长出后可追施腐熟的稀薄液肥。

千古枫流
王文金作品

枫林秀色
黄学明作品

倚石览春秋
龚学良作品

虎踞武功
欧阳喆作品

横空出世
北京颐和园管理处作品

舞者
黄静作品

梦
周修机作品

奔腾急
刘胜才作品

红枫

Acer palmatum 'Atropurpureum'

红枫叶色艳丽，树姿潇洒，萌发力强，造型以修剪为主，蟠扎、牵拉为辅。养护中可摘除老叶，以促发红艳可爱的新叶。

秋山论道
张延信作品

红枫又名紫红鸡爪槭、红鸭掌，为槭树科槭属落叶植物，是鸡爪槭的一个变种，其老干皴裂，灰褐色；叶对生，具长柄，叶片掌状，7裂，裂片深达叶片中部或更多，叶色紫红。伞房花序，花紫红色，杂性；翅果嫩时紫红色，成熟后淡棕黄色。花期4~5月，果期9月。

红枫的原种鸡爪槭（也称鸡爪枫、青枫，*Acer palmatum*）有着一系列的变种，像羽毛枫（*A. palmatum* 'Dissectum'）及红羽毛枫，夕佳鸡爪槭（*A. palmatum* 'Higasayama'）、春艳鸡爪槭（*A. palmatum* 'Shindeshojo'）、白鸡爪槭（*A. palmatum* f. *aureum*）、深红女王鸡爪槭（*A. palmatum* 'Crimson Queen'）以及黄金枫等，其叶色除红色、绿色外，还有金黄色，均可用于制作盆景。

造型

红枫的繁殖可用青枫、元宝枫等作砧木，在夏季植株生长旺盛时以芽接或靠接的方法进行嫁接，砧木既可用2~4年生的实生苗，也可用生长多年、古拙质朴的老桩上萌发的2年生枝条。嫁接成活的植株可在春季发芽前移栽，栽后浇透水，放在光线明亮处养护，经常喷水以保持较高的空气湿度，植株活稳后每20~30天施一次腐熟的稀薄液肥，以促进其生长。

红枫可根据树桩的形态制作成直干式、斜干式、曲干式、临水式、悬崖式等不同形式的盆景；也可数株合栽于一盆制成双干式、三干式、丛林式等形式的盆景，制作丛林式盆景时要选择高低、大小不一的植株分组栽种，并配以山石、青苔及其他配件，以表现“枫林醉染”的意境。因其叶片较大，树冠不宜制成云片式，可修剪成高低协调、潇洒飘逸的自然式。造型方法以修剪为主，蟠扎为辅，对于一些枝条可进行牵拉，以使其布局合理。

养护

红枫喜温暖湿润的环境与充足而柔和阳光，怕烈日暴晒，不耐旱。生长季节可放在阴棚或其他植物树荫下等无直射阳光处养护，以避免因烈日暴晒，造成的叶片枯焦、卷缩、脱落。保持盆土、空气湿润，但不能积水，以免造成烂根。每隔15天施一次腐熟的稀薄液肥或复合肥，夏季高温时或雨天都要停止施肥。南方地区可将花盆埋在室外避风向阳处越冬，北方最好在不低于0℃的冷室内越冬，不要施肥，也不要浇太多的水，保持土壤不干燥即可。红枫最美的时候是新叶刚长出时，为增加观赏性，可在每年的6月、9月各进行一次摘叶，摘叶前一周施一次肥，摘叶后要对植株进行修剪，并加强水肥管理，15天左右就可长出鲜嫩的红叶。如果叶片被烈日晒焦，可在8月将焦叶摘除，放在通风凉爽的半阴处，每周施一次淡薄的氮磷钾复合肥液，用不了多久就会长出鲜红的新叶。生长期要及时摘除影响树型及内膛通风透光的叶片，当新叶萌发后注意打头摘心，以促发细密的幼枝，使叶片细小而稠密，具有较高的观赏性。

每2~3年的春季发芽前换盆一次，盆土要求肥沃疏松、含有丰富的腐殖质，可用腐殖土2份、砂土1份混匀后使用。

羽毛枫盆景
钱小玉作品

红枫盆景
王严华作品

元宝枫盆景
赵建国作品

青枫盆景
曹景杰作品

地锦 *Parthenocissus tricuspidata*

地锦姿态自然飘逸，枝条虽然生长迅速，但增粗缓慢，应尽量利用原桩的粗枝造型。

五叶地锦盆景
杨自强作品

地锦别名爬山虎、爬墙虎、飞天蜈蚣、假葡萄藤、捆石龙。为葡萄科地锦属木质藤本落叶植物，植株多分枝，有短的卷须，枝端有吸盘，叶单生，呈倒卵形，通常生在短枝上的叶为3裂，而生长在长枝上的叶小而不裂，叶缘有粗锯齿，新芽和新叶在阳光充足的条件下呈红色，以后逐渐转为绿色，到了秋季则全部变红。花序生于短枝上，基部有分枝，形成多歧聚伞花序；果实球形。

地锦属植物约有13个种，用于制作盆景的除地锦外，还有三叶地锦（*Parthenocissus semicordata*）、五叶地锦（*P. quinquefolia*）、异叶地锦（*P. dalzielii*）、粉叶地锦、花叶地锦（*P. enryana*）以及从日本引进的龙神茑爬山虎等，这些被盆景爱好者统称为爬山虎或爬墙虎，这就是广义上的爬山虎。

三叶地锦别名大血藤，叶为3小叶，小叶倒卵状椭圆形或长椭圆形，中央的小叶有时呈倒卵圆形。

五叶地锦也称五叶爬山虎、五叶爬墙虎、美国地锦，小叶5片形成掌状复叶，小叶倒卵圆形、倒卵椭圆形或外侧小叶椭圆形。因其植株及叶片都较大，多用于制作大中型盆景。

异叶地锦别名草叶藤、上树蛇等，两型叶，着生在短枝上者常为3小叶，其中间的小叶长椭圆形，侧生的小叶卵椭圆形；较小的单叶则着生在长枝上，呈卵圆形。

花叶地锦别名红叶爬山虎、花叶爬山虎、大五爪龙，掌状5小叶，小叶倒卵形、倒卵长圆形或宽倒卵披针形，叶中脉及侧脉白色。

龙神茑爬山虎 也称龙神爬山虎，由日本引进，叶色墨绿，有皱褶，其植株不大，且生长缓慢，不爬藤，适合制作微型盆景。

造型

地锦可用扦插、播种、压条等方法繁殖。其中，扦插最为常用，只要方法得当，即便是较粗的茎干也能成活。一般在春季萌芽前后进行。由于跟大多数藤本植物一样，虽然枝蔓生长较快，但增粗缓慢，因此，在修整插穗或老株时，造型所需要的粗枝以及粗根一定要予以保留。

地锦几乎没有粗大的桩子，常用于制作微型或中小型盆景，造型有临水式、悬崖式、斜干式、露根式、附石式等。因其叶片较大，树冠宜修剪成错落有致、疏密得当的自然型，而不宜做成严谨规整的云片状。也可利用其萌发力强、耐修剪的特点，将树冠加工成三角形或馒头形等规则型。地锦为藤本植物，造型时可考虑保留1~2根藤子，既有树种特色，又增加了作品的飘逸感。还可利用其枝条柔软、攀附能力强的特点，将其附在形态古雅的老树桩、山石上，也很有特色。

地锦有着较强的自播能力，种子成熟落地后，会自己发芽，其根茎肥硕可爱，可选择枝条

垂
田园作品

绿意盎然
兑宝峰作品

树石情
许松作品

地锦盆景
张延信作品

秋韵
卫正军作品

布局合理的植株，移栽上盆后，适当修剪整型，就是一件很好的微型盆景。

养护

地锦喜温暖湿润和阳光充足的环境，也耐阴。平时可放在室外阳光充足处养护，这样可使叶片小而厚实，虽然在阳光不足处也能存活，但叶子会变得大而薄，很不美观。因其蒸发量大，应注意浇水和向植株喷水，避免干燥，以保持叶色的清新润泽。由于地锦本身就耐瘠薄，而且作为盆景不需要生长太快，以维持形态的优美，因此栽培中不需要施太多的肥。冬季落叶后移入冷室内越冬，盆土不结冰可安全越冬。

每年春天发芽前进行一次修剪整型，剪去徒长枝、交叉重叠枝、病虫枝以及其他影响造型的枝条，将过长的剪短，只保留其骨架，等新叶长出后，鲜嫩可爱，枝条飘逸下垂，非常有特色。地锦的生长速度较快，萌发力强，生长期及时抹去多余的芽和影响树形的枝条，以保持盆景造型的完美。地锦的新芽及新叶红艳动人，可在生长期摘掉老叶，促使萌发新叶，以增加观赏性。

每2~3年的春天翻盆一次，盆土要求疏松透气，含腐殖质丰富，可用园土、腐殖土、砂土等混合配制。

山葡萄

Vitis amurensis

山葡萄根干苍劲多姿，枝条自然飘逸，可用修剪、蟠扎相结合的方法造型，使古朴的树干、翠绿的枝叶相映成趣，生机盎然。

清韵
山葡萄
王小军作品

山葡萄为葡萄科葡萄属木质藤本落叶植物。叶阔卵圆形，3~5裂或不分裂。圆锥花序疏散，与叶对生。果实1~1.5厘米，成熟后蓝色，被有薄粉。花期5~7月，果期7~9月。

造型

山葡萄可用播种或扦插、压条等方法繁殖。也可在冬、春季节采挖生长多年、姿态优美的老桩制作盆景。移栽时剪去过长的藤蔓，先栽在较大的瓦盆或地下“养坯”。成活后进行造型。

山葡萄的蓝色果实虽然很美，但在盆景中是以虬曲的根、干和飘逸的枝叶取胜，在制作盆景时应注意保留这些特点，可修剪、蟠扎相结合的方法，制作成悬崖式、临水式、附石式、枯干式等造型，使之富有大自然野趣。

养护

山葡萄喜阳光充足的环境，耐寒冷。平时可放在室外阳光充足之处养护，因其叶片较大，蒸发量也大，应注意浇水，以保持土壤和空气的湿润。其藤蔓生长较快，注意修剪整型，以保持盆景的优美。因其新叶小而质厚，色泽也比较鲜亮，因此可在夏秋季节摘叶1~2次，以促发观赏性较高的新叶。冬季移入冷室内，勿使盆土结冰。每1~2年的春季翻盆1次，盆土宜用疏松肥沃的砂质土壤。

木麻黄

Casuarina equisetifolia

木麻黄树干苍老古朴，枝叶细小密集，萌发力，枝条柔韧性好，一般采用修剪、蟠扎相结合的方法造型。

丹青难写是真情
陈有浩作品

木麻黄别名短枝木麻黄、驳骨树、马毛树，为木麻黄科木麻黄属常绿乔木，高可达30米，树干通直，树冠狭长圆锥形，老树的树皮粗糙，深褐色，不规则纵裂，内皮深红色；枝红褐色，有密集的节；小枝绿色，纤细，柔软下垂。叶退化成鳞片状，每轮7枚。雌雄同株或异株。

木麻黄属植物约有65种，大多数分布在大洋洲，少量分布在亚洲东南部及非洲热带地区。中国引进9种，常见的有木麻黄、细枝木麻黄、粗枝木麻黄等3种。

造型

木麻黄的繁殖以春季采集嫩枝扦插为主。其形态与柽柳、柏树有些近似，在盆景造型时可利用其树干苍老古朴、枝叶细小密集的特点，采用修剪与蟠扎相结合的方法，将树冠加工成云片状，以模仿松树的神韵。

养护

木麻黄生长在广东、海南、福建等热带亚热带的海滩等地带，喜强烈的阳光和炎热的环境，要求有良好的通风，耐盐碱，因其根部有根瘤菌，能起到固氮的作用，因此所需要的肥料不多，在贫瘠的土壤中也能生长。平时注意整型，及时剪除影响造型的枝条，以保持盆景的美丽姿态。

花果类盆景

HUAGUOLEIPENJING

花果类盆景是对以观花、观果为主盆景的统称。通常人们对制作盆景素材要求是树干苍古，叶片细小而稠密，观花、观果盆景则要求花、果不大，但稠密，量大，如此才能以小见大，表现出大树繁花似锦、果实累累的风采，像梅花、迎春花、蜡梅、海棠，小石榴、枸杞、火棘、平枝栒子、金弹子等。但艺术是允许夸张的，盆景艺术也亦然，因此那些月季、牡丹、扶桑、梨、苹果、柑橘等花大果大的树种就堂而皇之地走进盆景的殿堂。其花的绚丽，果的丰硕与盆景的造型艺术融于一体，有着自然与艺术的双重之美，是盆景大家族中不可或缺的重要部分。

月季

Rosa chinensis

月季花色丰富而艳丽，具有直枝性，且表皮质脆，容易撕裂，一般采用修剪的方法造型。

彩的绚丽
王小军作品

月季为蔷薇科蔷薇属常绿、半常绿或落叶灌木，根据种类的不同，株型或呈低矮的灌木状，或呈藤本状，枝粗壮，绿色，有短促的皮刺；羽状小叶，3~5或7，叶片宽卵形至卵状长圆形，叶缘有锐锯齿。花色绚丽而丰富，有白、粉红、红、黄、紫、橙以及淡绿、复色等多种，花型和花朵的大小也有多种变化。

月季的园艺种极为丰富，大致可分为藤本月季、大花香水月季、丰花月季、微型月季、地被月季等几种类型，每个类型又有一系列的品种。用于制作盆景的要求开花鲜艳，而且易开花，株型紧凑，节短，叶片不大，习性强健，萌发力强，耐修剪的品种。

造型

月季的繁殖以扦插为主。盆景制作多用生长多年、形态古雅奇特的月季老桩。一般在冬春季节移栽，在南方因空气湿度大，也可在夏、秋季节移栽。栽种前要将过长的主根剪短，多保留侧根和须根。栽种宜深，最好能将根部全部埋入土中，以保证成活。

嫁接，是月季盆景重要的造型方法。可用那些生长多年，根干虬曲多姿的蔷薇（俗称刺玫）、木香等蔷薇属植物的老桩做砧木，以大奖章、绯扇、黄和平、鸡尾酒、彩云等开花容易、长势强健的品种枝条作接穗；或以叶片细小、花朵玲珑的微型月季作接穗，嫁接成功后，苍劲古朴的老桩与小而密集的花朵、枝叶相映成趣，颇有“老树着花无丑枝”的意趣；还可在一株月季的不同枝条上嫁接不同花色、花型的品种，开花时姹紫嫣红，极尽灿烂之事。通常在6~9月采用芽接，休眠期以切接的方法进行，也可根据各地的不同气候特征与具体条件进行嫩梢劈接或腹接，嫁接时要注意芽的高低和方向。

月季盆景主要有古桩月季盆景、微型月季盆景、组合式月季盆景三种类型。其造型主要有独干式、一本双干式、曲干式、斜干式、临水式、悬崖式、露根式、枯干式、附石式、大树型等不同形式。木香、蔷薇以及某些品种的藤本月季的侧根粗壮发达，可作提根式，甚至以根代干式造型，其苍劲的根干与娇艳的花朵相映成趣；对于较粗的枝干，还可加工成舍利干，以增加作品沧桑古朴的韵味。

古桩月季盆景 选择形态比较好的月季植株或老桩，稍加牵拉、修剪后，制成盆景，由于月季枝条直立性强，叶片较大，树冠一般采用自然型。造型方法以修剪为主，再辅以牵拉，使枝条布局合理，高低有致，因其枝条较脆，容易折断，表皮也易撕裂，所以不要作弯曲蟠扎。

微型月季盆景 选择法国小姐、太阳姑娘、金太阳等植株矮小、姿态优美的月季品种，进行扦插，成活后经过养护，使之根干古雅，具有

月季盆景
郑州人民公园作品

根的旋律
郑州植物园作品

月季盆景
郑州人民公园作品

壶中春色
王小军作品

一定的分枝，再以修剪和牵拉的方式进行加工整型，使其疏密有致，然后栽于微型盆或精致的紫砂壶中，开花时摆放于博古架上或小几架上观赏，小巧玲珑，清新典雅，也有斜干式、悬崖式、临水式、丛林式等多种类型。

组合式月季盆景 将数株健壮的月季，合栽于大小合适的长方形或椭圆形花盆制成“合栽式月季盆景”或“水旱式月季盆景”，栽种时注意各株月季花色的搭配以及植株之间花、茎、叶的配合，做到正与斜、动与静、巧与拙、藏与露的和谐，最后再配上赏石、树木或其他花草、青苔，使之具有诗情画意。

此外，也可将数种造型结合使用，像古桩水旱式、微型水旱式、微型丛林组合等类型。月季虽然是观花植物，但其枝干清雅脱俗，颇具阳刚之美，可在春季萌芽前修剪后上盆，以彰显其内在风骨。

养护

月季喜温暖湿润和阳光充足、通风良好的环境，忌阴湿，耐寒冷。4~10月的生长季节可放在室外光照充足、空气流通的地方养护。平时浇水做到“见干见湿”，盆土过于干燥和积水都不利于植株生长，晚春及初夏北方地区常有干热风出现，除正常浇水外还应经常向植株及周围地面洒水，以增加空气湿度，避免新芽嫩叶焦枯，夏季高温时水分蒸发量很大，要及时补充水分，以免叶片发蔫，影响生长，最好每天早晚各浇一次水，浇水要透，不要浇半截水。雨天则要停止浇水，雨后若有盆土被冲刷掉，应及时培土。连阴雨天注意排水防涝，避免根系长期泡在水中，否则会造成烂根。

月季盆景在春季萌芽后每7天左右施一次液肥，开始时薄肥勤施，以后逐渐加大浓度，肥液要充分腐熟，特别是春季展叶时，新根大量生长时，更不能施浓肥和未经腐熟的生肥，否则会烧坏新根；秋末则要停止施肥，并适当控制水分，以免新梢徒长受霜冻害。开花前可用牵拉的方法调整枝条的位置，以使花朵分布合理。开花后停止施肥，控制浇水，以避免因水肥过大而导致植株新芽长势过旺，使花朵得不到充足的养分而提前凋谢，并将盆景移到无直射阳光处，以降低温度，延长花期；花后及时移到室外阳光充足处，并剪去残花及上部的枝条，以免消耗过多的养分，影响生长，修剪时最好将芽口留在外侧，并剪除使树冠蓬松的长枝，以留出下次枝条伸长开花时的位置，使树冠形态优美；月季可通过修剪调整花期，一般修剪后45~50天开花，因此入秋后的8月15日前后可对植株进行一次修剪，剪后加强水肥管理，到了国庆节即可繁花满枝，否则开的花又小又少。生长期要及时除去砧木上萌发的枝芽及其他影响树美观的枝条。每年的11月对植株进行一次定型修剪，剪除枯枝、弱枝、徒长枝和内膛枝，并将所保留的枝条剪短，冬季移至冷室内或连盆埋入室外避风向阳处越冬。也可将植株从紫砂盆之类的细盆中扣出，深栽于瓦盆或室外地下越冬。

每年春季前将瓦盆内的植株移入紫砂盆或进行翻盆换土，盆土可用疏松肥沃、排水良好的中性土壤，并在盆底放些腐熟的碎骨头、动物的蹄

争艳
郑州碧沙岗公园作品

追梦
玉山摄影

野趣
玉山摄影

舞风弄影
王小军作品

TIPS 退枝的处理

所谓退枝，是指在盆景的养护过程中，某个在造型中起着重要作用的枝条，因种种原因枯死，使得盆景出现残缺，不完美。若遇到这种情况，可对其进行重新造型，使之旧貌换新颜，再度焕发青春（见《舞风弄影》和《献瑞》）。如果方法得当，能够把将要淘汰的残次品盆景变成了艺术品，从而达到化腐朽为神奇的艺术效果。

献瑞
王小军作品

醉香图
郑州碧沙岗公园作品

甲片或过磷酸钙等含磷量较高的肥料作基肥。

对于微型月季盆景，平时可将小花盆埋在沙床或较大的盆器内养护，这样可以避免因花盆过小，引起水分蒸发过快，枝叶干枯，严重时甚至植株死亡。注意修剪，及时剪除影响造型的枝条，以保持盆景的优美，平时保持土壤湿润而不积水，薄肥勤施，以保证有充足的养分供应，促进植株生长健壮。等参展或拍照、观赏摆放时再将其从沙床中取出，洗去盆上的泥沙，在盆面铺上青苔，并适当整型，点缀奇石或其他盆景配件，然后摆放在小几架或者博古架上观赏。等展览结束或者花谢后再放回原处养护，以使其恢复生机。

病虫害防治

月季盆景的病害主要有梅雨季节的黑斑病、霜霉病、白粉病，防治方法是加强通风透光，把修剪掉的老、枯叶彻底清除，若发生可用多菌灵、退菌特等除菌药喷洒，为了避免产生抗药性，可几种药物交叉使用。虫害主要有红蜘蛛、蚜虫、介壳虫、刺蛾等害虫危害枝叶以及线虫、蛴螬等地下害虫啃食根系，可用低毒、高效、无残留的杀虫药物喷杀、灌根，其稀释比例参照有关的说明书。

贴梗海棠

Chaenomeles speciosa

贴梗海棠品种丰富，姿态优美，花色艳丽，枝干柔韧性好，也有较好的萌发力，是很好的观花、观果、观姿盆景树种。

春韵

王小军作品

贴梗海棠中文学名皱皮木瓜，别名铁脚海棠、贴梗木瓜、铁脚梨。为蔷薇科木瓜属落叶丛生灌木，株高1.5~2米；叶片卵形至椭圆形、长椭圆形，边缘有锐齿；花3~5朵簇生于老枝上，颜色有红、粉红、白、复色等多色，花期3~5月，花稍先于叶或花叶同放。梨果球形或卵形，9~10月成熟后黄色或黄绿色，有芳香。

同属中近似种有毛叶木瓜（即木瓜海棠、木桃，*Chaenomeles cathayensis*）、日本木瓜（即倭海棠，*C. japonica*）以及华丽木瓜（*C.* × *superba*）等。此外，还有着大量的园艺种，像长寿冠、银长寿、长寿乐、大富贵、东洋锦等，其中有不少品种不仅花色绚丽而丰富，而且果实色泽金黄，并散发出浓郁的芳香，像长寿梅。

长寿梅是倭海棠（日本木瓜）众多优秀杂交品种中的一种，其叶片不大而密集；枝条节间短，株型紧凑，萌发力强，耐修剪，在适宜的环境中一年四季都能开花，花色以橙红、红色为主，兼有白色，花后结果，果实具芳香。

造型

贴梗海棠的繁殖可用分株、压条、扦插、播种等方法，对于一些优良品种则常用嫁接的方法繁殖。

贴梗海棠适合制作直干式、斜干式、双干式、曲干式、临水式、露根式、丛林式、一本多干式等不同形式的盆景。对于幼树的造型以蟠扎为主，修剪为辅，将树干加工得曲折有致，但人工痕迹不能过重，所留的枝条不宜过密，以疏朗为佳，使其清新典雅，点点几枝就能勾画出海棠所独有的神韵，达到“源于自然，又高于自然”的艺术效果。对于生长多年的老桩应根据树势进行造型，制作出不同款式的盆景，树冠既制作成规整的圆片状，也可采用潇洒的自然型，采取修剪、蟠扎并用的方法，使其枝叶繁茂。对于叶片小、节间短的长寿梅等品种，可通过修剪的方法，使树冠紧凑而富有层次感。

还有人将贴梗海棠的树干加工成几个弯，谓之“游龙式”，此类盆景人工痕迹过重，缺乏自然气息，且造型千篇一律。

养护

贴梗海棠喜温暖湿润和阳光充足的环境，有一定的耐寒和抗旱能力，但怕水涝，生长期可放在室外阳光充足、通风良好的地方养护，浇水做到“不干不浇，浇则浇透”，空气过于干燥时可向植株喷水，以增加空气湿度，有利于植株生长。每半月施一次腐熟的稀薄液肥或复合肥，6、7月果实逐渐膨大，应增加磷钾肥的用量，可向叶面喷施0.2%的磷酸二氢钾溶液，以满足果实发育的需要。每年的10月在花盆内埋入腐熟的饼肥，以支持来年植株的生长和开花。也可将缓释肥放入玉肥盒中，再将其插入盆土中，浇水时释放养分，供植株吸收。

秋季落叶后或春季萌芽前进行一次修剪整型，剪去枯枝、病虫枝、徒长枝、交叉枝、重叠

春之韵
王小军作品

贴梗海棠盆景
王小军作品

长寿梅盆景
铃木浩之提供

枝以及其他影响造型的枝条，以保持作品的优美和内部的通风透光，把隔年已开过花的老枝顶部剪短，以集中养分，多发花枝。

贴梗海棠果大量重，盆栽不宜多挂果，花后应及时疏果，留果的位置应在枝干造型的重点位置，以平衡树势，突出重点。果实成熟后虽不再生长，但也会消耗养分，应摘除。对于某些以观花为主的重瓣品种，花后可摘除残花，勿令其结果，以利于树势的恢复。

每年春季换盆一次，盆土要求疏松肥沃，含腐殖质丰富，并有良好排水透气的砂质土壤，并在盆底放些腐熟的饼肥、动物蹄甲、骨头等做基肥。

花期调控

通过人工调控，贴梗海棠盆景可以在春节前开花，方法是在秋季植株落叶后，将其上盆，约距用花前45天移入温室，室温控制在10~15℃，每2~3天喷一次水；如果温度在20℃，每天喷2次水。花蕾形成后，为了使花朵健壮、叶子发绿，要把温室的温度降到5~8℃，晾一周左右。用10~15℃的温度催花，30~40天可开花；用20℃的温度催花，25天左右见花；用25℃的温度催花，15~20天可见花。催花处理后的植株不可放在0℃以下的地方，否则会导致膨大的花蕾受冻。

春华
王小军作品

秋实
郑州碧沙岗公园作品

梅花

Armeniaca mume

梅花傲雪绽放，老干古雅多姿，新枝柔韧，萌发力强，造型时注意修剪，以避免枝条狂野杂乱，使之疏影横斜、清雅自然。

贵妃醉酒
冯氏梅园作品

梅花，别名梅、梅树、干枝梅，为蔷薇科杏属落叶灌木或小乔木，树干灰褐或紫褐色；新枝多为绿色，枝条除正常的直枝外，还有垂枝、龙游等变化。叶卵形或椭圆形，叶缘有小锐锯齿；花1~2朵着生于叶腋，花碟状，花色有白、淡绿、粉、红等色，有些品种花瓣上还有彩色斑块或条纹，具特殊的芳香。由于品种的不同，其花萼、花瓣形状相差很大，并有单瓣与重瓣之分，根据各地气候的差异，1~3月陆续开放，一般先开花后展叶。核果俗称“梅子”，近球形，成熟后黄色或绿白色，被柔毛，味酸。

有些文献将梅花划归李属（*Prunus*，也称梅属），故学名亦可写作*Prunus mume*。梅在我国有3000多年的栽培历史，大致可分为果梅和花梅两大类，其中的花梅以观花为主，其变异较大，品种甚多，可分为直脚梅类、照水梅类、龙游梅类、杏梅类等4类。此外，还有一些杂交种，像宫粉×紫叶李的美人梅等。

造型

梅花的繁殖可用桃、杏、李子或梅花的实生苗以及生长多年、形态古雅的老桩上萌发的新枝作砧木，以优良梅花品种的接穗，用枝接或芽接的方法进行嫁接。也可用生长多年、形态古朴的老梅桩制作盆景。

梅花盆景可根据树桩的形态，制作悬崖式、临水式、直干式、斜干式、曲干式、枯干式、卧干式、附石式、垂枝式、风动式、水旱式等造型的盆景。还可将数株梅花合栽于一盆，制作丛林式盆景；将松（可用罗汉松等类似松树的植物替代）、竹（可用南天竹或其他类竹植物替代）、梅合栽于一盆，谓之“岁寒三友”，栽种时注意三者大小的搭配，使之高低有序、错落有致，具有较高的艺术性。此外，还可将姿态优美的小梅花桩，或直或斜栽于小盆中，做成微型盆景，置于博古架上欣赏。

传统的梅花盆景以树干苍老古朴、枝条稀疏、植株清秀为美。“贵稀不贵繁，贵老不贵嫩，贵瘦不贵肥，贵含不贵开，贵斜不贵正”“以曲为美，直则无姿；以疏为美，密则无韵；以欹为美，正则无景”等都是古人对梅的赏评标准。在造型时要做到树干或倾斜或弯曲，枝条也不要太密，还可在枝干上以锤击、敲打、斧砍的方法做些疤痕，以增加古趣，而舍利干的应用更增加了其苍古雄奇的韵味。枝条造型则可结合梅花的自然属性，或上扬，或下垂，或平伸，以表现其清雅潇洒的神韵。若加工成馒头形、三角形、云片式等造型，应注意其树冠内部的疏与密，藏与露的对比，尽量避免呆板不自然。梅花盆景多在春季花谢后进行造型，采用修剪与蟠扎相结合的方法，剪去多余的枝条，对于风动式、垂枝式造型的盆景宜用金属丝蟠扎，使之达到理想的形态。风格应呈多元化发展，或疏影横斜，或古雅清奇，或繁花似锦，以满足不同的审美要求。

随着时代的发展，不拘一格、形态多变的自然式梅花盆景也受到人们喜爱，甚至还有人将梅花盆景做得枝条繁密，开花之时密密麻麻的花朵开满枝条，给人以生机勃勃、蓬勃向上的感觉，即便不在花期，枝条在落叶后也刚健挺拔，呈现出铁骨铮铮的阳刚之美，很能表现梅花坚贞刚强的内在精神。制作此类盆景时应做到枝条多而不乱，枝与丁、枝与花之间和谐统。

争春
郑州碧沙岗公园作品

疏影横斜
郑州碧沙岗公园作品

TIPS 盆景要表现人文精神

在制作树桩盆景时，不仅要表现该植物的生物特征，更要注重其人文精神，以抒发个人的感情，即“借景生情”“触景生情”。像松树和柏树要表现其“坚贞苍健，亘古常青”的特点；竹子则要彰显“清秀典雅，蓬勃向上”的韵味；梅花盆景要彰显出“坚贞不屈，傲雪绽放”的风骨。杂木盆景则要展现大自然中树木的丰富多彩，仿松树就要有松的精神，仿垂柳就要有柳的韵味，将其最美的精华部分提炼出来，艺术化的浓缩于盆钵之中，使植物的自然美与盆景造型的艺术美有机地融为一体。

疏梅唤客
郑州西流湖公园作品

梅花在我国有着浓厚的文化底蕴，以其为题材的诗词绘画作品数不胜数，在制作盆景时可吸收诗词的意境、绘画的构图，使作品富有诗情画意。

养护

梅花喜温暖湿润和阳光充足、通风良好的环境，耐寒冷和干旱，怕涝。平时可放在室外光照充足、空气流通的地方养护。生长期浇水做到"不干不浇、浇则浇透"。生长期（尤其是花芽分化之前）不要作摘叶处理，以通过叶片的光合作用，合成更多的养分，有利于花芽的形成和发育。5月下旬至6月下旬是梅花花芽生理分化的前期，要适当控制浇水，等新生枝条梢尖有轻度萎蔫时再浇水，还可用手将新梢尖捏蔫，如此反复几次可破坏生长点，以控制枝条生长速度，有利于花芽分化。进入7月可正常浇水，以满足生长对水分的要求，若遇雨天注意排水防涝。生长期每15天左右施一次腐熟的稀薄液肥，5~6月各增施一次0.2%磷酸二氢钾之类的磷钾肥，以利于花芽的形成。

北方地区在初冬移至室内阳光充足处养护，保持0~6℃的室温，每2天左右向植株洒些清水，以增加空气湿度，防止枝梢枯萎，但土壤不必过湿。花芽开始萌动，可再施2次0.2%的磷酸二氢钾溶液和适量的氮肥，以促使花大、味香。花谢后进行一次修剪，剪掉病虫枝、过密枝以及其他造型不需要的枝条，将老枝短截，每个枝条仅留2~3个芽，以促发新枝，当新生枝长到20厘米时进行一次摘心。

成型的梅花盆景可2~3年翻盆一次，在春季花谢后进行，盆土宜用疏松肥沃、排水良好的砂质土壤，并掺入少量的骨粉或在盆的下部放几块动物的蹄甲作基肥。

需要指出的是梅花虽然耐寒，但并不喜寒，只不过对寒冷气候的忍耐力度较强而已，尽管花朵能够在雪中绽放，但等雪化后其花朵往往萎靡，看上去不是那么精神。因此，在梅花开放之后，最好能将其移至冷凉、雪淋不到的地方，以延长花期，提高观赏性。

红梅赞
郑州人民公园作品

梅舞春风
郑州植物园作品

岁寒三友
郑州西流湖公园作品

梅韵
郑州碧沙岗公园作品

西风烈
冯氏梅园作品

紫叶李

Prunus cerasifera f. *atropurpurea*

紫叶李花色素雅，姿态优雅，萌发力强，枝条柔软，可制作多种造型的盆景。

紫叶李盆景
丁辉作品

紫叶李又名紫叶樱桃李、红叶李，为蔷薇科李属落叶灌木或小乔木，株高约8米，树干灰色，多分枝，幼枝紫红色；叶互生，椭圆形、卵形或倒卵形，叶缘有圆钝的锯齿，正面褐绿色，有时呈紫红色。花簇生于叶柄基部，花朵单瓣，白色或水红色，每年的3~5月从南到北陆续开放，先花后叶或花叶同放。核果近球形或椭圆形，6~7月成熟后呈黄色、暗紫红色、黑色，表面微被蜡粉。

造型

紫叶李的繁殖可用桃树、李树、杏、梅的实生苗或老桩上萌发的嫩枝作砧木，以劈接的方法进行嫁接。为了加快成型速度，还可到苗圃购买或利用公园等园林部门淘汰的老树制作盆景，在购买时要挑选那些生长多年、桩头粗大、形态奇特的老桩。多在春季挖掘移栽，如果植株过于高大，可将上部截去，只保留造型所需要的部分，并将过长的根系截断，多留侧根和须根，对于过长的枝条也要短截。

紫叶李的幼树常采用蟠扎、修剪相结合的方法进行造型，老桩则可根据树桩的形态因势利导，制成各种不同形式的盆景。常见的有直干式、斜干式、双干式、曲干式、临水式、劈干式等。树冠可加工成三角形、不等边三角形、馒头形等不同形态，并注意树冠内部的疏密得当，枝条的曲直和谐，达到“源于自然，又高于自然”的艺术效果。

养护

紫叶李原产亚洲的西南部，喜温暖湿润和阳光充足的环境，耐半阴，稍耐寒。适宜在疏松肥沃、排水良好的土壤中生长。平时可放在室外阳光充足、空气流通的地方养护，若光照不足，会使枝条徒长，株型不紧凑，叶色变绿，此外土壤中氮肥含量过高，也会造成叶色发绿，这些都不利于观赏，使盆景缺乏紫叶李特有的特色。因此施肥应以磷钾肥为主。生长期浇水做到“不干不浇，浇则浇透”，避免盆土积水，盛夏高温时可经常向植株喷水，以增加空气湿度，使其叶色美观。红叶李的萌发力强，经常会在枝干上萌发新芽，应及时抹去，以免分散营养，影响生长，生长期注意打头摘心，以控制树势，保持盆景的美观。秋季落叶后对植株进行一次修剪，剪掉过密枝、徒长枝、病虫枝以及其他影响造型的枝条。冬季在室外避风向阳处或冷室内越冬，保持土壤湿润，避免干冻。

每2~3年翻盆一次，翻盆时剪去枯根、烂根，剔除1/3~1/2的盆土，用新的培养土重新栽种，并加些腐熟的饼肥或动物的骨头、蹄甲做基肥。

TIPS 自然与艺术

“作画妙在似与不似之间，太似为媚俗，不似为欺世。”这是齐白石老人论述自然与写实的至理名言。就连最真实的艺术——摄影，在创作时也要有构图的取舍，光线的应用，镜头焦距的选择，使作品画面产生虚实、明暗、大小、浓淡的对比，而不是将眼中看到的一切都纳入镜头，如此才能将自然的真实变为艺术的真实。但画面中的景物都是真实存在的，而不是凭空臆造，只不过是经过了艺术加工，使其变得更加符合人们的审美观念。

至于盆景艺术而言，可以通过对桩材的取舍加工，对干、枝的培育，利用造型技法，将大自然中不同植株的树木，甚至不同种类的树木的优点融合在一棵树上，通过艺术化处理，使之产生直与曲、高与矮、枯与荣、藏与露、点与线、疏与透、聚与散、争与让、远与近等方面的对比变化，以产生美感，即“如诗如画”。但盆景中所表现的树木这些特点必须是大自然真正存在的（而不是无中生有，闭门造车），只不过是经过了艺术夸张（这个“夸张”是有度的，而不是盲目的、无限的夸张。），而且还要符合植物的自然规律，像大多数树木都是干粗枝细，树冠则“下面大上面小”，因此好的盆景作品的树冠一般都处理成馒头形、等边或不等边三角形，以突出树木的这个特点。如果违反自然规律，生搬硬套，其作品必将是“无源之水，无根之木”，难以持久。

生长在岩石缝隙中的松树

猴面包树（王文鹏摄影）

木瓜

Chaenomeles sinensis

木瓜树姿潇洒，花果俱佳，冬季落叶后枝干苍劲，其枝条柔软，萌发力强。养护中可在秋季摘叶，以突出枝干的阳刚之美及果实的丰腴。

瓜香十里
蒋自周作品

木瓜别名光皮木瓜、香瓜、花梨、木梨、榠楂，为蔷薇科木瓜属落叶灌木或小乔木，株高5~10米，树皮黄绿色，呈片状剥落；叶片椭圆状卵形或长圆形，先端急尖，边缘有锐锯齿。花单生于叶腋，具粗而短的花梗，花朵5瓣，淡粉红色，4月开放。果实长椭圆形，初为青色，9~10月成熟后呈暗黄色，表皮光滑，木质化，有浓郁的芳香。

木瓜属植物有5种1变种，产于亚洲东部。并有着丰富的园艺种。近似种榅桲（*Cydonia oblonga*）也称金梨、金苹果，蔷薇科榅桲属植物，亦可用于制作盆景。

造型

木瓜常用播种、扦插、高空压条和嫁接的方法繁殖；也可采挖生长多年、形态奇特的老树制作盆景，经锯截后使主干达到一定的高度，然后栽入瓦盆或地下“养坯”，并培养新的造型枝，经修剪、蟠扎、牵拉后使之成型，注意将较大的伤口作适当修饰，使其随和自然。常见的造型有直干式、斜干式、双干式、悬崖式、丛林式、大树型等。

养护

木瓜喜温暖湿润和阳光充足的环境，耐寒冷，稍耐阴。春天至秋天的生长期放在室外阳光充足处养护，保持盆土湿润而不积水。4月初向叶面喷施一次0.2%的磷酸二氢钾溶液，以促使花蕾健壮，为以后的开花结果提供充足的营养。7月是果实生长期和花芽分化形成期，应适当补充磷、钾、钙等肥料，具有保花促果的作用。由于盆栽土壤较少，养分有限，坐果不能太多，以免消耗过多的营养，影响植株正常生长。每月施一次“矾肥水”，以防止土壤碱化，并使果大味香。

养护中经常打头摘心，冬季落叶后对植株进行一次修剪整型，剪除枯枝、弱枝以及其他影响造型的枝条，多留壮枝，使翌年花繁果丰。木瓜耐寒，冬季可留在室外避风向阳处越冬，最好能将花盆埋入地下，也可置于0℃以上的室内，温度过高植株会提前发芽，反而对第二年的生长不利，故最高温度不要超过10℃，以使植株充分休眠。

每1~2年的早春翻盆，在中性至微酸性、疏松肥沃的砂质土壤中生长良好，并施以腐熟的饼肥渣作基肥。

榅桲盆景
王俊升作品

禅风
郑州植物园作品

任重道远
李辉作品

苹果 *Malus pumila*

苹果的果实丰硕，果形美观，当年生枝条较为柔软，可进行蟠扎造型，并剪除多余的枝条，对树干进行雕凿处理，以增加作品的苍古之气。

对弈金秋
李彦民、查新生、刘军作品

苹果为蔷薇科苹果属落叶乔木，幼枝被有灰白色茸毛，老枝无毛，根据品种的不同，枝条有灰褐、黄褐、紫红等颜色。叶片椭圆形至广椭圆形，叶色从黄绿逐渐过渡到墨绿，中间还有多种不同程度的绿色，叶缘锯齿圆钝。伞房花序，花朵浅粉红色或白色，有少量的园艺种则为深粉红色，像芭蕾系列中的'舞美'等，花期春季。果实有扁球、卵形、台式、五棱等多种形态，成熟后有青、黄、红、紫红等不同颜色。用于制作盆景的苹果可选择那些植株不大、结果早、自花授粉结实能力强、果实大小适中、色彩鲜艳的品种，如短枝国光、金冠、秦冠以及富士系列、芭蕾系列等。

造型

苹果通常用海棠、山荆子或苹果的实生苗作砧木，以健壮的枝条或中部稍靠上的饱满芽作接穗，用劈接、切接、芽接的方法进行嫁接。还可用生长多年、形态奇特古雅的老桩作砧木，1~3年生的枝组作接穗，进行嫁接，此法不但可以加快成型速度，还能提前结果。

苹果盆景有直干式、曲干式、双干式、斜干式、卧干式、提根式、悬崖式、临水式等多种造型。幼树可对其主干进行蟠扎造型，使之曲折有致，刚柔相济。其枝条柔软，韧性较强，可在每年的5月对1~3年生的枝条进行蟠扎，蟠扎后的枝条由于是向下生长或平行伸展的，可去除其顶端优势，使植株由营养生长逐渐变成生殖生长，有利于花芽的形成。对于缺乏苍老之态的树桩，则采用劈裂、雕凿或刨干的方法对树干进行处理，以达到清奇古雅的艺术效果。还可根据造型的需要和砧木的品种进行提根，其中用乔木状砧木嫁接的苹果盆景，因根系发达、粗壮，尤其适合制作提根式盆景，提根应逐年、分次进行，不可一次完成。还可选择形态、粗细、长短合适的新鲜根系，用皮下插接的方法进行嫁接。使根部虬曲自然、苍劲古朴。

养护

苹果为温带树种，喜凉爽干燥和阳光充足的环境，耐寒冷，怕湿热。生长期可放在阳光充足、空气流通处养护，若光照不足，果实的颜色、品质和株型都会受到影响。由于大部分品种的苹果自花结实性很低，为提高坐果率，可在花期用不同植株的花粉进行人工授粉。为了平衡树势，使不同的枝条轮流结果，还要进行疏花疏果，以提高观赏效果，防止大小年的出现。生长期浇水做到“干透浇透”，避免盆土积水，6月花芽开始分化时，要严格控制浇水20天以上，此时应等幼叶萎蔫时再浇水，以促进花芽的形成。生长期每20~30天施一次肥，前期以氮肥为主，6月以后则停施或少施氮肥，多施磷钾肥以及钙镁等微量元素。在枝条的生长期要及时摘除顶端的嫩尖，以阻止的枝条延长，使其重新分配营养，这些措施都能使枝条发育充实，有利于花芽的形成，达到多结果和提高果实品质的目的。

苹果怕高温，夏季长时间35℃以上的高温，会造成枝条徒长，果实品质下降，应加强通风，适当遮光，以降低温度。冬季移至0~10℃的冷室内越冬，或将花盆埋在室外避风向阳处越冬。每年冬季或春季萌芽前对植株进行一次修剪整型，剪去病枯枝、交叉重叠枝、徒长枝及过密枝，并把过长的枝条截短，以保持造型的优美。在果实成熟后将部分叶片摘掉，以露出果实，增加观赏性。需要指出的是，苹果的果实成熟后虽然不再生长，但保留在树上也要消耗养分，因此可在11月将果实摘掉，以免消耗过多的养分，影响翌年结果。

每2~3年的秋季落叶后或春季萌芽前换盆一次，换盆时对根系进行整理修剪，去掉2/3旧土，换上疏松肥沃、含腐殖质丰富的新培养土。

龙根凤果
查新杰、肖海霞作品

凌空飞渡
李彦民作品

古木苹踪
李彦民、查新生作品

苹下悟道
查新生作品

绿叶苹踪
刘军作品

玉果横出
查新杰、李彦民作品

垂丝海棠

Malus halliana

垂丝海棠树形古雅，花色娇美，枝条柔软、萌发力强，造型中注意疏与密的和谐，使之错落有致，自然优美。

春意盎然
王小军作品

垂丝海棠为蔷薇科苹果属落叶小乔木，株高5~6米，树冠疏散，小枝细弱，微弯曲；叶片卵形或椭圆形，叶缘有细而钝的齿或接近全缘，绿色，质地厚实；伞形总状花序，着花4~7朵，花蕾红色，盛开之后则呈粉红色，花瓣倒卵形，花期3~4月。梨果倒卵形，稍带紫色，果熟期9~10月。变种有白花垂丝海棠和重瓣垂丝海棠。

苹果属植物约35种，分布于北温带。此外，还有着大量的变种、变型及园艺栽培品种。以观花为主，形态与垂丝海棠近似的还有西府海棠以及北美海棠系列品种，均可用于制作盆景，其造型、养护与垂丝海棠基本相同，可参考进行。

西府海棠（*Malus* × *micromalus*）由海棠花与山荆子杂交而成。伞形总状花序，花蕾红色，绽放后为粉白色，果实近球状，成熟后红色。花期3月中下旬至4月，8~9月果熟。近似种有海棠花（*M. halliana*）等。

北美海棠（*M.*‘American’）是由美国、加拿大从自然杂交出的海棠中选育出来的系列品种，其叶色除绿色外，还有红、紫红等颜色；花色有紫红、粉红、白等颜色。果实成熟后有红、橙、黄等颜色，经冬不落。根据品种的不同，或观花或观叶或观果，不少品种都可以用于盆景的制作。

造型

垂丝海棠的繁殖可用播种、嫁接等方法，但为了加快盆景的成型速度，可到花市或苗圃购买那些具有一定粗度的苗木作为盆景素材，挑选时应尽量选择那些侧根发达、植株低矮粗壮、形态曲折多姿的植株。也可用城市建设和园林单位改建或扩建时淘汰的生长多年的植株制作盆景，具有树干粗大古雅、成型速度快等优点。多在春季移栽，先把过长的主干截短，然后再用锯截、修剪等方法，去除多余的枝干和根系，保留造型需要的侧枝，先植于地下或较大的盆中养桩，栽种时注意树干角度的选择，根据造型的需要，或直或斜，成活后应及时抹去造型不需要的新芽，以促使养分供给所要保留的枝条生长。此外，还要对锯截所留下的伤口进行处理，将其雕凿成自然纹理，使之看上去更加自然和谐。

垂丝海棠盆景有直干式、斜干式、双干式、丛林式、临水式、悬崖式、水旱式、丛林式等多种造型。造型方法采取修剪与蟠扎相结合的方法，先修剪出盆景的基本骨架，再培养小枝，并用棕丝或金属丝对其蟠扎。盆景的枝条不宜过密，枝与枝之间要拉开一定的距离，以疏朗为佳，这样，在开花之时，细长的花梗摇曳生姿，非常能够展示垂丝海棠妩媚动人的娇态。

养护

垂丝海棠喜温暖湿润和阳光充足的环境，稍耐阴。可放在室外阳光充足、空气流通之处养护，勤浇水，以保持土壤湿润，盛夏高温之时还应经常向叶片以及植株周围喷水，以增加空气湿度，为其创造一个相对凉爽湿润的环境，雨季注意排水防涝，以免因盆土积水造成烂根。入秋后，则要控制浇水，以防抽生秋梢，同时促使夏梢及早木质化，以利于越冬。4~9月的生长期每月施一次腐熟的稀薄液肥或氮磷钾元素均衡的复合肥，在7~9月的花芽分化期，可追施2~3次磷酸二氢钾之类的速效磷钾肥，以促进花芽分化。垂丝海棠有一定的耐寒性，冬季可将其连同花盆一

垂丝海棠盆景
郑州碧沙岗公园作品

烂漫
郑州碧沙岗公园

起埋在室外避风向阳之处的土内或放在不结冰的大棚或冷室内越冬，保持盆土湿润而不积水。

垂丝海棠的花大多着生在一年生枝的顶端，为此可在开花后进行一次修剪，对较长的营养枝进行短剪，以促进多形成着花的短枝，有利于花芽的形成。及时剪去徒长枝、交叉枝、重叠枝等影响造型的枝条，以确保养分集中供应短枝的生长，当植株落叶后进行一次全面的整型，同时剪去病虫枝、衰弱枝，以保持盆景疏朗的层次感。开花前也要对盆景进行一次细致的整型，剪去影响美观的枝条，并对一些枝条的方向进行调整。

对于已经成型的盆景，应及时解除蟠扎用的棕丝或金属丝等扎丝，即便不能解除，也要在每年的秋天进行一次调整，将旧的扎丝解除后，再重新蟠扎，这些措施都是为了避免扎丝陷入植物表皮（俗称“陷丝”）对植株生长造成影响，轻则该枝条长势减弱，重则整枝枯死。

每1~2年春天花后或秋季落叶后进行翻盆，盆土壤要求疏松肥沃、排水良好，可用园土2份、腐叶土2份、河沙1份的混合土，并在盆底施以动物的蹄甲、骨头或过磷酸钙等做基肥。新上盆的植株放在半阴处缓苗一周后，即可进行正常的水肥管理。

垂丝海棠的病害主要有春季叶片的锈病，虫害则有天牛危害干的基部，夏季高温干旱时红蜘蛛、蚜虫等危害叶片以及介壳虫等害虫，应及时防治。

西府海棠
郑州碧沙岗公园作品

北美海棠
王小军作品

西府海棠
郑州碧沙岗公园作品

冬红果

Malus 'Donghongguo'

冬红果春花秋果，果实玲珑可爱，色彩美观，枝条柔韧性好，宜蟠扎。并注意剪除多余枝干，达到疏朗俊逸的效果。

果满枝头
姚明建作品

冬红果也称冬红果海棠，为蔷薇科苹果属落叶灌木，植株矮小，枝条灰褐色，叶片椭圆形至广椭圆形，绿色，边缘有圆钝的锯齿。伞房花序，花白色至粉红色，春季开放。果实椭圆球形，单果重10~20克，初为绿色，以后逐渐呈黄色、橙黄色、橙红色，成熟后则为鲜红色，表皮光滑，经冬不落，可持续到第二年的2~3月才陆续脱落。

造型

冬红果可用生长多年、植株矮小、形状奇特古朴的海棠、山荆子、苹果树桩或健壮的实生苗作砧木，以充实的枝条或中部稍靠上的饱满芽作接穗，用劈接、切接、芽接的方法进行嫁接。

冬红果可根据树桩的形态制作成直干式、斜干式、悬崖式、垂枝式、附石式、丛林式、水旱式等不同形式的盆景，其当年生的枝条较为柔软，造型方法应以蟠扎为主，修剪为辅。对于缺乏苍老古朴之态的老树桩，还可采用雕凿、劈裂等手法对树干进行加工，使之更加完美。并根据需要逐次将根提出土面，使之悬根露爪，更具观赏性。

由于冬红果的叶片较大，树冠多采用自然式造型，并注意其内膛的通风透光，以使果实正常生长。

养护

冬红果为园艺品种，习性与苹果基本相同，具体养护管理可参考苹果盆景。

秋实
杨自强作品

春华
杨自强作品

丰收景象
杨自强作品

老当益壮
姚明建作品

秋实
李运平作品

梨

Pyrus spp.

梨树形古朴多姿，花色洁白素雅，果实丰美，年生长量大，枝条柔软，多以修剪与蟠扎相结合的方法造型。

春华秋实
梁家强作品

梨为蔷薇科梨属落叶乔木或灌木，老皮粗糙，小枝粗壮，紫褐色。叶片具长柄，叶卵形或椭圆状卵形，先端渐尖或长尾尖，叶缘有尖锐的锯齿。伞形总状花序，花多为白色，稀粉红色，花期4月。梨果卵圆形或近似球形，其大小和形状因品种而差异很大，8~9月成熟后为黄色或黄白色、褐色，有些品种还带有红晕，甚至整个果实都呈美丽的紫红色。

梨为是传统的食用兼观花、观果植物，在长期的栽培过程中培育出许许多多优良品种。其大致可分为白梨系统、秋子梨系统、西洋梨系统、褐梨系统等，每个系统又有众多的品种，用于制作盆景的要求株型紧凑，坐果率高，果实颜色和形状美观，挂果时间长，味道的好坏一般不作考虑。盆景中常用的有白梨、黄金梨、红啤梨以及沙梨、杜梨、豆梨等。

棠梨（*Pyrus betulifolia*）中文学名杜梨，别名土梨、海棠梨、灰梨、野梨子，落叶乔木，枝上有刺；叶片菱状卵形至长圆卵形，幼叶两面被有白色茸毛。伞形总状花序，有花10~15朵，花瓣白色，雄蕊花药紫色。果实近圆形，褐色，有淡色斑点。花期3~4月，果期8~9月。此外，木梨（*P. xerophila*）也有棠梨的别名。同属中近似种有麻梨（*P. serrulata*）、褐梨（*P. phaeocarpa*）、豆梨（*P. calleryana*）、川梨（*P. pashia*）等，其共同点是果子不大，褐色，在一些地区统称为棠梨。

沙梨（*P. pyrifolia*）别名金珠果、麻安梨，落叶乔木，小枝嫩时具褐色长柔毛或茸毛，不久即脱落；叶卵状椭圆形或卵形，叶缘有刺芒锯齿；伞形总状花序，具花6~9朵，花瓣白色；果实近球形，浅褐色，有浅色斑点，先端微向下陷。变种有艾宕梨等。

白梨（*P. bretschneideri*），落叶乔木，株型

豆梨盆景
郑州老干部盆景协会作品

沙梨盆景
姚明建作品

开展，小枝粗壮，圆形，微弯曲；叶卵形或椭圆状卵形，边缘有尖锐锯齿；伞形总状花序；花瓣白色；果实卵形或近球形，先端萼片脱落，基部具肥厚的果梗，黄色至黄白色，有细密的斑点。

造型

梨的繁殖可选择秋子梨、山梨、棠梨、豆梨等做砧木，以长势健壮、品质优良、容易挂果的梨树品种做接穗，用芽接或枝接方法进行嫁接。砧木既可人工繁殖，也可利用果园淘汰的老梨树或到山野采挖植株矮小、形态奇特、分枝合理、古朴苍劲的山梨（秋子梨）、棠梨等种类的老桩，经“养坯”复壮后，使其长出新的枝条，再进行嫁接。

梨适合制作直干式、斜干式、曲干式、双干式、丛林式、临水式、卧干式等多种不同形式的盆景。因叶片较大，树冠多采用自然型，而不必蟠扎成片状。由于梨树长势较强，年生长量大，顶端枝条发育旺盛，无论什么形式的盆景，都要用打头、摘心的方法控制强旺枝的生长，使其形成矮小紧凑、自然优美的树冠，并促使由营养生长转化为生殖生长，有利于花芽的形成。梨树果实硕大，是其盆景的主要观赏点，在培养树冠时应根据植株的形态及营养储备来确定果实的大小、多少与分布，使之有一定的变化。并通过拉枝、扭枝、弯曲、短截等方法，调整枝条方向，增加骨干枝数量，控制旺枝，促生短枝，以培养健壮的结果组枝，使盆景枝叶丰满，结果适量。梨树根系发达，可根据需要进行提根，以增加盆景沧桑古朴的意境。

养护

梨树喜温暖湿润和阳光充足的环境，对环境有着较强的适应性，耐寒冷，也耐高温。生长期

竞秀
郑州西流湖盆景园作品

玉树临风
查新杰、刘军作品

秋实
红啤梨
杨自强作品

游龙
棠梨盆景
朱富林作品

可放在空气流通、阳光充足的地方养护，若光照不足，会使枝条生长不充实，花芽形成不饱满。冬季可放在冷室内或室外避风向阳处越冬，保持盆土不结冰即可安全越冬。

由于梨树的叶片对水分供应比较敏感，若供水不足，叶片往往萎蔫，时间稍长就会干枯脱落，特别是前花期、后花期以及果实迅速膨大期，如果没有充分的水分供应，能直接影响坐果率以及幼果生长、后期的果实增重。因此栽培中要见干即浇，避免土壤过于干旱，夏季高温干燥时还要酌情向叶面喷水。6月中下旬是其花芽分化期，可进行短期的干旱处理，以抑制新梢生长，增加中短枝比例，促进花芽分化，方法是萎蔫—浇水—萎蔫—浇水，如此处理20天左右即可，6月的上中旬还可环割或刻伤树干或主枝，以提高中、短果枝比例。秋季要适当控制浇水，冬季应经常检查盆土墒情，及时补充水分，避免干冻。

梨树对肥的需要量较大，上盆时要施足基肥，生长季节每15~20天施一次腐熟的有机液肥。在需肥量较大的萌芽期、花芽分化期、果实膨大期除正常施肥外，还应增施磷钾肥的使用量，方法是向叶面喷施0.2%~0.3%的磷酸二氢钾溶液2~3次，以满足开花、结果对营养的需求。

在树型基本稳定后，应注意保持树势生长的旺盛，使其连年结果，并结合修剪整型，剪去徒长枝、交叉枝、重叠枝、枯死枝，短截强旺枝，促使下部萌芽发育成枝，以培养紧凑的结果群枝。并使盆景层次清晰，疏密有致，达到自然优美的艺术效果。因盆内营养有限，所留果实不宜过多，一般每个花序留1~2个果，甚至可将整个花序除去。

每1~2年的春季翻盆一次，盆土以疏松肥沃、排水良好的中性砂质土壤为佳，pH在5.8~8.5都可以。

桃

Amygdalus persica

桃的树姿优美，花色艳丽，果实美观，枝条的柔韧性好，也耐修剪。蟠扎时注意金属丝的力度，勿要勒伤表皮，渗出桃胶，影响植株生长。

桃花盆景
中山匡史作品
刘少红提供

桃为蔷薇科桃属落叶灌木或小乔木，树皮光滑，暗紫红色；叶披针形，先端渐尖，基部宽楔形，叶缘具锯齿；花单生，先叶开放，花瓣长圆状椭圆形至宽卵形，以粉红色为主（即桃红色），兼有红色、白色，3~4月开放；核果卵圆形，具茸毛，成熟后向阳面有红晕。

桃，按照用途的不同，可分为以赏花为主的观赏桃和以食用为主的食用桃两大类。

观赏桃也称桃花、花桃，是以观赏为目的桃树品种的总称，其花色丰富，有白、粉红、绯红、深红、紫红等色，有些品种在同一株上就能开出不同颜色的花朵，即所谓的“跳枝桃”，甚至一朵花上也有两种不同颜色的斑点、斑纹，谓之“洒金桃”。花型有单瓣型、梅花型、月季型、牡丹型、菊花型等多种类型。主要有碧桃、菊花桃、帚桃、寿星桃等品种。一般来讲，观赏桃的结果率较差，有些品种即便是能结果，个头、颜色也不是那么美观。

以食用为目的的食用桃也称果桃，其花色、花型都较为单一，但果实硕大，形状有卵形、宽椭圆形或扁圆形，色泽根据品种的不同，从淡绿白色至橙黄色、红色，外面密被短柔毛，稀无毛，腹缝明显，果梗短而深入果洼。果实成熟期因品种而异，通常为6~9月果熟，一些晚熟品种可延长至11月乃至12月成熟（冬桃）。

造型

无论果桃还是花桃，都可用于制作盆景。通常用毛桃、山桃或桃的播种实生苗做砧木，嫁接优良品种的桃，也可在生长多年、形态古朴苍劲的桃树老桩的1~2年生枝条上嫁接优良的果桃或花桃。

桃盆景的主要形式有斜干式、临水式、双干式、丛林式、露根式、悬崖式等，其枝干宜疏不宜密，密则无韵，造型时应根据树势及生长情况和自己的审美观，采取疏剪、扭枝、拉枝、做弯、短截、凿痕等手段逐步进行，以使枝干曲折有致，并注意过渡枝，骨干枝的培养，及时剪除影响造型的枝条，保持盆景的优美，使作品具有诗情画意，达到源于自然而又高于自然的艺术效果。

桃的幼树枝干柔软，易于弯曲造型，蟠扎成各种形状，在盆景造型时最好用棕丝吊扎或用质地柔软的铝丝、铜丝等金属丝蟠扎，操作时要小心谨慎，以免金属丝勒伤枝条表皮，从而导致大量渗出桃胶（俗称桃油），对桃的生长危害极大，会严重影响其正常开花。而且伤口处还易感染病虫害。

养护

桃盆景生长期可放在阳光充足处养护，平时浇水掌握“不干不浇，浇则浇透”的原则。在7月中下旬花芽分化期，应进行扣水处理，即等枝头的叶子萎蔫后再浇水，如此反复2~4次，持续15天左右，可以有效地促进花芽分化。施肥应遵循少量多施的原则，开花前后除每隔15天施一次腐熟的饼肥水外，可增施1~2次0.2%~0.3%的尿素，果实成熟前20天左右叶面喷施0.3%的磷酸二氢钾溶液2~3次。秋季则要控制水肥，以防止秋梢萌发，促进当年生枝条木质化，有利于安全越冬。冬季移至冷室内或在室外避风向阳处越冬，浇水掌握见干见湿。

每年春季换盆一次，换盆时剪掉枯根、烂根以及过密的根，用新的培养土重新栽种。盆土可用腐叶土、园土、河沙各1份的混合土，并掺入少量沤制过的饼肥、骨粉或过磷酸钙作基肥。

桃盆景的修剪，主要目的是控制植株高度，保持造型的美观，抑制顶端优势，促进下部枝条的生长和花芽的形成，使植株均衡生长。果后再进行一次大的修剪，以控制徒长枝，修剪时先对侧枝进行适当短截，再结合整型剪去病虫枝、内膛枝、枯死枝、徒长枝、交叉枝，以始终保持树冠有良好的通风透光，将开过花的枝条短截，只留基部的2~3个芽，这些枝条长到30厘米左右应及时摘心，夏季当枝条生长过旺时也要及时摘心，以促进腋芽饱满，多形成花枝，有利花芽分化。

桃树盆景 李俊杰作品

桃树盆景 玉山摄影

平枝栒子

Cotoneaster horizontalis

平枝栒子的果实靓丽，叶色苍翠，枝条柔软，萌发力强。因其树干不是很粗，常用于制作微型、小型或丛林式盆景。

岭上人家
郝好作品

平枝栒子别名铺地蜈蚣、爬地蜈蚣、栒子木、矮红子等，为蔷薇科栒子属常绿或落叶小灌木，植株具匍匐性，常卧地生长，枝水平开张呈整齐的两列状，小枝圆柱形，幼时外被粗糙的伏毛，老时脱落；小叶互生，近圆形或宽椭圆形，稀倒卵形，绿色，革质，有光泽。白色或粉红色小花1~2朵生于叶腋，5~6月开放。浆果球形，直径0.4~0.6厘米，初为绿色，成熟后呈红色。

栒子属植物约90种及一些园艺种，其中不少都可用于盆景的制作，如小叶栒子（*Cotoneaster microphyllus*）、西南栒子（*C. franchetii*）等。此外，从日本等国引进的红紫檀、白紫檀、日系白花红果紫檀等也是栒子属植物。

造型

平枝栒子可在春季或梅雨季节进行扦插，生长季节进行压条繁殖，也可用播种法繁殖，新鲜种子可随采随播，干燥的种子则多在春季播种。还可在春季植株即将发芽时挖掘生长多年的老桩制作盆景。

平枝栒子枝条柔软，可用金属丝蟠扎成悬崖式、临水式、附石式、斜干式、直干式、曲干式、风动式和丛林式等各种不同形式的盆景。有些树龄较短的植株，树干不粗，可选择姿态佳者数株同栽于一盆，制成丛林式盆景；也可与形态优美、具有一定高度的山石同置于一盆，制成附石式盆景，以提高其观赏价值。而生长多年的老桩，枝干自然弯曲，对侧枝或细枝稍加蟠扎、牵拉，经适当修剪后即成为一盆优美的盆景。

养护

平枝栒子喜温暖、湿润和通风良好的半阴环境，稍耐阴，畏强光暴晒。生长期保持盆土湿润，掌握“不干不浇，浇则浇透”的浇水原则，在空气过于干燥时，除向盆内浇水外，还要经常向植株及周围地面喷水，以增加空气湿度，使叶色青翠光亮。生长期每月施一次腐熟的稀薄液肥，在花蕾形成期和坐果后各喷施一次0.2%的磷酸二氢钾溶液，以利于花蕾的形成和果实的生长。

冬季北方地区可移至冷室内越冬，黄河以南地区也可将花盆埋在室外避风向阳处越冬，越冬时应停止施肥，也不要浇太多的水，保持盆土不过分干燥即可。

平枝栒子萌发力强，生长迅速，且耐修剪，平时应及时剪去多余的枝条，并经常抹芽、摘心，以保持造型的优美。春季对植株进行重剪，将剪下的形态造型的枝条进行扦插，成活后或作微型盆景，或数株合栽，配以奇石，制成丛林式小盆景。

每1~2年的春季翻盆一次，虽耐瘠薄，但在疏松肥沃、富含腐殖质、排水良好的的微酸性土壤中生长较好。

平枝栒子盆景
東存一作品

停车坐爱枫林晚
徐宁作品
刘少红提供

秋江美景
严忠仁作品

彩云
谭永林作品

火棘 *Pyracantha fortuneana*

火棘果实虽然不大，但多而密集，是花果俱佳的盆景植物，耐修剪，易蟠扎，可制作多种造型的盆景。

火棘盆景
铃木浩之提供

火棘别名火把果、救军粮、状元红、满堂红，为蔷薇科火棘属常绿灌木，株高约3米，侧枝短刺状，嫩枝有褐色短柔毛，叶片倒卵形或倒卵状长圆形，先端圆钝或微凹，叶边缘有钝锯齿，叶色浓绿，有光泽。复伞花序，小花白色，3~5月开放。果实近球形，稍扁，直径约0.5厘米，8月成熟后呈橘红色或红色，可持续到第二年的2~3月才陆续脱落。

火棘属植物约10种，产于亚洲东部与欧洲南部，中国产7种。除火棘外，盆景中常用的还有台湾火棘（*Pyracantha koidzumii*）、窄叶火棘（*P. angustifolia*）以及园艺种小丑火棘等。

造型

火棘的繁殖可用播种、扦插、压条等方法。也可选择生长多年植株矮小、姿态优美的老桩制作盆景，多在春季的二三月移栽，因其枝条带刺，挖掘前应进行疏剪，并把主根截断，多留侧根和须根，蘸上泥浆保鲜保湿。

火棘可根据树桩的形态制作成直干式、斜干式、临水式、悬崖式、丛林式等不同形态的盆景，树冠采用自然型或云片型，其中自然型树冠疏散自然，造型方法以蟠扎为主，修剪为辅；圆片型树冠凝重雄浑，通过重剪、勤剪，使叶片细小密集。对于幼树则要进行蟠扎造型，使枝干有一定的弯度，有些植株树干较细，可在旁边放置一块山石，以提高观赏价值，还可根据造型需要将树根提出土面，使盆景苍老古朴。

养护

火棘喜温暖湿润和阳光充足的环境，耐半阴，稍耐旱，忌水涝。生长期可放在室外光照充足、通风良好处养护，即使夏季高温也不要减少光照。浇水做到“不干不浇，浇则浇透”，花期浇水时不要将水淋到花朵上，以免影响授粉。5月坐果后每周施1~2次以磷钾肥为主的稀薄肥水，

硕果
黄就成作品

火棘盆景
王振声作品

苗岭金秋
熊芳、杜仲君作品

火棘盆景
玉山摄影

状元红
王礼宾作品

奔月
苟贤良作品

火棘盆景
玉山摄影

附石式火棘盆景
玉山摄影

8~9月果实着色后可向叶面喷施0.2%的磷酸二氢钾溶液或其他以磷钾为主的叶面肥，以促进果实的发育。坐果后将长枝剪短，根据果枝的分布情况，剪除徒长枝、无果的枝条以及其他影响通风透光和美观的枝条，若是坐果太多，也要剪去一部分；火棘果实成熟后虽不再生长，但仍要消耗营养，因此，除有意保留到春节观赏外，一般在元旦过后可把全部果实摘除，以保存营养。冬季保持0~10℃，如果温度过高，休眠不好，反而对来年的生长不利。火棘的花芽分化期在10~11月，可在9月进行一次全面修剪，以控制枝条的长短及托与托之间的层次。由于火棘是在短枝上开花结果的，修剪时应尽量保留短枝。经这次修剪以后就不再重剪。剪后要停止施肥并严格控制水量，保持盆土微湿便可，以促进侧芽的萌生，并加速新枝的老熟，为接下来的花芽分化打下良好的基础。新芽长出后要及时疏芽，把并列芽、重叠芽以及其他多余的芽一并抹去。当新枝进入老熟阶段时，应将徒长枝剪掉，以免影响日后花芽分化及结果。

每年春季2~3月翻盆一次，盆土宜用疏松肥沃、排水良好的砂质土壤，并在盆底放些发酵过的动物蹄甲、骨头或过磷酸钙等磷钾肥作基肥。

石斑木

Rhaphiolepis indica

石斑木树干挺拔多姿，花色素雅，是岭南派盆景常用的树种。可采用修剪、蟠扎相结合的方法造型。

脱俗
韩学年作品
李琴提供

春醉
曾宪烨作品
王志宏提供

石斑木，别名春花、车轮梅、雷公树、白杏花，为蔷薇科石斑木属常绿灌木或小乔木，幼枝被有褐色茸毛，以后逐渐脱落，近无毛；叶片集中于枝顶，卵形、长圆形或倒卵形。长圆披针形，叶缘有细钝锯齿；顶生圆锥花序或总状花序，花5瓣，白色或淡粉色。果实球形，紫黑色，直径约0.5厘米。花期4月，果期7~8月。

石斑木的形态变异很强，叶片的大小、宽窄、叶缘锯齿深浅及苞片、萼片、花瓣都有一定的差异。在盆景中有大叶、中叶、小叶之分，其中小叶种最适合做盆景。

造型

石斑木的繁殖以播种为主，也可在6月进行扦插。其盆景素材的采挖一般在春季至初夏进行，因其侧根较少，最好用生根剂处理后再上盆，以促进生根，保证成活。上盆后避免烈日暴晒，经常向枝干喷水，以增加空气湿度，但土壤不要积水，以防烂根。

石斑木树干挺拔刚健，其盆景造型主要有直干式、斜干式、悬崖式、临水式、曲干式等，其萌发力强，耐修剪，枝条柔韧性好，可采用蟠扎与修剪相结合的方法造型。

养护

石斑木喜温暖湿润和阳光充足的环境，在半阴处生长良好。平时保持土壤湿润，不要长期干旱。开花前剪除花序基部萌发的新芽新叶以及其他遮挡花序的枝叶，使花朵完全露出来，以增加观赏性。花后若不需要观果，及时剪去残花，很快就有新芽萌发。

每2~3年翻盆一次，土壤要求排水良好，并在盆底放些碎骨或腐熟的饼肥之类的杂肥。

山楂 *Crataegus pinnatifida*

山楂树形古朴多姿，观花、观果皆相宜。造型可采取修剪、蟠扎、牵拉并用的方法，因其枝条质脆，蟠扎的弯曲度不宜过大。

秋色
徐学明作品

山楂又名山里红、山楂果，为蔷薇科山楂属落叶灌木或小乔木，植株多分枝，树皮暗棕色，枝条无刺或具稀刺；叶三角状卵形或菱状卵形，叶面浓绿色，有光泽，边缘有稀疏不规则的重锯齿。伞房花序，从枝端或上部叶腋抽出，小花白色（国外的某些种类为粉红色，像比利时红花山楂），花期5~6月。果实近球形或扁球形，9~10月成熟后呈深红色或橘红色、黄色，有较多的浅色小斑点。

山楂的品种很多，其植株大小，叶片形状、大小，果实的大小都不尽相同，其果实小者直径仅0.8厘米，大者达3~4厘米。用于制作盆景的山楂要选择那些植株不大，但苍劲古朴、叶片细小、容易坐果、果色鲜艳、适合盆栽的品种，如野山楂、北山楂、南山楂、湖北山楂、山里红、山东大金星、艳果红、伏里红等。

造型

山楂的移栽上盆在秋季落叶后至春季萌芽前进行，由于其须根较少，移栽时要蘸上泥浆保鲜保湿，栽前根据树型进行重剪，剪去主根，对于挖掘时间过长、失水严重的树桩应在清水中浸泡一段时间，以补充水分。

山楂盆景的造型可根据树桩的形态，因材取势，加工成大树型、直立型、悬崖式、临水式、斜干式等不同形式的盆景，因其叶片较大，树冠多制作成扶疏的自然型，并考虑树冠与枝、叶、果的搭配自然，枝与枝之间的层次也不要过密，以表现硕果满枝的自然景观。造型方法应修剪、蟠扎、牵拉并用，其中蟠扎与牵拉宜在生长季节进行，因山楂的枝条硬脆，蟠扎时弯曲幅度不宜过大，修剪则多在休眠季节进行，山楂的萌发力强，可在保持树型优美的条件下，进行重剪。在造型过程中，可逐渐提根，使其悬根露爪，以提高观赏性。

养护

山楂习性强健，喜阳光充足和温暖湿润的环

境，稍耐阴，耐寒冷、干旱和贫瘠，对土壤要求不严，但在肥沃疏松、排水透气性良好的砂质土壤中生长更好。生长期放在室外通风透光处养护，浇水做到“不干不浇，浇则浇透”。开花前的3~4月追施1~2次磷氮混合的液肥，育果期每15天施一次磷钾含量较高液肥。平时要注意对过密的枝叶进行疏剪，对于长势较旺的新梢，可在20厘米左右时，留4~6片叶摘心，以促生坐果的短枝。休眠期进行修剪整型，剪去细弱枝、过密枝以及扰乱造型的徒长枝，保留粗壮的中、短枝，回缩向外延伸的过长枝条，促使后部的枝条粗壮，并注意回缩树冠，剪除树冠上部的枝条，保留下部的枝条，将其培育成较矮的新树冠。冬季放在避风向阳处养护，注意土壤墒情，及时补充水分，以免干冻。每隔1年的春季或秋季翻盆一次，以提高挂果率。

秋韵
高生宝作品

红果迎金秋
李宗耀作品

秋韵
储梦媛作品

紫玉山上红霞飞
平顶山园林管理处作品

迎春花

Jasminum nudiflorum

迎春花根部苍劲多姿，花色明媚。萌发力强，枝条柔韧性好，虽生长速度较快，但增粗缓慢，可通过对根部的造型，使作品古雅清奇，增加表现力。

迎春花盆景
杨自强作品

迎春花也称迎春、金腰带、小黄花，为木犀科素馨属落叶灌木，枝条丛生，呈拱形弯曲。复叶对生，小叶3枚，叶片卵形至长卵形，绿色，质薄。花单生，2~3月先于叶开放，花朵高脚碟状，黄色，有时带红晕。有虎蹄迎春（有大虎蹄、小虎蹄之分、龙爪迎春（有大龙爪、小龙爪之分）、雪月迎春、多层迎春、福禄迎春、美菱迎春、喜鹊迎春、锦簇迎春、甘肃迎春、皇城迎春、蝴蝶迎春、鸿运迎春、米叶迎春等品种。

素馨属植物约有200种，与迎春花近似的有花期较晚，在5月开放的迎夏（*Jasminum floridum*，别名探春花）；花朵较小，四季都能开花的四季迎春（别名常春，在山东临朐等地也被称为四季梅）等，也可用于制作盆景。

造型

迎春花的繁殖以扦插、压条、分株为主。需要指出的是，其枝蔓虽然生长很快，但增粗缓慢，因此制作盆景可选择那些生长多年、根部古朴苍劲的老桩制作盆景，一般在冬春季节采挖移植。大多数迎春花并没有明显的主干，甚至连较粗的枝条也很难找到，因此可考虑用“以根代干”的方法，将虬曲多姿的根部提出土面代替树干。提根应逐步进行，切不可一次完成，否则会使植株细根裸露过多，造成树桩回芽，严重时甚至植株死亡。

迎春花盆景根干的造型要因树而异，可采用单干式、双干式、斜干式、曲干式、过桥式、提根式、附石式等不同形式。树冠多采用自然式，通过蟠扎、牵引定型后，将枝条弯曲下垂的部分剪除，如新萌生的侧枝又要弯曲下垂时，再将其剪除，这样就能使所有的枝条都呈直线形，开花时如同疏影横斜的梅花。还可选择虬曲苍老，树干、主枝、侧枝分明的植株，将枝条蟠扎修剪的疏密得当，看上去犹如一棵大树。

垂枝型，通过蟠扎，使枝条下垂，并将其修剪的疏密有致、层次分明。还可利用其枝条呈拱形下垂的特点，使枝条先扬后垂，开花时如同一道金黄色瀑布，极尽灿烂。造型时应注意修剪，使之条理清晰，避免杂乱无章。

养护

迎春花喜温暖湿润和阳光充足的环境，在半阴处也能生长，耐干旱和寒冷，怕积水。可放在室外阳光充足、空气流通之处养护，即便是盛夏也不要遮阴。生长期浇水做到“不干不浇，浇则浇透”。9月以后要减少浇水，以控制枝条旺长，使其安全越冬。每年春季花谢后追施腐熟的有机液肥1~2次，以补充开花所消耗的养分，使植株长势尽快得到恢复。6~8月是其花芽分化期，可增加磷钾肥的使用量，并注意控制浇水，以有利于花蕾的形成。秋季施肥则能增加植株的抗寒能力，并促使花蕾的发育。开花前追施一些肥料，不仅可使花朵肥美，还能延长花期。

迎春花盆景的修剪可在花谢后进行，剪去干枯枝、病虫枝、徒长枝，把枝条进行短截，每个枝条只保留2~3对芽，这是因为迎春花的花芽生长在当年生的枝条上，这样可促发新枝，多形成花芽，有利于来年开花。迎春花萌发力强，生长期应随时除去造型不需要的枝芽，并进行打头摘心，以控制枝条生长，保持树姿优美。开花前进行一次细致的修剪，使其疏密有致，以完美的姿态迎接新春。

迎春花盆景每1~2年的春季花谢后翻盆一次，翻盆时剪去过长的根系，再用新的培养土栽种，盆土宜用疏松肥沃、具有良好的排水保水性的砂质土壤，可用园土、腐殖土、砂土各1份混匀后配制，并加入少量腐熟的饼肥、禽畜粪等作基肥。

沧桑岁月
王小军作品

春韵
杨自强作品

野趣
王小军作品

好大一棵树
盖新光作品

春之韵
杨自强作品

春天的旋律
杨自强作品

老树蹉跎岁月
四季迎春
张宪文作品

黄素馨

Jasminum mesnyi

黄素馨姿态妩媚，枝条柔软，萌发力强，生长迅速，应注意对杂乱的枝条修剪和调整。

独舞
尚可作品

黄素馨中文学名云南素馨、野迎春，别名云南黄素馨、黄馨，为木犀科素馨属常绿直立亚灌木，枝条柔软，小枝四方形，具浅棱，平展或下垂；叶对生，近革质，三出复叶或小枝基部单叶，小叶长卵形或卵状披针形，先端钝或圆，顶端有小尖。花单生于叶腋，花冠黄色，漏斗形，单瓣，栽培种有重瓣，明黄色，有淡香，花期11月至翌年4月。

黄素馨产于云南、四川、贵州等地，我国各地均有栽培。

造型

黄素馨的繁殖可用扦插、压条、分株等方法。也可用园林部门淘汰的老桩制作盆景，多在春季移栽，栽种前对枝条及根部进行修剪，先栽种在通透性良好的砂壤土中催根，等长出新枝后逐渐进行造型。

黄素馨的主干不是很粗，其树冠也不宜过大，以免作品头重脚轻、过于压抑，可采取修剪与蟠扎相结合的方法，对枝条进行调整，使之疏密得当、错落有致，或根据植物的自然属性，使之下垂，因其枝条较长，应注意修剪，以避免杂乱无章。

养护

黄素馨喜温暖湿润和阳光充足的环境，忌干旱和闷热，稍耐阴，对土壤要求不严，但在含腐殖质丰富的砂质土壤中生长最好。平时管理较为粗放，春至秋的生长季节保持土壤湿润而不积水，每月施一次腐熟的稀薄液肥。冬季移置室内向阳处，保持盆土适度干燥，0℃以上可安全越冬。每年的花后对植株进行一次修剪整型，将过长的枝条剪短，剪除弱枝、徒长枝以及其他影响株型的枝条。每2~3年的年春季翻盆一次。

为使其在元旦、春节开花，增加节日气氛，还可进行催花，方法是提前10~15天将花盆移置15℃以上、阳光充足的室内，每天中午向植株喷些温水，几天花蕾就能透色开花。

茉莉

Jasminum sambac

茉莉花色素雅，芳香浓郁，其枝条质脆，一般不做蟠扎，可采用修剪或改变种植角度的方法造型。

茉莉盆景
于海洋作品

茉莉也称茉莉花，为木犀科素馨属常绿灌木，植株直立或攀缘生长，小枝圆柱状或稍压扁状，有时中空；单叶对生，叶片纸质，圆形、椭圆形、卵状椭圆形或倒卵形；聚伞花序顶生，花冠白色，单瓣或重瓣，芳香，通常在夜晚绽放，在适宜的环境中全年都可开放。

茉莉原产印度，近似种有毛茉莉（*Jasminum multiflorum*）以及园艺种虎头茉莉、狮头茉莉等。

造型

茉莉可用扦插、压条、分株等方法繁殖。可根据桩子的形态，制作丛林式、斜干式、临水式等造型的盆景，树冠则多采用自然式，因其枝干不大，多用于小型或微型盆景制作。枝条质脆，一般不采用蟠扎的方法造型，以免折断，可通过修剪、改变种植角度的方法达到理想的效果。

养护

茉莉喜温暖湿润和阳光充足的环境，不耐寒，怕干旱，生长期宜放在阳光充足处养护，如果光照不足，枝叶虽然生长茂盛，却开花稀少，甚至不开花。生长期浇水掌握“不干不浇，浇则浇透”的原则，夏季高温时每天向叶面喷水2次，以增加空气湿度。茉莉花喜肥，生长期可每7天左右施一次腐熟的稀薄液肥或以磷钾肥为主的复合肥，施肥时可在肥水中掺入少量的黑矾，以增加土壤中铁元素的含量，避免叶片出现生理性黄化。秋季花谢后停止施肥，控制浇水，以使枝条生长充实，有利于越冬。冬季移入室内阳光充足处，不要浇太多的水，0℃以上可安全越冬。

每年的春季进行一次修剪，将上部的枝条剪掉，留15~20厘米。干枯枝、细弱枝、病虫枝也要剪去，以促发健壮的新枝。茉莉花的老叶生理机能衰退，可在5月初将其摘除，每枝只留3~4片小叶，以促进新枝的萌发和花芽的分化，提高花朵的质量，增加花朵的数量。花后将开过花的枝条剪短，以促使新枝的萌发，使其再度开花。

每2~3年的春季翻盆一次，适宜在疏松、肥沃的微酸性砂质土壤中生长。翻盆时将烂根剪除，再用新的培养土栽种，并在盆土中掺入腐熟的饼肥或动物蹄甲做基肥。

紫丁香

Syringa oblata

紫丁香姿态优雅，芬芳四溢，其枝干硬且脆，可采用改变种植角度或修剪的方法造型，对于小枝则可进行蟠扎。

紫丁香
铃木浩之提供

紫丁香别名华北紫丁香、丁香、百结、龙梢子，为木犀科丁香属落叶灌木或小乔木，树皮灰色或灰褐色，小枝粗壮，疏生皮孔；叶片革质或厚纸质，卵圆形至肾形，绿色。圆锥花序直立，由侧芽抽生，花冠筒圆柱形，花冠紫色（有深浅的差异），具芳香。果卵圆形或长椭圆形。花期3月底至5月，果期6~10月。变种有白丁香、毛紫丁香等。

丁香属植物约35种（不包括自然杂交种），主要分布于欧洲东南部、日本、阿富汗、喜马拉雅地区、中国和朝鲜。此外，还有大量的变种及栽培种。盆景中常用的除紫丁香外，还有欧洲丁香（*Syrtinga reticulata* ）、暴马丁香（*S. reticulata* var. *amurensis*）等。

造型

紫丁香的繁殖可用播种、分株、嫁接等方法。老桩的移栽在春季萌芽前后进行，因其主干质硬，可通过改变上盆角度来造型，并通过修剪与蟠扎的方法将树冠塑造得疏密得当，错落有致。

养护

紫丁香喜阳光充足和温暖湿润的环境，有很强的耐寒、耐旱性，稍耐半阴，怕涝。可放在室外光照充足、空气流通之处养护。浇水掌握“见干见湿”，雨季注意排水，勿使盆土积水，以免造成烂根；生长期每月左右施一次以磷钾为主的薄肥。花后可将残花连同花穗下部的两个芽一起剪掉，同时疏去部分内膛过密的枝条，以保持树冠的优美和内部的通风透光，有利于萌发新枝。落叶后进行一次修剪整型，剪除过密枝、病虫枝、枯枝、老弱枝以及根基部萌发的枝条，剪短徒长枝、交叉枝、重叠枝，使枝条分布匀称。

每2~3年的春季翻盆一次，对盆土要求不严，但在疏松肥沃、排水良好的土壤中生长更好。

连翘

Forsythia suspensa

连翘姿态古朴，花色明媚，枝条柔软，萌发力强，可制作多种造型的盆景。

展望
鲁根孝作品

连翘又名黄花杆、黄寿丹、黄绶带、绶带，为木犀科连翘属落叶灌木，茎丛生，枝条开展或呈拱形下垂，小枝褐色，4棱，有凸起的皮孔，内髓部中空。单叶或3小叶对生，叶片卵形或椭圆状卵形，基部楔形或圆形，先端尖，叶长3~10厘米，叶缘上部有粗锯齿。花生于老枝上，单生或2~3朵腋生，花冠钟状或漏斗形，黄色，裂片4，反卷或扭曲，花期3~4月，花先于叶开放。蒴果卵圆形，表皮散生刺疣，果尖部喙状开裂，种子扁圆形，较薄。

连翘产于我国河北、河南、山西、山东、安徽、湖北、四川，生于海拔250~2200米的山坡灌木丛、林下和草丛。有大量的园艺品种，像叶色呈浅黄色的金叶连翘；叶绿色，叶脉黄色的金脉连翘；枝条下垂的垂枝连翘；近似种有金钟花（*Forsythia viridissima*）及与连翘的杂交种美国金钟连翘，都可以用于盆景的制作。

造型

连翘的繁殖可用播种、扦插、压条、分株等方法。此外，还可到山野采挖或利用园林部门淘汰的连翘老桩制作盆景，具有形态清奇古雅、在较短的时间内成型等优点。一般在冬季至早春的休眠季节移栽，先对树桩进行整型，剪去造型不需要的枝条，再栽种在较大的花盆或地下“养坯”，盆土宜用疏松透气、排水良好的砂质土壤，栽后将土压实，浇透水，放在避风向阳处养护，成活后浇水掌握“不干不浇，浇则浇透”，盆土积水和过于干旱都不利于植株生长，生长期注意抹芽，剪除多余的枝条。

连翘盆景形式有直干式、斜干式、曲干式、临水式、悬崖式、垂枝式等。人工繁殖的植株可在苗期对主干进行蟠扎，而生长多年的老桩应注重对枝条的培养和造型，主干则不必做过多的处理。其造型可采取蟠扎与修剪相结合的方法，因枝条较长，生长期应进行摘心，以控制枝条生长，促发侧枝，形成紧凑而茂密的树冠。大约在6月，当新枝有六七成木质化时对其进行蟠扎，以调整树势。连翘根系发达，可根据需要进行提根，使之盘根错节，以增加盆景苍老古朴的意境。

养护

连翘喜温暖湿润和阳光充足的环境，耐半阴，也耐寒冷和干旱，但怕积水。生长期可放在室外阳光充足、空气流通的地方养护，即使盛夏高温时也不要遮光，但土壤不能过于干旱，平时保持盆土湿润而不积水，雨季注意排水，以免因盆土积水而导致烂根。及时剪掉多余的枝条，抹去多余的芽，以保持造型的优美。春季和秋季每15~20天施一次腐熟的稀薄液肥或复合肥，夏季则停止施肥，秋季还可向叶面喷施磷酸二氢钾等含磷量较高的肥料，以促使花芽的形成。冬季在冷室内越冬，也可将花盆埋在室外避风向阳处越冬，控制浇水，保持土壤不结冰即可安全越冬。开花前对植株进行一次整型，剪去影响树形的枝条，使之在开花时树姿优美。每1~2年的花后翻盆一次，盆土要求疏松肥沃、具有良好的排水透气性，并结合换盆进行一次修剪，将过长的枝条剪短，留出足够的芽位，以便长出新枝，使下一年多开花，并完善树冠形态。

连翘盆景
河南省工人文化宫作品

TIPS 盆景是有生命的艺术品

随着时代的更迭，人们的审美趣味也在不断的变化，就盆景艺术而言，过去一些非常经典或得过大奖的作品，以当今的艺术目光审视，并不是那么完美，甚至可以说“简陋、粗糙”，但在当时却是风靡一时的顶级作品。因此，可以说盆景是一门既古老又时尚的艺术，它紧扣时代脉搏，在继承中创新，在创新中发展，在发展中得以传承。正因如此，盆景也被称为有生命的艺术品、活的艺术品，其中的“活”“生命”，不仅表现在盆景植物是鲜活的生命体，更表现在创作手法的灵活以及强大的生命力。但万变不离其宗，不论怎么变化，都不能偏离“大自然的艺术化再现和精华浓缩”这一宗旨。

桂花

Osmanthus fragrans

桂花芳香浓郁，四季常青，幼枝相对柔软，可用修剪与蟠扎相结合的方法造型。

老桂飘香
周国梁作品

桂花也称岩桂、木犀、金粟，为木犀科木犀属常绿灌木或乔木，树皮灰褐色；叶片革质，椭圆形、长椭圆形或椭圆状披针形，先端渐尖，全缘或通常上半部具细锯齿。聚伞花序簇生于叶腋，每簇有数朵小花，花冠黄白色、淡黄色、黄色或橙红色，具有浓郁的芳香；果歪斜，椭圆形，黑紫色；花期9~10月，有些品种一年四季都可开花。

桂花的品种极为丰富，大致可分为四季都可开花的四季桂品种群、花色金黄的金桂品种群、花色橙红的丹桂品种群、花色洁白的银桂品种群等四大种群，150多个品种。

造型

桂花的繁殖可用播种、扦插、压条、嫁接等方法。也可用那些生长多年的老桩制作盆景，以春季萌芽前移栽成活率为最高，移栽时要进行整型，将不必要的枝干、根系剪短，栽种时注意角度，或直或斜，或俯或仰，以达到最佳效果。

桂花盆景常见的造型有斜干式、双干式、直干式、临水式等造型。造型方法可采用修剪与蟠扎相结合的方法，其嫩枝柔软，应不失时机地对其蟠扎，以达到理想的造型，对于多年生的枝条则以修剪为主。

养护

桂花喜阳光充足、温暖湿润的环境，有一定的耐寒性，成型的盆景应放在室外阳光充足处养护，即使盛夏也不必遮光，否则会因光照不足，造成植株徒长，开花稀少，香味较淡，甚至不开花。平时保持土壤湿润而不积水，新梢生长期要注意控制浇水，雨季注意排水防涝，以免因积水造成烂根。生长期每10天左右施一次腐熟的有机肥或以磷钾肥为主的复合肥；冬季放在冷室内或室外避风向阳处越冬，温度不宜过高，否则植株会提前发芽，春季出房后若遇烈日暴晒、干热风等天气新叶很容易枯焦。

桂花根系发达，萌发力强，一般每年抽梢两次，要使它花繁叶茂，应保持生殖生长和营养生长的生理平衡，就必须进行适当的整型与修剪。可在秋季花谢后，将夏、秋季生出的徒长枝全部剪去，留下健壮的春生枝条，到翌年春天发芽之前，再将细弱枝、密生枝，病虫枝、交叉重叠枝以及其他影响造型的枝条剪去。这样，既有利于通风透光，又能将养分完全集中到春生枝与花芽之上，为秋季开花创造了良好的先决条件。

每1~2年的春季翻盆一次，翻盆时去掉过密或衰弱的根系，用新的培养土栽种即可，并在盆底放入少量的蹄片、碎骨等做基肥。

桂花盆景
玉山摄影

桂花盆景
玉山摄影

TIPS 黄金比例

是指将整体一分为二，较大部分与整体部分的比值等于较小部分与较大部分的比值，这个比值约为0.618，是被公认为最能引起美感的比例，因此被称为黄金分割或黄金比例。在绘画、雕塑、音乐、建筑工程等多种艺术领域及工程设计方面有着不可或缺的作用。

黄金分割在盆景创作中可用于盆景外形长与宽的比例、盆的长度与盆景高度的比例（此种形式常用于卧干式或连根式等造型的盆景中）、盆长与冠幅的比例（多用于水旱盆景中，以表现景的平远、视野的开阔）以及冠幅与树高的比例、结顶重心的位置、飘枝出枝的位置、不等边三角形树冠长边和短边的比例关系、丛林式盆景中各种树高及树与树之间距离的比例关系等。

需要指出的是，在盆景创作中，黄金分割并不要求严格的数字计算，可将1：0.618简化为3：2、5：3、8：5等。总之，只要是直观感觉协调的比例，都可视为黄金比例。

锦鸡儿 *Caragana sinica*

锦鸡儿枝干黝黑，古朴雅致，花形奇特，色彩明快。其萌发力强，新枝柔韧性好，小枝虽然生长较快，但增粗缓慢，应尽量利用树桩上原有的枝条造型，并注意剪除杂乱的枝条。

岁月
张国军作品

锦鸡儿在盆景植物中被称为金雀或金雀儿，此外还有飞来凤、铁扫帚、豹皮鞭、黄雀花、酱瓣子、黄棘等别名。为豆科锦鸡儿属落叶灌木，茎直立丛生，有棘刺，皮有丝状剥落，树干及老枝呈铁黑褐色，细长的小枝有棱，呈黄褐色或灰色，长枝下垂生长。羽状小叶或假掌状叶，革质或硬纸质，暗绿色，小叶倒卵形或长圆状倒卵形、倒披针形，全缘。花单生或成对生于叶腋，花冠蝶形，黄色，有时候稍带红晕，4~5月开得最为繁盛，其他季节也有零星的花朵绽放。荚果圆筒形，成熟时开裂并扭转。

在盆景界，锦鸡儿根据产地的不同，有南北之分，其中产于北方的锦鸡儿因树干呈黑褐色而被称为“铁杆金雀”，其树干较粗，植株较大，叶片具茸毛，秋季修剪后当年可再度发芽，可制作大型或中型盆景，造型有一本多干式、丛林式、双干式等以赏干为主的盆景。而产于南方的南金雀，枝条较细，根系发达，而且虬曲多姿，叶片较大，光滑无毛，秋季修剪后当年很难再度发芽，花纯黄色，一年只开一次花，多用于制作露根式等以赏根为主的微型或小型盆景。

锦鸡儿属植物约100种，除锦鸡儿外，红花锦鸡儿（*Caragana rosea*）等种类也常用于盆景的制作。此外，豆科染料木属（*Genistaspa*）金雀儿属（*Cytisus*）的一些种类、染料木（*Genista tinctoria*）等也常常被称为金雀或金丝雀，但很少用于制作盆景。

造型

锦鸡儿的繁殖可用播种、分株、压条、扦插等方法。但由于该植物增粗缓慢，多利用生长多年、根干虬曲古朴的老株制作盆景。其挖掘移栽在秋末落叶后至春季萌芽前进行，上盆前都要根据树桩的形态和造型的需要进行修剪整型，将过长的老根剪除，撕裂的树根也一定要剪去，但要多留侧根和须根，树干也应适度修剪，剪除造型不需要的枝干。根、干的剪口要平滑，还可涂抹一层植物伤口愈合剂之类的药物，以促进伤口愈合，防止腐烂。

栽种前切忌用水浸泡，否则栽后必然烂根。先栽在大的容器或地下“养坯”，盆土宜用建筑用的细沙掺入适量颗粒较粗的煤灰渣。盆底可铺上一层粗粒度的煤灰渣，以利于排水。锦鸡儿畏湿，栽后浇一次定根水，以后不干切勿再浇，要绝对避免盆土积水，否则树根表皮成条状，会迅速腐烂。

锦鸡儿盆景的造型要因桩而异，有一本多干式、丛林式、悬崖式、附石式、直干式、双干式、临水式等造型。其叶子和小枝虽然生长迅速，但枝条增粗却十分缓慢，因此应尽量利用原桩上的老枝、粗枝造型，对于生长多年的老株在修剪时一定要仔细审视，切勿将造型需要的粗枝误剪，否则一旦误剪，则很难再恢复。造型时常采用以修剪与金属丝蟠扎相结合的方法，并辅以牵拉等综合手段。使制作的盆景既苍老古朴，又郁郁葱葱，富有生命力。锦鸡儿的根部发达，虬曲多姿，可根据需要造型要求，将其逐步提出土面。树冠既可加工成层次分明的云片状、馒头形、垂枝式，也可做成潇洒飘逸的自然式，但无论采用何种形式，都要与盆景整体造型和谐统一，并注意主干与粗枝、细枝之间的过渡自然。

成活后的锦鸡儿生命力十分顽强，即便是内部的木质层折断后，仍能存活，而且在折断处会形成棱角分明的折痕，在制作盆景时可利用这个特点，将过长的枝条折断，使得作品跌宕起伏，富有刚性。锦鸡儿萌发力强，小枝伸长迅速，应注意修剪，否则凌乱不堪，影响美观（俗称“长疯了”“长野了”）。

雀之乐园
杨自强作品

风姿雅韵
闵文荣作品

玉树临风
张国军作品

野趣
张国军作品

金雀闹春
杨铁作品

起舞弄姿
闵文荣作品

养护

锦鸡儿喜阳光充足、通风良好的环境，耐干旱和瘠薄，但畏水湿和过于荫蔽环境。可放在室外光照充足、空气流通处养护，即便盛夏也不必遮阴。冬季放在室内冷凉处或室外避风向阳处越冬，注意浇水，避免因“干冻”引起的植株死亡。4~10月的生长期浇水应做到“见干见湿”，不要积水，以免造成沤根。每月施一次腐熟的稀薄液肥，但要避免肥水过大，否则叶片过大，影响观赏。在花蕾形成时向叶片喷施一次0.2%的磷酸二氢钾，以延长花期。入秋后则停止施肥。

锦鸡儿的萌发力很强，生长迅速，在生长季节要经常摘心，这样不仅能使叶片细小，而且还能多孕蕾、多开花。随时剪除过长、过乱等影响盆景美观的枝条。每年春季萌动前对植株重剪一次，剪去弱枝、徒长枝、枯枝以及其他影响造型的枝条。花后剪短已开花的枝条，以促进新枝的萌生，并使枝条顿挫有力，富有刚性。

每1~2年翻盆一次，宜在春季萌动前进行，盆土宜用中等肥力、排水良好的砂质土壤。

锦鸡儿盆景的虫害主要有红蜘蛛、介壳虫等，应注意防治。

羊蹄甲 *Bauhinia purpurea*

羊蹄甲枝叶扶疏潇洒，枝干苍老，花朵娇艳奇特。新枝柔韧性好，是很有特色的热带、亚热带盆景植物。

飘
小叶羊蹄甲盆景
罗兴顺作品

展望
祃金龙作品

羊蹄甲为豆科羊蹄甲属常绿灌木或小乔木，树皮灰色至暗褐色；叶硬纸质，近圆形，基部近心形，先端分裂，裂片先端圆钝或近急尖。总状花序侧生或顶生，花瓣桃红色，披针形，具脉纹和长的瓣柄；荚果带状，扁平，略呈镰刀状弯曲。花期9~11月，果期2~3月。

羊蹄甲属植物约570种，我国产35种，绝大多数分布于南部和西南各地。适合做盆景的是那些株型紧凑、叶子不大的种类，像云南羊蹄甲（*Bauhinia yunnanensis*）、鞍叶羊蹄甲（*B. brachy-carpa*）、李叶羊蹄甲（*B. didyma*）等，这些在盆景植物中均被称为“小叶羊蹄甲”，其花色有淡粉、纯白等颜色。

造型

羊蹄甲的繁殖以播种、压条为主。制作盆景多在春季采挖生长多年、形态古雅的老桩，移栽时注意保湿，具有较高的成活率。

羊蹄甲盆景的造型可根据树桩的形态，采取修剪与蟠扎相结合的方法，制作多种造型的盆景。其树干苍劲虬曲，木质坚硬，造型时应着重突出；叶子稍大，树冠多采用自然型，而不必刻意蟠扎成云片状。

养护

羊蹄甲喜温暖湿润和阳光充足的环境，不耐寒。生长期宜放在室外光照充足、空气流通之处养护，盛夏高温季节则要适当遮光，避免烈日暴晒；平常保持盆土湿润而不积水；每月施一次薄肥。冬季移入室内光照充足之处养护，不低于10℃可安全越冬。

每2~3年的春季翻盆一次，盆土要求疏松肥沃。

白刺花 *Sophora davidii*

白刺花树姿苍劲，花色素雅，叶片不大而秀美。其枝条柔软，萌发力强，应及时剪除树干及根部萌发的蘖芽，以免分散养分，影响生长。

乡情
侯玉龙作品

白刺花，别名狼牙刺、狼牙槐，俗称“小叶槐”，为豆科槐属落叶灌木或小乔木，植株丛生或单生，树干深黑褐色，有纵裂，新枝绿色，有短毛，老枝褐色，枝条有锐利的针状刺；奇数羽状复叶，托叶针刺状，宿存，小叶5~9对，一般为椭圆状卵形或倒卵状长圆形，叶色墨绿，背面颜色稍浅，有短柔毛。总状花序生于小枝顶端，花序稍微下垂，有小花6~12朵，花萼紫蓝色，花冠白色或淡黄色，有时旗瓣稍带紫色，有芳香，花期春季。荚果念珠形，成熟后黄褐色。

造型

白刺花的繁殖以播种、分株、根插为主，人工繁殖的树苗虽然高度生长较快，但树干增粗缓慢，而且直而无姿，缺少苍劲古朴之气，因此可考虑用生长多年、形态古雅而奇特的老桩制作盆景，一般在冬春季节移栽。

白刺花盆景的造型可根据树桩的形态加工成直干式、斜干式、曲干式、卧干式、临水式、双干式、一本多干式等多种形式。树冠既可加工成规整严谨的云片式，也可制作成飘逸潇洒的自然式。造型可在生长季节，新枝尚未木质化或刚刚木质化时进行，此时枝条柔韧性好，不易折断。通常采用蟠扎与修剪相结合的方法造型，先用金属丝蟠扎出基本形态，以后注意修剪，剪去造型不需要的枝条，将过长的枝条截短，促发侧枝，使其枝节顿错有力，富有刚性。

养护

白刺花为我国的原产植物，华北、西北、西南均有野生分布，喜温暖湿润和阳光充足的环境，耐寒冷，怕积水，稍耐半阴。生长季节可放在室外空气流通、阳光充足处养护，即使盛夏高温季节也不必遮光。生长期浇水掌握“不干不浇，浇则浇透”的原则，避免盆土积水，否则会造成烂根，而过于干旱则会引起叶片发黄脱落，这些都不利于盆景的生长；每15~20天施一次腐熟的稀薄液肥，开花前可增施1~2次以磷钾为主的液肥，以提供充足的养分，延长花期。9月以后则要停止施肥，以免新梢过度生长，不利于越冬。冬季置于冷室内或室外避风向阳处越冬，控制浇水，但不能完全断水，以免土壤干冻。白刺花盆景在春季易受倒春寒的危害，应注意防范，尤其是已经翻过盆的，更要注意这点，否则很容易造成死亡。

白刺花萌发力强，枝叶生长较快，生长期枝干及根部很容易发芽，应随时抹去，注意打头摘心，将过长的嫩枝截短，以控制生长，保持盆景的优美。花后注意摘除荚果，以免消耗过多的养分，影响植株生长。每年春季萌发前进行一次修剪整型，剪去枯枝、病虫枝、细弱枝、交叉重叠枝、平行枝以及其他影响树型的枝条，过长的老枝也要短截，以促发健壮的新枝。每1~2年的春季萌动前翻盆一次，盆土要求肥沃疏松透气，并掺入少量的碎骨块、蹄甲或过磷酸钙等磷钾肥做基肥。

白刺花的主要病虫害是天牛、蚂蚁危害树干，应注意观察，及时杀灭，以免造成危害，影响盆景生长。

野岭春色
齐胜利作品

中州新秀
齐胜利作品

白刺花盆景
杨自强作品

紫藤

Wisteria sinensis

紫藤树姿古雅清奇，萌发力强，柔韧性好，开花时花团锦簇，满树繁花，非常美丽。

日本紫藤盆景
铃木浩之提供

紫藤又名朱藤、藤花、藤萝、葛花，为豆科紫藤属落叶攀缘藤本植物，枝干粗壮，灰白色，左旋；嫩枝被有白色柔毛；奇数羽状复叶，小叶纸质，卵状椭圆形至卵状披针形。总状花序侧生，下垂，小花多数，自下而上逐步开放，花朵蝶状，单瓣，紫色，有芳香，花期4月。荚果长条形，有银灰色茸毛。

紫藤属植物约10种，分布于东亚、北美和大洋洲。盆景中常用的还有多花紫藤（*Wisteria floribunda*，也称日本紫藤），树皮赤褐色，茎右旋；分枝密，株型紧凑；开花量大，花序密集。并有着大量的园艺种，花色除紫色外，还有白、淡黄、粉红、蓝、蓝黑等颜色，花序的长短也有很大差别，像野田藤系中的品种，花序长30~100厘米，极端者达150厘米。

此外，豆科崖豆藤属香花崖豆藤（*Millettia dielsiana*）等植物，在一些地区常被当做紫藤出售。

造型

紫藤的繁殖可用播种、分株、压条、扦插、嫁接等方法。

老桩的移植多在春季萌发前进行，因其是藤本植物，有着较长主干，可在合适的位置截断，只保留桩景造型所需要的主枝、主干；其主根也很长，而须根和侧根稀少，可将过长的主根剪短，多保留侧根。栽后放在避风处养护，避免烈日暴晒，经常向树干喷水，以促使老桩上的不定芽萌发，等新枝长出后，抹去造型不需要的嫩芽新枝，并注意培养过渡枝，以使盆景枝、干比例和谐。

紫藤盆景可根据树桩的形态选择曲干式、斜干式、垂枝式、悬崖式、临水式、附石式等不同造型。因其叶片较大，树冠常采用自然式，而不必蟠扎成云片式。造型方法以修剪为主，辅以适当的蟠扎和牵拉。

由于常见的紫藤虽然桩子虬曲多姿，但叶片较大，而且开花稀少，如果养护不当，甚至不开花。因此可用紫藤老桩做砧木，以叶片较小、开花繁多的多花紫藤等优良品种做接穗，进行嫁接，以提高其观赏性。

养护

紫藤喜阳光充足的环境，稍耐阴，耐寒冷。平时可放在室外光线明亮处养护，生长期浇水做到“不干不浇，浇则浇透”，8月以后适当减少浇水，使盆土偏干，有利于翌年多开花。春、夏季节的生长期每7~10天施一次以磷钾肥为主的腐熟稀薄液肥，可促使花芽的形成，但花期和8月以后都要减少施肥的次数，肥液浓度也要低些，落叶后则停止施肥。养护中及时剪除徒长枝、过密枝以及有病虫害的枝条。冬季落叶后对植株进行一次全面的修剪，剪除干枯枝，把当年生的枝条剪短1/3~2/3，使其长短不一，错落有致。冬季移至冷室内或在室外避风向阳处越冬，保持盆土不结冰即可安全越冬。春季发芽后及时抹去过密的芽，使养分集中到留下的枝条上，有利开花。每1~2年的春季萌芽前翻盆一次，盆土宜用疏松肥沃、排水良好的微酸性土壤。在盆底放些腐熟的动物蹄片、碎骨渣等含磷量较高的肥料做基肥。

紫气东来
范鹤鸣作品

日本紫藤盆景
铃木浩之提供

龙腾凤舞
范鹤鸣作品

香花崖豆藤盆景
畝香斋作品

紫荆

Cercis chinensis

紫荆花色紫艳，树形苍古潇洒，萌发力强，有一定柔韧性，造型以修剪为主，对不到位的枝条可通过蟠扎或牵拉的方法调整。

落英缤纷

郑州紫荆山公园作品

紫荆也称满条红、苏芳花，豆科紫荆属落叶灌木或小乔木，植株直立丛生，树皮灰白色。单叶互生，近圆形或三角状圆形。花先于叶开放（幼株及嫩枝则花与叶同时开放），2~10朵聚生于主干或枝条上，花冠蝶形，紫红色或粉红色，3~4月开放。荚果长条形，扁平。

紫荆属植物约8种，我国有紫荆、巨紫荆、黄山紫荆等5种以及变种白花紫荆。其中的黄山紫荆（*Cercis chingii*）根干虬曲多姿，呈黑灰色，如同火烧过的木炭，非常适合制作盆景。

造型

紫荆的繁殖可用播种、分株、压条、扦插等方法。制作盆景也常用那些生长多年、形态奇特、古雅苍劲的老桩，园林部门在城市扩建、公园改建时常有淘汰的紫荆老桩，可进行收集，作为制作盆景的材料，一般在冬春季节移栽。

用紫荆幼苗作为材料，可加工成直干式、双干式、斜干式、丛林式等不同形式的盆景，当幼树生长到粗度2厘米左右时可对其进行蟠扎造型，使树干有一定的弯度，以增加美感。对于生长多年的紫荆老桩，则要根据树桩的具体形态进行造型，制作出不同形式的盆景。因其叶片较大，树冠宜采用自然式，以突出树种特色。

紫荆的枝条柔软，易于造型，萌发力强，耐修剪，可在生长季节，采用蟠扎与修剪相结合的方法进行造型，老枝蟠扎作弯时应谨慎，以免折断。由于紫荆是在老枝上开花，新枝上几乎没有花，因此造型时应以老枝为树冠的主体，注意枝条的走向，使之分布均匀合理，切忌凌乱。所保留的枝条不要过多，以疏朗为好，不要像其他树种那样将细小的分枝修剪成密密匝匝的鸡爪形或鹿角形，可将较大的枝条呈现在树冠表层，以免开花时花丛被小枝所遮挡，有碍观赏。上盆时可将部分老根露出土面，使其悬根露爪、虬曲古朴。

养护

紫荆喜温暖湿润和阳光充足的环境，制作好的盆景平时可放在光线明亮、通风良好的地方养护，即使盛夏高温时也不要遮光，若光照不足会使枝条徒长，开花稀少。生长期浇水要“不干不浇，浇则浇透”，避免盆土积水，特别是花期更不能浇水太勤，以免因土壤过湿缩短花期。每年的春、秋季节每10天左右施一次腐熟稀薄液肥，肥液以磷钾肥为主，氮肥为辅，以满足生长要求，延长花期，促使花蕾的形成，夏季高温时则要停止施肥。

花后对植株进行整型，剪除多余的长枝，并保留一部分新枝，为下一年的开花作准备。若不考虑观果，可在荚果刚刚长出时将其摘除，以避免消耗过多的营养，影响枝干的复壮。平时对新生的枝条应随时蟠扎，对过长的枝条及时缩剪，影响造型的枝条更要趁早剪掉，以保持造型的完美，并增加其内膛的通风透光性，有利于植株生长。秋末或开花前作最后的修剪，使植株定型。

冬季移至室内阳光充足处或室外避风向阳处越冬，保持0~10℃的温度，如果温度过高，植株会提前萌芽，反而对第二年的生长不利。

每年的秋季落叶后或春季开花前翻盆一次，换盆时将过长的根系做适当的修剪，不可用手撕，这是由于紫荆的根皮柔韧性强，用手撕的话，往往会造成大片伤痕，从而对植株生长造成影响，严重时还会导致盆景死亡。盆土宜用疏松肥沃、排水良好的微酸性砂质土壤。

报春
郑州紫荆山公园作品

岁月
郑州紫荆山公园作品

合欢 *Albizia julibrissin*

合欢树姿古朴，枝叶潇洒，花色清新，不是很耐修剪，应尽量利用原桩上的枝条造型，并注意对位置不当的枝条进行调整。

老干翠绿
于忠华作品

合欢又名马缨花、绒花树、夜合花，为豆科合欢属落叶乔木，树干较直，树皮灰褐色。叶互生，二回羽状复叶，小叶昼开夜合，酷暑和暴风雨时则闭合。伞房花序头状，花萼黄绿色，花丝粉红色，数量很多，集成绒缨状，荚果带状，花期6~7月，果期8~10月。

同属植物有山槐（*Albizia kalkora*），花黄白色。在豆科植物中以合欢命名的还有银合欢属的银合欢（*Leucaena leucocephala*）、金合欢属的金合欢（*Acacia farnesiana*）、钝叶金合欢（*A. megaladena*）等。这些均可以用于盆景的制作。

造型

合欢的繁殖可用播种、压条、分株等方法。幼苗先栽在大的盆器或地栽养护，其生长速度很快，压条、分株的苗当年可进行蟠扎，播种的苗第二年就可以对枝干进行蟠扎、作弯，并注意打头摘心，以控制植株高度，促使枝干发粗。也可用生长多年、植株矮小、形态古雅奇特的合欢老桩制作盆景，一般在春季移栽。

合欢可制作直干式、斜干式、曲干式、双干式、临水式、露根式、附石式等多种形式的盆景，由于合欢不耐修剪，其枝条又较长，因此造型时要仔细蟠扎，并适当多留枝条，等到植株长大后再截去多余的枝条，把过长的枝条剪短，使其形成丰满而紧凑的树冠。合欢盆景的蟠扎可随时进行，一般都在花后结合修剪进行。合欢枝干表皮光滑，制作盆景时应以自然面貌出现，既可突出树种的特色，又能表达其健美壮硕的风姿，而不必刻意追求所谓的“古朴”，将树干雕琢得疤痕累累、千疮百孔。

养护

合欢喜温暖湿润和阳光充足的环境，耐瘠薄和干旱，有一定的耐寒性，怕积水。生长期可放在室外阳光充足、空气流通处养护，浇水掌握“见干见湿”，雨季注意排水防涝，以免因盆土积水而导致烂根。每15天左右施一次腐熟的稀薄液肥，出现花蕾后应增加磷钾肥的用量，每隔5天向叶面喷一次200毫克/升的赤霉素溶液，喷2~3次，可提前开花10余天。花后及时剪去残花，避免因结果生荚而消耗过多的养分，影响植株的生长。合欢虽然生长很快，但萌芽力很弱，因此枝条也较为稀疏，平时应注意保留侧芽，使树冠丰满，但要剪除平行枝、交叉枝、细弱枝、病虫枝、多余的内膛枝等影响造型的枝条。冬季放在冷室内越冬，保持0℃以上土壤不结冰即可安全越冬，也可连盆埋在室外避风向阳处越冬。每1~2年的春季发芽前翻盆一次，合欢对土壤要求不严，但在疏松肥沃、排水良好的砂质土壤中生长更好。

合欢盆景
玉山摄影

合欢盆景
王小军作品

TIPS 盆景的意境

意境是盆景的内在生命，也是品评盆景优劣的重要标准。意境的营造，需要作者有较高的艺术修养，谙熟中国古典诗词及绘画。造景时应仔细推敲，酝酿主题，以达到景中有情的境界，使人们在欣赏盆景时激发感情，因景而产生联想，感悟景外的意境，达到景有尽而意无穷的境界，即“见景生情，触景生情”。

意境并不是盆景鉴赏的唯一的标准，不能给盆景强行加上一种意境来衬托，更不能为了营造某种意境而忽视作品的整体效果，像某些作品为了表现雪景，在植物上黏上泡沫，看上去不伦不类，且显得很脏，完全失去了雪景高洁雅致的意境。

好的盆景是自然美和艺术美的和谐统一，如此才能延伸出优美而深远的意境。如果是很一般的作品，即便是取了一个意境深远、诗情画意的名字，也不会成为艺术珍品。总之，盆景的意境应该是在盆景构图、造型完美之后所延伸出来的，是观赏者自行体会出来的，而不是作者强行赋予的。

黄槐

Cassia surattensis

黄槐花色明媚，其枝干直而质脆，但幼枝有一定的柔韧性，可通过改变种植角度、修剪、蟠扎等方法造型，其耐寒性稍差，冬季应注意防寒。

金秋
高俊辉作品

黄槐中文学名黄槐决明，别名黄花槐、黄金槐。为豆科决明属落叶或常绿小乔木或灌木，植株多分枝，树皮灰褐色，光滑；偶数羽状复叶，小叶倒卵状椭圆形，先端圆，基部稍偏斜；侧枝顶形成总状花序，花朵5瓣，花瓣阔，花色金黄，雄蕊伸出花外，北方盆栽多在7~10月开花；荚果条形，长7~10厘米，种子间有稍微的勒痕，种子扁，肾形。

黄槐分布在广东、福建、海南、云南、广西、台湾等地，印度、斯里兰卡、印度尼西亚、菲律宾、澳大利亚等国家也有分布。

造型

黄槐可用播种、扦插、压条等方法繁殖。有直干式、斜干式、悬崖式等造型，树冠多采用自然式，通常采取改变种植角度、蟠扎、修剪等方法造型，嫩枝作蟠扎前要控水，不要在清晨或阴雨天操作，以免因水分充盈而折断。其树皮较为光滑，不必为了追求所谓的苍老感，将其加工得疤痕累累，千疮百孔，而应着重表现树种的自然健康之美，但为了增加作品的稳定性，可进行提根，使之悬根露爪。

养护

黄槐喜阳光充足和温暖湿润的环境，不耐寒，对土壤要求不严，但在肥沃和排水良好的土壤中生长更好。生长期宜放在阳光充足处养护，保持土壤湿润，但要避免积水，以免造成烂根，经常向植株喷水，以增加空气湿度，防止因空气干燥引起的叶片边缘枯焦。

黄槐喜肥，生长期可每10天左右施一次腐熟的有机液肥或“低氮，高磷钾”的复合肥，开花前10天左右可向叶面喷施一次磷酸二氢钾溶液，以提供足够的养分，使其开花繁茂。冬季移至阳光充足的冷室内，注意控制浇水，只要土壤不结冰即可安全越冬，也可将花盆埋在室外避风向阳处越冬。

黄槐生长迅速，萌发力强，耐修剪，如果不修剪会使得枝条散乱，影响株型的美观，因此可在每年的早春进行一次修剪，对于老化的植株要强剪，以起到更新植株的作用。每年的8月初将长枝截短，以促发侧枝，形成枝密花繁的株型。每次花后也要进行修剪，及时剪去残花，以促进新枝的生长，使其再度形成花蕾。

金银花

Lonicera japonica

金银花树姿古雅清奇，花朵素雅清香，并有较高的药用价值。其枝条柔软，萌发力强，造型时注意修剪，使之疏密得当。

金银花盆景
魏国治作品

金银花中文学名忍冬，别名金银藤、二色花藤。为忍冬科忍冬属常绿或半常绿藤本植物，藤茎扭曲缠绕，黄褐色至赤褐色，表皮有时剥落，小枝细长，中空；叶对生，纸质，卵形至矩圆状卵形、卵状披针形，枝叶均密生柔毛和腺毛；花成对生于枝条上部的叶腋，花萼筒状，花冠漏斗形，花朵初开时呈白色，后为黄色，有芳香，花期晚春至夏季。

金银花的品种很多，主要有红金银花、四季金银花、紫脉金银花等，均可用于制作盆景。

造型

金银花的繁殖常用扦插、压条、分株、播种等方法。为了加快成形速度，可用生长多年、根干粗壮、形态奇特、古朴多姿的金银花老桩制作盆景。一般在休眠期或新叶萌发时移栽，因其习性强健，只要不是脱水过于严重，即便不带须根也能成活，栽种前先进行修剪整型，将过长的枝干短截，剪去一些造型不需要的枝干，将过长的根系剪短。

金银花盆景可根据树桩的形态，加工成直干式、曲干式、斜干式、悬崖式、临水式、附石式、提根式等造型。树冠既可利用金银花枝蔓自然下垂的特点，加工成垂枝式，也可通过蟠扎、修剪的方法，制作成云片式、馒头形等。还可让少许的枝条攀缘在成型树桩的部分枝、干上，使其枯藤、老树、新枝相映成趣。其造型方法以修剪为主，对于不到位的枝条，可用粗细适宜的金属丝进行适当的蟠扎、牵拉。无论哪种形式的金银花盆景都应做到枝叶间疏密有致，层次分明，根干古朴自然，线条流畅，并合理利用空白，使其具有诗情画意，意境优美。

金银花枝条生长快，而且柔韧性强，还可蟠扎成鸟兽、花篮、花瓶等形状，但这类造型的盆景匠气过重，缺乏自然气息，已经很少采用了。

养护

金银花喜阳光充足的环境，也有一定的耐阴性，平时可放在室外光照充足和空气流通处养护。生长期保持土壤湿润而不积水，由于金银花叶片多而稠密，干旱炎热季节应及时浇水，并经常向叶面喷水，以增加空气湿度，防止因干旱而落花。每年的3月下旬至4月上旬施一次腐熟的有机液肥，以有益于初夏的开花，现蕾后施1~2次0.2%的磷酸二氢钾溶液，为开花提供充足的养分，以延长花期，生长期每15天左右施一次腐熟的稀薄有机液肥。每1~2年翻盆一次，一般在春季进行，宜用肥沃疏松、排水良好的砂质土壤栽种。

金银花萌发力强，而且耐修剪，应勤于修剪，以保持树型的优美。每年的12月至翌年的1月是金银花新叶老叶交替之际，可将那些杂乱交叉、细弱、病枯以及其他影响树型的枝条一并剪除，将过长的枝条剪短，以保持植株内部的通风透光，避免发生煤烟病和孳生蚜虫。每年的新叶萌发后应经常对枝条进行摘心，以促使植株分枝，开出更多的花朵。在5月的盛花期过后，要及时修剪，这样到7~8月就会再度开花。金银花盆景在生长旺季树干及根部易生芽，应及时抹去，对于徒长枝、过密枝也要及时剪去，以免消耗过多的养分。

金银花盆景
漯河颖园作品

金银花盆景
商丘明香石榴盆景园作品

金银木

Lonicera maackii

金银木树姿优美，红色的果子晶莹可爱，枝条萌发力强，也有一定的柔韧性，是很值得推广的盆景植物。

金银木盆景
玉山摄影

金银木，中文学名金银忍冬，为忍冬科忍冬属落叶灌木，叶纸质，外形变化很大，通常为卵状椭圆形至卵状披针形；花生于幼枝的叶腋，花冠唇形，先为白色，后转为黄色，4~5月开放，果实圆形，8~10月成熟后呈红色，鲜亮而有光泽，经冬不落，可宿存到翌年的春天。变种有红花金银木（*Lonicera maackii* var. *erubescens*），花冠淡粉红色。

造型

金银木的繁殖可用播种、扦插、压条等方法。也可在冬季或春季移栽生长多年、形态古雅的老桩制作盆景。主要造型有直干式、斜干式、悬崖式、大树型等，方法可采取修剪与蟠扎相结合的方法。

养护

金银木原产我国的东北等地，有着较强的适应性，喜阳光充足的环境，但也有一定的耐阴性，耐寒冷和干旱。平时放在室外阳光充足处养护，保持土壤湿润而不积水，每月施一次以磷钾为主的肥，以满足养分的需要。

金银木的萌发力强，花后可进行一次修剪，剪去一些过密枝及过长枝，以增加树冠内部的通风透光，有利于果实的发育，对于基部及树干上萌发的枝条也要及时剪除。秋季落叶剪除杂乱的过密枝、交叉枝以及弱枝、病虫枝、徒长枝，并注意调整枝条的分布，以保持造型的美观。

每2~3年的春季翻盆一次，盆土宜用疏松、肥沃的中性砂壤土，并施以腐熟的有机肥作基肥。

杜鹃 *Rhododendron simsii*

杜鹃品种繁多，花色丰富，绚丽多彩，叶小而密。老干及根部苍劲古朴，幼枝柔韧性好，萌发力强，是重要的观花植物，可制作多种造型的盆景。

竞妍
范鹤鸣作品

杜鹃又名杜鹃花、映山红、山石榴、山踯躅，为杜鹃花科杜鹃属常绿或落叶灌木，植株多分枝，枝条细而直，有棕色或褐色糙毛。单叶互生，革质，常集生于枝端，叶片卵形、椭圆状卵形或倒卵形至披针形，先端尖或稍钝，边缘有细锯齿，表面疏生棕色硬毛。花数朵簇生枝条顶端，花冠阔漏斗形，红色。花期4~5月。

杜鹃属植物种类极多，具体种数至今说法尚不统一，主要产于东亚和东南亚，我国是其集中产地，主要分布在西南山区。此外，还有大量的园艺种，其花型单瓣或重瓣，花色丰富，有白、粉、红、紫以及各种复色。大致可分为春鹃、夏鹃、春夏鹃、西洋鹃、高山杜鹃等类型，每个类型又有一系列的品种。盆景中常用的除杜鹃花外，还有碎米花杜鹃（*Rhododendron spiciferum*）以及从日本引进的皋月杜鹃等。

皋月杜鹃（*R. indicum*）原产日本，在日本夏历五月被称为皋月，皋月杜鹃指5月开花的杜鹃花。植株呈多分枝的常绿灌木状，小枝坚硬，初时密被红褐色糙状毛，后近于无毛。叶集生于枝端，近于革质，狭披针形至倒披针形，叶面深绿色，有光泽，疏被糙状毛，背面苍白色。花1~3朵生于枝顶，花冠漏斗形，红色。其园艺种丰富，花色有粉红、紫红、白等，甚至一株、一朵花上也有不同的颜色。

造型

杜鹃的繁殖可用压条、扦插、分株、嫁接等方法。也可用生长多年、根干古雅奇特的杜鹃老桩制作盆景，多在秋末冬初或春季花谢前挖掘移栽，移栽时多带宿土，对主干和主根要进行适当修剪，剪除影响造型的枝条，多留侧根和须根，对大的枝干则要仔细审视，确定造型不需要后再将其去掉。

杜鹃可制作成直干式、斜干式、曲干式、双干式、多干式、露根式、悬崖式、附石式、水旱式等多种形式的盆景。对于扦插、压条等方法繁殖的幼苗可在生长3~4年后逐年进行造型，造型时间多在春季萌芽前或夏、秋的生长季节进行，方法以修剪为主，蟠扎为辅，造型时应遵循先粗后细的原则，对主干、主枝进行适当蟠扎，其他枝条则以修剪的方法使之成型。而杜鹃花老桩则要靠修剪成型，但对某些枝条也可进行适当蟠扎。为提高观赏性还可用生长多年、枝干较粗、形态优美的毛白杜鹃老桩作砧木，以品种优良的杜鹃花作接穗，用靠接或切接的方法进行嫁接。并根据树桩的情况，逐渐去掉部分泥土，将根部提出土面，使其悬根露爪、古朴遒劲。

杜鹃的树干古雅，分枝稠密，叶片不大，除做观花盆景外，还可做以姿态、造型取胜的杂木类盆景。

养护

杜鹃喜温暖湿润的半阴环境，要求有良好的通风。平时可放在光线明亮处养护，春末至初秋的高温季节要进行遮光，避免烈日暴晒。生长期保持土壤湿润，但不要积水，雨季注意排水，空气干燥时可向植株及周围地面洒水，以防止叶片

山花烂漫
范鹤鸣作品

杜鹃组合盆景
铃木浩之提供

日本杜鹃盆景
铃木浩之提供

附石式杜鹃盆景
铃木浩之提供

日本杜鹃盆景
铃木浩之提供

森林的故事
杨彪作品

干枯。还可在盆面种植天胡荽、小叶冷水花之类护盆草，也可在盆面覆盖一层软草，以防烈日灼伤盆土表面的细须根。每15天左右施一次腐熟的稀薄液肥，为预防黄化病的发生，可在肥液中加入少量的黑矾，以使叶色浓绿光亮。现蕾期增施1~2次骨粉、过磷酸钙之类的磷肥，可促使花大色艳。冬季移入室内阳光充足处，维持0℃以上土壤不结冰，并控制浇水，使盆土稍湿润即可。每年的花后进行一次修剪，剪除病虫枝、干枯枝、交叉枝、重叠枝、细弱枝、徒长枝，对过长的枝条也要适当短截，以使株型优美、枝条分布合理，加强内膛的通风透光性，有利于植株的生长。每2年左右的春季或秋末翻盆一次，盆土宜用含腐殖质丰富、肥沃疏松的微酸性砂质土壤。

木棉

Bombax malabaricum

木棉树姿雄伟高大，红色红艳，老枝粗大，新枝柔软，可用修剪、蟠扎相结合的方法造型。耐寒性差，冬季注意防寒，以确保开花。

龙腾起舞傲苍穹
刘俊辉作品

木棉别名红棉、攀枝花、英雄树，为木棉科木棉属落叶乔木，植株高大，树皮灰白色，幼树的树干通常有圆锥状粗刺，分枝平展；掌状复叶，小叶5~7片，长圆形至长圆状披针形，全缘；花单生于枝顶叶腋，通常红色，也有橙红色，直径约10厘米，花瓣肉质；蒴果长圆形，密被白色长柔毛和星状柔毛，种子倒卵形，光滑。花期3~4月，果夏季成熟。

造型

木棉的繁殖以扦插、播种为主，由于播种苗需要很长时间才能开花，可剪取老树上开过花的枝条进行嫁接。扦插也要选取开过花的枝条作插穗，插穗上的老叶、分枝要全部剪掉，以提高成活率，并将其在半阴处晾3~5天，等伤口收缩干燥后再进行，以免腐烂，其成活率50%左右。也可在春季采挖生长多年、形态古雅的老桩制作盆景。

木棉树姿高大挺拔，有着英雄树之称，在岭南盆景中还有一种“木棉格”造型，就是模仿木棉树的雄姿。但木棉自身叶大花大，作盆景很难表现其顶天立地的气势，这与真正的柳树盆景难以表现婀娜飘逸的垂柳神韵，只能用柽柳、小石积等树种制作的“柳格（即垂枝式仿垂柳型）”盆景模仿其神韵有着异曲同工之妙。因此，木棉盆景多表现其雄浑、险峻、崎岖及花色娇艳硕大的姿态，主要造型有悬崖式、斜干式、曲干式、大树型等，可采取修剪、蟠扎相结合的方法。

养护

木棉喜温暖干燥和阳光充足的环境，不耐寒，稍耐湿，忌积水。平时可放在室外阳光充足处养护，即使盛夏也不必遮光，保持土壤湿润或偏干，不可积水，以免烂根。开花前后各施一次以磷钾为主的淡肥，以补充开花所消耗的养分。冬天注意防寒，不可低于5℃，落叶后剪去细弱、干枯及过长、杂乱的枝条。

大型盆景每4年，小型盆景每2年翻盆一次，一般至春季进行，盆土要求疏松透气、排水良好。

栀子

Gardenia jasminoides

栀子株型优美，品种繁多，其花色素雅芳香，果实形状奇特，四季常青，枝条柔软，萌发力强，可制作多种造型的盆景。

云海蛟龙
叶铭煊作品

栀子又名水横枝、黄栀子、山栀子、白蟾，为茜草科栀子属常绿灌木，枝干灰色；叶对生或3枚轮生，革质，有光泽，叶形多样，有长圆状披针形、倒卵状长圆形、倒卵形或椭圆形。花单朵生于枝顶，白色或乳黄色，花型有单瓣、重瓣、风车型等，具芳香。果实有卵形、近球形、椭圆形、长圆形等形状，成熟后黄色或橙红色，有翅状纵棱5~9条，萼片在顶部宿存。花期3~7月，果期5月至翌年2月。变种有水栀子（*Gardenia jasminoides* ‘Radicans’）、花叶栀子（*G. jasminoides* ‘Variegata’）等。

栀子属植物约250种，分布于东半球的热带与亚热带地区，中国有5种1变种。适合制作盆景的是叶子细小的狭叶栀子（*G. stenophylla*）以及园艺种小叶栀子、雀舌栀子等、

近年来还从日本等国家引进小型观赏栀子，谓之“小品栀子”，具有根系发达、茎节短粗、株型矮小紧凑、叶片细小稠密等特点，是制作盆景的佳品，尤其适合制作小微盆景。大致可分细叶系和丸叶系两大系列，品种有清誉、达摩、喜岱誉、一寸法师等30多个。其中的细叶系品种叶子窄长，较薄，革质化不是很明显，叶片大小较为平均，在大肥大水的情况下变化也不大。丸叶系栀子叶片圆润，较厚，叶片大小变化很大，对肥水敏感。

造型

栀子的繁殖可用播种、扦插、压条等方法。制作盆景可选取生长多年株型矮小、虬曲多姿的老桩，经地栽或其他大的盆器养坯后，根据树桩的不同形状，加工制成悬崖式、临水式、直干式、斜干式、双干式、文人树等不同形式的盆

景，枝叶多采用潇洒的自然式，造型方式以修剪为主，并通过蟠扎、牵拉等技法改变枝条的走势。也可用2~3年生的植株，数株合栽制成丛林式盆景。

小品栀子的主干顿挫粗壮，枝节密集，其树冠可加工成三角形、馒头形等规则式，其稳重敦厚。栀子的根系发达，可提根，使其苍劲有力。

养护

栀子喜温暖湿润的半阴环境，能耐0℃左右的低温。适宜在含腐殖质丰富、肥沃疏松、排水良好的微酸性土壤中生长。生长期可放在通风良好、无直射阳光处养护，浇水要不干不浇，浇则浇透。每15~20天施一次矾肥水或复合肥。

栀子的花、果虽然很美，但作为盆景，是以虬曲稳健的枝干根盘、翠绿光亮的叶子取胜的。其萌发力强，生长期可随时进行修剪，每个枝条仅保留2片叶子，以促发新枝，形成或紧凑或疏朗的树冠。及时剪除枯枝、病虫枝或其他影响树形的枝条，并将长枝剪短。北方地区冬季移至室内向阳处越冬，适当节制浇水，保持盆土不结冰即可。正常情况下2~3年的春季翻一次盆。

栀子病虫害较少，但土壤中缺铁、偏碱会使叶片发黄，无光泽，故生长期浇水、施肥时可加入适量的黑矾，以增加土壤中铁的含量，使叶色浓绿光亮 。

清风飞翠
陈治辛作品

栀子盆景
许宏伟作品

栀子盆景
王燕飞作品

虎刺

Damnacanthus indicus

虎刺树姿潇洒秀雅，白花红果，其枝叶平伸，自然成云片状，萌发力强，宜用修剪的方法造型。

醉欲眠

东华园林工程有限公司花圃作品

虎刺又名伏牛花、寿庭木、寿星草、绣花针，为茜草科虎刺属常绿小灌木，具链珠状肉质根，植株丛生，树干细而挺直，上部密集多回二叉分枝，枝叶横向生长，自然成云片状，小叶对生，叶柄间有细直的针状刺，刺长约1厘米，叶片卵形、心形或圆形，长1~2厘米，绿色，革质，表面有光泽。花两性，生于叶腋，花冠白色，管状漏斗状，顶端4裂，4~5月开放。核果小球形，初为绿色，秋季成熟后呈鲜红色，经冬不落，可观赏到第二年的3~4月。

造型

虎刺的繁殖常用分株或扦插的方法。在南方的一些山林中，常有野生的虎刺生长，可在春季采挖，多带原土，注意保湿保鲜，很容易成活。

虎刺植株不大，树干挺直，枝叶自然成型，能以小见大，表现大树风姿，既可配石单植，也可将数株植于一盆，制作丛林式盆景。造型方法以修剪为主，剪除影响美观的枝叶，使之高低有序，疏密有致，避免枝杈交叉重叠，并注意各树干之间的生长空间，为以后的生长留出余地。栽后可配以山石，铺设青苔，使之具有林壑之幽静，由于虎刺株型矮小，叶片细密，自然成片状，也是山石盆景常用的点缀植物。

养护

虎刺原产于我国长江流域以南，生长在山间、林中阴湿的地方，喜温暖湿润的半阴环境，不耐寒冷和干旱，怕烈日暴晒，平时可放在树荫下或其他无直射阳光的地方养护。摆放位置不要经常变换，否则会造成落叶。保持土壤和空气湿润，但盆土不要积水，以免造成烂根。生长期每半月施一次腐熟的稀薄液肥。虎刺生长缓慢，平时可进行小幅度修剪，剪除一些影响造型的枝条。冬季移至室内光线明亮处，并节制浇水，使土壤略微干燥一些，如果室内有暖气，可经常用与室温相近的水向植株喷洒，以免因空气干燥导致落叶。每2~3年换盆一次，盆土宜用含腐殖质丰富、排水良好的酸性砂质土壤。

幽山净
何江作品

野趣
敲香斋作品

虎刺盆景
孟广陵作品

虎刺盆景
凌清泉作品

六月雪 *Serissa japonica*

六月雪树姿虬曲古雅，叶小而密，萌发力强，柔韧性好，因其根系发达，造型时注意对根系的提升，以增加作品苍劲古朴的韵味。

寻茂林
陈志贵作品

六月雪也称满天星、碎叶冬青，为茜草科白马骨属（也称六月雪属）常绿灌木，株高60~90厘米，分枝多而密集，叶对生；革质，具短柄，卵形或长椭圆形，先端渐尖，全缘，绿色；花单生或数朵丛生于小枝顶部或腋生，花冠淡红色或白色，花期5~7月。变种有阴木、银边六月雪、复瓣六月雪、红花六月雪等。从日本等国家引进的八房性姬香丁木也是六月雪的一个园艺种。

白马骨属植物仅2种，另一种即白马骨（*Serissa serissoides*），分布于中国和日本。其株型较小，枝条细弱，分枝密集；叶较小，卵圆形；花较短，白色，花期4~6月。也可用于制作盆景。

造型

六月雪的繁殖常用扦插、压条、分株等方法。也可在春夏季节采挖六月雪的老桩制作盆景。

六月雪枝条柔软，易于蟠扎造型，萌发力强，耐修剪，可采用粗扎细剪的方法造型，由于六月雪的枝干韧性好，不易定型，因此蟠扎后金属丝最好保持2~3年再解除，期间如果发现陷丝现象，应及时解除原来的金属丝，再重新蟠扎造型，此外在弯曲较粗的主要枝干时还要注意防止分叉处撕裂。树冠或为云片式或为自然式，不论何种形式，都要注意枝与枝之间的位置和走势变化，使之层次分明，自然和谐。六月雪的根系极为发达，形态更是虬曲多姿，可进行提根或附石，以增加盆景的表现力。

此外，由于六月雪枝干自然弯曲，疏影横斜，叶片细小，能够小中见大，还可用于山石盆景的点缀。

养护

六月雪喜温暖湿润的半阴环境，夏季怕烈日暴晒，可置于荫棚下或其他无直射阳光处养护；经常浇水和向植株及周围地面喷水，以增加空气湿度，使叶色清新润泽。每月施稀薄的液肥1~2次，以满足植株生长的需要。

六月雪萌发力强，每年可进行两次大的修剪整型，第一次在4月中旬，其目的是促使萌发新枝，为5~6月的开花打下良好的基础；第二次修剪是在花期后，剪去残花枝，使其萌发新的枝叶，以增加观赏性。生长期经常打头摘心，以保持盆景株型的美观。及时除去根部萌发的分蘖枝和过密枝。对于修剪下的枝干，可择其形态优美者进行扦插，等根系发育完善，适合移栽时，植于小盆中，成为造型古雅，富有趣味的微型盆景。

冬季移入冷室内越冬，温度宜保持0~10℃，如果温度过高，会造成提前发芽，枝叶徒长，不仅影响美观，而且还有对翌年的生长造成不利影响。

六月雪根系发达，可在春夏秋三季随时翻盆，以春季最为适宜，盆土要求疏松透气、含腐殖质丰富。

连理双花
香港盆景雅石学会作品

秀峰积雪
赵德福作品

星光灿烂
周润武作品

山茶

Camellia japonica

山茶花色艳丽，四季常青，因其枝干较硬，可通过改变种植角度，并辅以修剪、蟠扎等造型技法。

茶花盆景
梁悦美作品
刘少红提供

山茶别名山茶花、茶花。为山茶科山茶属常绿灌木或小乔木，叶革质，椭圆形，有钝齿或细齿，绿色，有光泽。花单瓣或重瓣，花色有白、粉、红以及复色等，花期10月至翌年的5月，盛花期通常在1~3月。其园艺种丰富，花型有牡丹型、芙蓉型、绣球型、皇冠型、荷花型、松球型、喇叭型、梅花型、玉兰型以及文瓣型、武瓣型等类型。制作盆景的茶花品种要求植株不大，节间短，株型紧凑，叶小、花小的种类，如此才能以小见大，表现大树的风采。如粉玲珑、粉十样锦等。

山茶属植物约有280种，主要分布于东亚北回归线两侧，我国在浙江、江西、四川、云南、广西、广东、山东等地均有分布，日本和朝鲜半岛、中南半岛也有分布。

盆景中常用的除山茶外，茶梅（*Camellia sasanqua*）也称茶梅花，叶革质，椭圆形；花红色，有着深浅的差异。金花茶（*C. nitidissima*），花金黄色，花期11~12月。

造型

山茶的繁殖以扦插、压条、嫁接等方法为主。其中嫁接法最为常用，以野茶花桩子或油茶桩子作砧木，优良品种茶花枝条作接穗，以枝接或芽接的方法嫁接。时间以春秋季节为最佳，如果是夏季则注意遮阴，以避免烈日暴晒，冬季温度在10℃以上，也可进行。还可在一棵山茶桩子上嫁接不同的品种，开花时绚丽多彩，美不胜收。老桩子的移栽以春天为好，尤其以花后的4月为最佳。

山茶盆景可根据树桩的形态，制作直干式、斜干式、双干式、曲干式、临水式、悬崖式、露根式乃至丛林式等造型的盆景，因其树干质硬，不易弯曲，可通过上盆角度来达到所需要的效果。树冠既可做成自然式，也可做成馒头式、三角式、云片式等。不论什么样的造型都要做到主干健壮，大枝疏朗，分枝均衡，小枝层次分明，整体效果自然优美，雅致端庄，花开绚丽。

养护

山茶喜凉爽湿润的半阴环境，不耐寒，也怕酷热。夏季宜放在空气流通、无直射阳光处养护。勤浇水和向植株喷水，以保持盆土和空气湿润，雨季注意排水，以避免因积水而导致的烂根，春季施以腐熟的稀薄液肥，北方地区为改善土壤的pH，可加入一些黑矾（硫酸亚铁），秋季再增施2次以磷钾为主的肥，以促进花蕾的形成发育，为以后的开花打下良好的基础。春季花后进行整型，剪除影响树型的枝条以及一些弱枝、病虫枝，对过长的枝条短截，以促发新枝，有利于花蕾的形成。冬季移入冷室内，南方地区也可置室外避风向阳处，不低于0℃可安全越冬。2至3年翻盆一次，适宜在疏松肥沃、pH5~6.5的微酸性土壤中生长。

山茶盆景
中野忠雄作品
刘少红提供

玉叶藏羞
茶梅
蒋洪亮作品
刘少红提供

檵木

Loropetalum chinense

檵木的花色或素雅或娇艳，树姿潇洒古雅，萌发力强，柔韧性好，可制作多种造型的盆景。

霜叶红于二月花
王金荣作品

檵木也称白花檵木，为金缕梅科檵木属常绿或半落叶灌木或小乔木，植株多分枝，小枝及叶片都有星状毛，单叶互生，叶片斜卵形或卵状披针形，全缘或微有锯齿，叶面绿色，背面灰白色。花3~8朵簇生于小枝顶端，花瓣4枚，带状或线形，白色，花期5月。

檵木属植物有4种及1变种，分布于亚洲东部的亚热带地区，我国产3种1变种。变种红花檵木（*Loropetalum chinense* var. *rubrum*），其叶、花均为红色，按其特点的不同可分为嫩叶红、透骨红、双面红等三大类，每个大类又有一系列的品种。

造型

檵木的繁殖可用播种、压条、扦插等方法，红花檵木还可通过嫁接繁殖。老桩挖掘移栽宜在3~6月进行。挖取时，将树根中间的主根截断，多保留侧根和须根。该植物上部的枝条至下部的树根都有相对应的水路，可以明显地看出来。在去根时，应考虑根与上部枝条水路的畅通，切忌将与所保留枝条相对应的下部根系剪去。

檵木的枝条柔韧，萌发力强，耐蟠扎、耐修剪，盆景造型以蟠扎、牵拉和修剪综合进行。对树桩的蟠扎造型工作应在树桩成活的第二年，可在秋季根据其形态和枝条生长的情况，对要留取的枝条先牵拉到位，否则等到来年枝条硬化以后再牵拉就比较困难了。秋末冬初，将不必要的细弱枝条剪去，集中养分，有利树桩过冬。

养护

檵木喜温暖湿润的环境，最忌土壤干旱。一定要保持土壤湿润。在炎热干燥的夏季，要适当遮阳，并增加喷水次数。夏季不要施肥，春秋两季施肥也不要过多，宜薄肥勤施。在蟠扎之前20天左右，最好停止施肥。肥料以充分腐熟的矾肥水为好。冬季可埋于地下，或用土封存于背风向阳之处，也可移至冷室内越冬。

檵木盆景宜每2~3年翻盆一次，宜在春季或梅雨季节进行。

凌云深处仍虚心
红檵木
范鹤鸣作品

风韵天然
郁荣义作品

扬帆起航
红檵木
张炎培作品

岁月如歌
刘秀根作品

静观风云
黄建明作品

三角梅

Bougainvillea spectabilis

三角梅树形虬曲多姿，花色娇艳，枝条的柔韧性、萌发力都很好，是常用的观花植物盆景，在岭南等气候温润的地区应用尤为普遍。

风起云涌
郭培作品

三角梅中文学名叶子花，别名九重葛、宝巾花、毛宝巾。在广东等岭南地区以及香港、台湾等地称簕杜鹃。为紫茉莉科叶子花属常绿攀缘灌木，茎有弯刺；单叶互生，全缘，椭圆形或卵形。花序顶生或腋生，常3朵簇生于3枚较大的苞片内，苞片三角状卵形或椭圆形，颜色以紫红为主，兼有红、白、橙黄、砖红以及复色等多种颜色，其形、色酷似盛开的花朵，在适宜的条件下全年都可开放。

三角梅有着大量的自然杂交种、园艺杂交种，形成了近300个品种的庞杂体系。近似种光叶子花（*Bougainvillea glabra*）也被称为三角梅，用于盆景的制作。

造型

三角梅的繁殖可在春季或生长季节进行扦插，也可在生长季节进行压条，都很容易成活。还可用生长多年，苍劲古朴、盘根错节的老桩经“养坯”成活后制成盆景，一般在春季移栽。

三角梅盆景的树干造型有直干式、斜干式、双干式、曲干式、卧干式、临水式、悬崖式、文人树等；枝丛造型则有垂枝式、风动式、自然式等；其根系发达，经提根后，悬根露爪，苍劲有力；此外，还有附石式、水旱式等不同造型的盆景。

三角梅萌发力强，生长迅速，耐修剪，造型方法以修剪为主，蟠扎为辅。对于幼树可根据造型需要，先用金属丝蟠扎出基本形态，再通过修剪，使其成型。对于生长多年的老桩则要通过不断地修剪进行造型，修剪时应根据构思的总体意向，做到心中有数，并对部分枝条进行蟠扎，达到根干古雅清奇，主枝、侧枝显著，树冠茂盛而富有层次的效果，以提高盆景的观赏性。

广东、香港、广西等地气候温暖，三角梅资源丰富，其桩材硕大，形态虬曲古朴，富于变化，在技法上采用岭南派盆景特有的“截干蓄

惊涛
罗志杰作品

紫气东来
北京颐和园作品

醉花荫
黄连辉作品

醉
何汉杰作品

紫霞绕月
何伟源作品

枝”，使其枝条抑扬顿挫，过渡自然，极具地方特色，即便是垂枝式造型也是刚健有力，呈现出雄壮苍劲的阳刚之美。

养护

三角梅喜温暖湿润和阳光充足的环境，不耐寒。生长期可放在室外阳光充足、空气流通处养护，即使盛夏也不必遮光，如果光线不足会使新枝生长细弱，苞片色彩暗淡，开花稀少。平时保持盆土湿润，避免过于干旱，但在花蕾形成期则要适当控制浇水，以利于花芽的形成。三角梅喜肥，春季出房后每10~15天施一次以氮肥为主的稀薄液肥，以促使植株生长旺盛，生长发育期每周施一次以磷肥为主的液肥，可促使花开得多并且色彩艳丽。北方地区冬季移至室内阳光充足处越冬，控制浇水，5℃以上可安全越冬；南方地区则可在室外避风向阳处越冬，寒流到来时注意防寒。每年春季翻盆一次，盆土宜用含腐殖质丰富、疏松肥沃、排水透气性良好的砂质土壤，并在盆底放些动物的蹄甲、碎骨头块或过磷酸钙等含磷量较高的肥作基肥。

结合翻盆对植株进行一次修剪，剪除病虫枝、枯枝、内膛枝、过密枝、交叉枝、平行枝以及其他影响造型的枝条，对所保留的枝条也要短截，以加强植株内部的通风透光，促发新枝。剪下的枝条可挑选形态好的进行扦插（经生根剂处理后效果更好），成活后植于小盆中即成为优美的小型或微型盆景。当新芽出现后，注意摘心，以抑制枝条徒长，促进分枝。对造型不需要的芽也应及时抹去，以免消耗过多的养分，影响生长。每次花谢后也要对其进行修剪，以控制生长，保持造型的优美。

紫霞仙子下凡间
杜建坤作品

更上一层楼
周衍文作品

石榴

Punica granatum

石榴树姿或古雅苍劲，或挺拔秀美，花果俱佳，枝条柔韧性好，萌发力强，可用制作多种造型和规格的盆景。

太平盛世·春
齐胜利作品

太平盛世·秋
齐胜利作品

石榴别名安石榴、山力叶、丹若、若榴木，为石榴科（有文献将其归为千屈菜科）石榴属落叶灌木或小乔木，根据品种的不同，株高从0.5米至10米不等，树皮粗糙，春季新芽嫩芽红色或绿色。叶通常对生，纸质，矩圆状披针形，光亮；花数朵簇生于小枝的顶端，雌雄同株异花，花萼钟状或筒状，质厚，花单瓣或重瓣，以红色为主，其他还有粉红、白、浅黄以及复色等多种颜色。浆果球形或近似于球形，果皮有红、黄、白、铜褐等颜色。萼片在果实上端宿存，呈多裂嘴状，内有种子多数。花期初夏（有些观花品种可从暮春开到秋季，在适宜的环境中甚至一年四季都可开花），果期秋季。

石榴按其用途可分为观赏石榴和食用石榴两大类。其中的观赏石榴又可分为花石榴和小石榴两种类型。其中的小石榴植株矮小，叶、花、果都很小，常见的有红花、红果的月季石榴，花红色、果实黑紫色的墨石榴等品种。用于制作盆景的石榴品种要有较强的观赏性，要求节间短粗，花色鲜艳，坐果率高，果实形状周正，色彩美观，挂果时间长，果实味道的好坏基本不做考虑。

造型

石榴的繁殖可用播种、扦插、压条、分株、嫁接等方法。可用生长多年的老桩，选择形态古朴苍劲的植株，在冬天或者春季进行移栽，如果挖掘后根系保护良好，土球完整，并能及时栽种，其他季节也可移栽。栽种前先根据树势和造型的需要进行修剪整型，剪去多余的枝条和过长的主干，移栽时可将过长的根系剪短，但对于须根要保护好，以保证成活。栽种前将断裂、撕裂的根系剪平，如果挖掘时间过长，植株失水严重，还可将根系在清水中浸泡5~8个小时，以补充水分，有利于成活。栽种时施以腐熟的有机肥做基肥，栽后浇透水，水渗入土壤后应覆土保墒，以后若遇干旱天气，应及时补充水分。

石榴盆景的造型可根据树桩的形态进行，常见的有直干式、斜干式、双干式、文人树、曲干式、悬崖式、水旱式、丛林式等多种形式。造型方法以修剪为主，蟠扎为辅，将枝叶修剪得高低相间，疏密有致。使树冠与苍劲的根干，娇艳的花朵，累累的果实相映成趣，自然和谐。其老树干表面凹凸不平，可加工处理成舍利干，但这种舍利干又不同于柏树那种规整流畅的形式，而是要表现其粗犷自然的原始之美。

石榴除了用原桩制作盆景外，还可通过嫁接、压条、扦插等方法进行造型。

嫁接造型 我们知道，石榴有大石榴、小石榴之分，其中的大石榴根部虬曲多姿，枝干古朴苍劲，但其叶片和果实都较大，与树干的比例失调，很难以小见大，表现出大自然中果树枝繁叶茂、硕果累累的景象；而小石榴枝叶细小稠密，花和果实也不大，但不足的是树干较细，粗大苍劲的老桩几乎没有，只能制作微型或者小型盆景，不能制作大型盆景。而以大石榴的老桩做砧木，小石榴的枝条做接穗，以嫁接的方法（通常采用劈接、靠接的方法）将其合二为一，则能够扬长避短，所制作的盆景树干古雅，配以细小稠密的叶子，玲珑秀美的石榴果，其以小见大，所表现的大树风采具有浓郁的诗情画意。但用此法制作的石榴盆景也存在着以下不足：已经成活，甚至已经成型，生长多年的嫁接枝条会莫名其妙的干枯死亡（俗称“退枝”），而且遇到大风还容易折断。

扦插造型 石榴是一种很容易扦插成活的植物，如果季节合适，方法得到当，即便是生长多年，较粗的侧枝，甚至主枝，都能成活。可利用这个方法，结合修剪，选择姿态较好的枝条，修剪后，进行扦插，成活后经过养护造型。移入观赏盆，就是一件很好的微型或小型盆景。

秋实
梁凤楼作品

天宫榴韵
张忠涛作品

酬勤图
梁凤楼作品

春华秋实
张新友作品

压条造型 多用于那些形态优美、能够自成一景的挂果枝条，在生长季节进行，生根后剪断，与母本切离，上盆，即成为一件果实累累的微型盆景。

养护

石榴喜温暖、湿润和阳光充足的环境，对夏季的高温和冬季的低温都有较强的适应性。平时可放在室外阳光充足、空气流通之处养护，即使盛夏也不必遮光，其花色越晒越艳，高温和背风、向阳是形成花芽、开花、结果的重要条件，如果光照不足，虽然枝叶繁茂，却开花稀少，甚至不开花，因此栽培中一定要给予充足的阳光。

浇水掌握“见干见湿，宁干勿湿”的原则，尤其是花、果期，更不能水大，也不要经常向植株喷水，以免枝条徒长，叶片肥大，并造成落花落果或花朵、果实腐烂。石榴虽然耐干旱，但盆栽植株因盆土面积有限，也不能长期缺水，否则势必影响生长，严重时甚至造成植株死亡。石榴喜肥，生长季节做到“薄肥勤施”，每7天左右施一次腐熟的有机液肥，3~4月施肥是为了促根壮枝，应施以氮肥为主的复合肥；5~9月则以促花保果为主，应以磷钾肥为主，整个生长期还可对叶面喷施0.3%~0.5%的磷酸二氢钾溶液3~5次。10~11月施以磷钾肥，注意控水，以促使果实发育，控制新梢生长，为以后的越冬打下良好基础。

石榴盆景可在冬季落叶后至春季萌芽前进行一次修剪整型，剪去内膛枝、过密枝、病虫枝、细弱枝以及其他影响造型的枝条，以增进树冠内部的通风透光，有利于植株的生长。生长期注意打顶摘心。除摘心外，密集叶、病害叶、黄叶也要及时摘除。

石榴为雌雄异花，其雄花子房呈圆锥状，后部与花柄的接触处较小；雌花子房为筒状，后部与花柄相连处较大。对于以观果为主的石榴，当花蕾较多时，应该把较小、过密、位置不当的花蕾疏除，并注意疏除过多的雄花，以免消耗过多的养分，影响坐果率。为了提高坐果率，可在晴朗的清晨对其进行人工授粉，方法是在头茬花刚开放时用毛笔在雄蕊上轻轻点几下，然后再在雌蕊上轻轻点几下，以帮助雌花授粉。坐果后，若果实较多，可根据需要，剪掉一些弱果、歪果或其他不美观的果实，以达到疏密有致、高低错落的效果。

石榴耐寒冷，在黄河流域，正常年份能够在室外避风向阳处越冬，但若遇极寒天气，仍需防寒保护，以防遭受冻害。郑州地区曾遭遇极寒天气，有很多留在室外的石榴被冻死，大棚（无加温）内的则安然无恙。因此，有条件的话最好放在冷室内越冬，但温度不宜过高，否则会造成植株提前发芽，养分消耗过多，影响以后的生长。此外，冬季还要注意浇水，保持土壤有一定的湿度，避免干冻。春季萌芽后，气温变化剧烈，也要注意防寒，以免造成“回芽”现象：即新芽被冻死且不再萌发，严重的最后可导致植株死亡。

秋韵
梁凤楼作品

枯木逢春
郑州碧沙岗公园作品

双喜临门
杜仲君作品

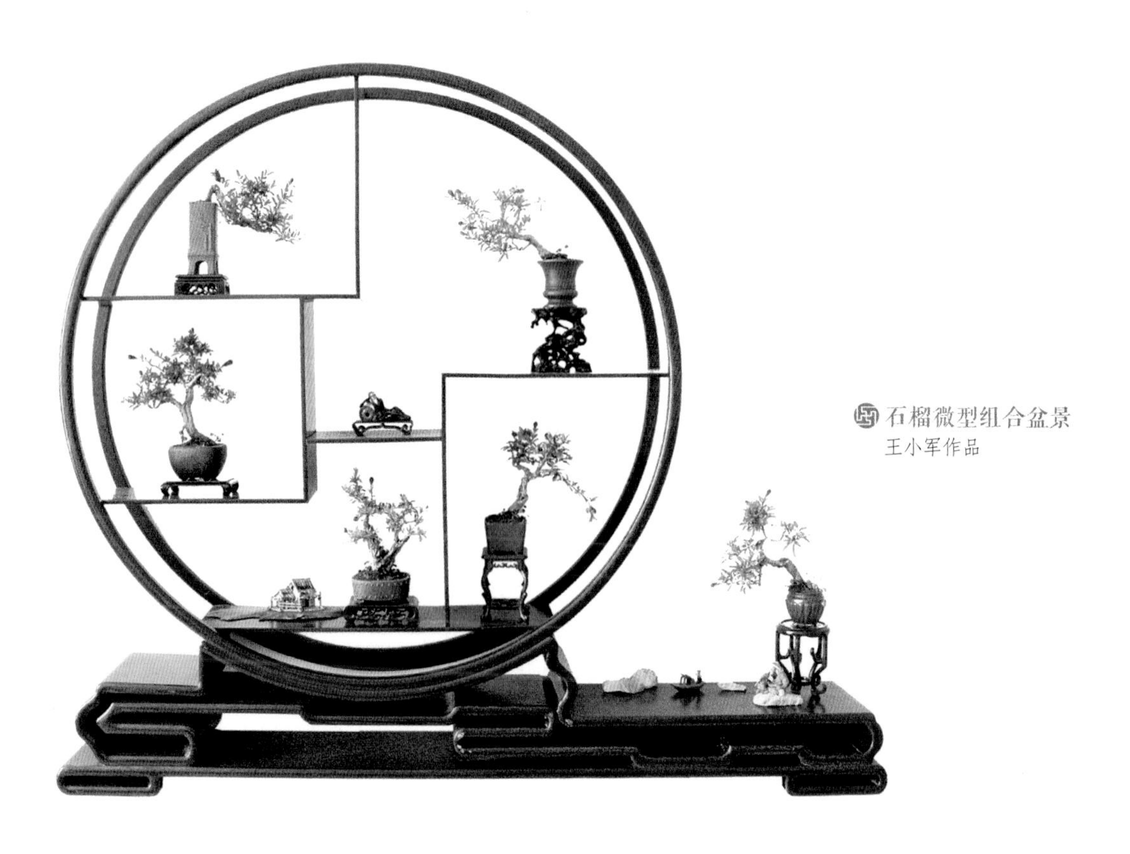

石榴微型组合盆景
王小军作品

对于微型石榴盆景，平时可将其连盆埋在沙床或较大的盆器内养护，以方便管理，等陈设观赏或参展、拍照时取出，清除花盆上的泥土，进行适当整型，并根据需要铺青苔，点缀配件，上架子。

对于成型的石榴盆景可每2~3年换盆一次，一般在春季萌动前进行，换盆时剔除盆土的1/3~1/2，剪掉腐烂的老根，将枝条剪短，再用新的培养土种植，并施以腐熟的有机肥做基肥。盆土要求肥沃、疏松、湿润而又不积水，可用等量的河沙、腐叶土、园土混合配制，并在盆底放些动物的蹄片、骨头做基肥。栽后浇透水，放在没有直射阳光处缓苗7~10天，等其恢复后再移至阳光充足的地方养护。

病虫害防治

蚜虫 主要危害观赏石榴新叶、嫩芽、嫩梢的生长，严重时叶片、花蕾、花朵、果实、枝条均有蚜虫的分泌物，造成开花稀少，花朵品质下降，重瓣品种甚至蜕化成单瓣花，果实变小。天气干旱、通风不良时蚜虫最容易发生，可通过改善栽培环境进行预防。若发现蚜虫危害，可用1500倍40%的乐果药液或其他相关杀虫药物喷洒防治。

桃蛀螟 是观赏石榴的蛀果害虫，每年发生2~3代，幼虫在6月上旬至7月上旬，从花萼处侵入幼果进行危害。可将棉球浸在300倍的敌百虫药液中，然后将药棉球塞入花萼深处，当幼虫通过花萼时即被毒死。如果同时给树冠喷洒800倍敌百虫药液或5000倍的2.5%溴氰菊酯，其防治效果更好。此外，秋季还要摘除病虫果，冬季清除病虫枝，以消灭越冬幼虫。

黄刺蛾 为观赏石榴生长期常见的害虫，幼虫食叶，可在幼虫期喷洒40%氧化乐果乳油1500倍液；生长期随时人工捕捉幼虫，并将其杀死；冬季从树枝上摘除卵形虫蛹，并将其杀死。

蜡梅

Chimonanthus praecox

蜡梅树姿古雅苍劲，花朵明媚芳香，枝条萌发力强，造型及养护时都要应注意修剪，使之疏密有致，并通过嫁接改善品种。

争奇斗艳
于发科作品

蜡梅因香气似梅花，颜色、质感像黄蜡而得名，又因其傲霜斗雪盛开于寒冬腊月，故也作腊梅，其他还有黄梅、干枝梅等别名。为蜡梅科蜡梅属落叶灌木，树干丛生，灰褐色，有皮孔；单叶对生，叶片卵状椭圆形或卵状披针形，先端渐尖，基部圆或阔楔形，全缘，深绿色。花由一年生枝条的叶腋长出，成对着生或与叶芽对生，花朵直径2~4厘米或更大，花被外轮花瓣较长，黄色带有蜡质，稍透明；内轮花瓣较短，基部紫色或全呈紫色，具有浓郁的芳香。冬季或早春先于叶开放。果托近木质化，瘦果坛状或倒卵状椭圆形。

蜡梅均产于我国，有着大量的园艺品种或变种，根据品种的不同，花色有纯黄色、金黄色、淡黄色、墨黄色以及黄白色、淡白色、银白色等，花蕊有红、紫、红褐、洁白等色。较为著名的有素心蜡梅、檀香蜡梅、虎蹄蜡梅、磬口蜡梅、狗牙蜡梅等传统品种。其中的狗牙梅也叫狗英梅，是蜡梅的原生种，其习性强健，生长迅速，桩头古朴多姿，开花较早，但花瓣尖，花朵小，香味淡。常作砧木，嫁接优良品种的蜡梅。

造型

蜡梅的繁殖可用播种、分株、扦插、压条、嫁接等方法。其中嫁接最为常用，一般以狗牙蜡梅或蜡梅的实生苗做砧木，也可用那些姿态古雅的蜡梅老桩上的新枝做砧木，素心蜡梅、虎蹄蜡梅、檀香蜡梅等优良品种做接穗，以切接、靠接、芽接、腹接、劈接等方法嫁接。

靠接的蜡梅由于接穗与砧木的接触面积小，容易退枝或折断，发现后应用同一品种的蜡梅进行嫁接补救，切不可将砧木上萌生的枝条直接造型，这是因为作为砧木的狗牙梅花形、花色与作为的接穗的品种蜡梅有着较大的差异，二者同在一棵树上很不协调自然。

蜡梅的老桩苍劲古朴，根干奇特。可根据树身具体形态，制作直干式、斜干式、卧干式、曲干式、枯干式、劈干式、悬枝式以及附石式、水旱式、丛林式等多种造型的盆景。对于幼树则可通过修剪、改变栽种角度、刀切折枝、蟠扎等技法造型，也可与松、竹（可用罗汉松、南天竹等类松、类竹植物替代）合栽，谓之“岁寒三友”，栽种时注意三者大小的搭配，使之高低有序，错落有致，具有较高的艺术观赏性。并可以参考国画中的蜡梅形象，根据造型的需要在盆面适宜的位置摆放奇石，以增加盆景古雅清奇的韵味，使作品更富有诗情画意。

生长多年的老蜡梅桩子，根部疙里疙瘩，俗称“蜡梅疙瘩”或“疙瘩梅”，其形状奇特古雅，似奇石怪峰，在制作盆景时可将其视作山石，而蜡梅的枝干从“山石”生出，二者相伴而生，奇特而富有趣味。此外，还可将部分枝干剥去老皮，露出木质层，并涂抹石硫合剂，做成舍利干，以增加古朴苍劲的韵味。

“贵稀不贵繁，贵老不贵嫩，贵瘦不贵肥，贵含不贵开，贵斜不贵正”“以曲为美，直则无姿；以疏为美，密则无韵；以欹为美，正则无景”等都是古人对梅的赏评标准，这些标准同样可用于蜡梅盆景的创作，但要根据蜡梅的植物特性进行，如蜡梅的小枝直而挺拔，切不可特意追求所谓的“以曲为美”，将小枝蟠扎得曲曲弯弯，状若蚯蚓，如此不仅违反自然规律，而且也不美。

蜡梅盆景的枝丛多做成自然式，其蟠扎造型可在5~8月进行，这是由于此时枝条柔软，操作前注意控制浇水，以进一步软化枝条，便于造型操作。对于较粗的枝干，可用“刀切折枝”的方法造型，在3~4月进行，方法是根据树型和立意，找好下刀的位置，用刀向树干中心自上而下斜切一刀，深度约达树干直径的2/3，然后用手将树干向下刀的地方轻轻弯折，但不要折断，利用折开的三角形木质部的尖端，顶住面对的斜

梅林春韵
郑州碧沙岗公园作品

古色古香
郑州植物园作品

冷香
鄢陵花博园作品

汉魏遗香
韩镇山作品

面，在张开的空隙嵌入一块石子或碎瓦片，以防复原。切口涂泥后用塑料布包裹，然后固定在支撑竿上。对较粗的树干，可以用锯斜切。用此法造型的蜡梅盆景具有干、枝棱角分明，整体树势苍劲有力等特点。

随着时代的发展，蜡梅盆景的造型也日趋丰富，甚至还吸收松柏及其他杂木盆景的特色，将树冠做成云片状，开花之时密密麻麻的花朵开满枝条，给人以生机勃勃、蓬勃向上的感觉。

养护

蜡梅喜阳光充足的环境，可放在室外光照充足处养护，即使盛夏也不要遮阴，浇水掌握见干见湿，避免盆土积水。4~10月的生长期每半月施1次腐熟的稀薄液肥，7~8月的花芽分化期每7~10天施1次腐熟的有机肥和磷钾肥混合液，入冬前施1次复合肥。但花期不要施肥，以免造成落花落蕾。

蜡梅的萌发力强，耐修剪，花谚有“蜡梅不缺枝”的说法。在花谢后及时进行一次修剪整型，将多年生的枝条剪去一部分，促使枝条再萌发小侧枝，对于粗大的徒长枝以及其他影响造型的枝条（尤其是从基部萌发的粗枝）也要剪掉，以保持造型的优美。也可根据树型将老化的枝条重剪，以利于其更新复壮，但要注意所留枝条上顶芽的位置和方向。生长期注意对当年新嫩枝进行打头，以促使多抽枝，并能改变树枝的方向，使枝条生长粗壮，多育蕾、多开花。在生长季节对于一些当年生需要弯曲的新枝，可用麻绳或棕绳适当进行牵拉，并根据树性及长势进行必要的修剪。入秋以后，当花蕾长到米粒大小时，进行一次修剪整型，以控制枝条徒长，使植株紧凑，达到疏影横斜的艺术效果，并便于植株积累养分，使其花大色艳。

蜡梅盆景每2~3年翻盆1次，一般在春季花谢后进行，换掉1/3的盆土，盆土可用疏松肥沃、排水良好的砂质土壤。也可在每年的初冬选择花蕾饱满的小株，带土掘起，植于盆中，稍加造型，放在避风处或冷室内养护，开花后铺上青苔和奇石，使其富有画意，即可陈列观赏。

岁寒三友
郑州文化广场作品

寿山梅韵
李高峰作品

祝福祖国
成都幸福梅林作品

蜡梅盆景
郑州碧沙岗公园作品

五色梅

Lantana camara

五色梅花色富于变幻，树姿自然优美，枝条柔软，生长迅速，宜采用修剪与蟠扎相结合的造型。

五彩缤纷
周德清作品

五色梅中文学名马缨丹。为马鞭草科马缨丹属直立或半蔓生常绿小灌木，全株具有一种特殊的气味。株高1~2米，老枝黄褐色，分枝对生，茎枝无刺或有下弯的钩刺，叶对生，卵形或矩圆状卵形，先端渐尖，边缘有钝齿，上面粗糙而有短刺，背面有小刚毛。头状花序顶生或腋生，由多数小花组成一个大的花序，花冠根据品种和开花时间的不同，有黄、红、粉红、橙等色，有时还夹杂着蓝色，每个花序都五颜六色，故称“五色梅”，在适宜的条件下全年都可开花。变种有黄花五色梅以及蔓马缨丹（*Lantana montevidensis*）等。

造型

五色梅可用扦插、压条等方法繁殖。还可选择生长多年的老桩制作盆景，其枝干苍劲古朴，具有较高艺术性和观赏性。

五色梅枝条柔软，可制作悬崖式、单干式、双干式、斜干式、临水式、枯干式、丛林式等不同造型的盆景。五色梅的叶片较大，树冠常采用潇洒的自然型，不必刻意扎成圆片形。由于生长迅速、萌发力强，耐修剪，造型方法应以修剪为主，再辅以蟠扎和牵拉；五色梅的枝条直而无姿，可用金属丝进行弯曲。也可用岭南派“截干蓄枝”的手法进行造型，方法是在适当的位置将主干截断，促发侧枝，然后选择位置合适的侧枝加以培养，抹去其他的新芽，等这个侧枝长到一定粗度时再将其截断，培养新枝，如此反复进行，直到主干、主枝、侧枝、小枝形成，此法虽然成型时间较长，但制作出的盆景自然虬曲，极具观赏性。

养护

五色梅原产热带美洲，喜温暖湿润和阳光充足的环境，不耐寒。春至秋的生长季节可放在室外向阳处养护，即使盛夏也不必遮光，但要求通风良好。生长期保持盆土和空气湿润，避免过分干燥；每15天左右施一次以磷钾为主的薄肥，以提供充足的养分，使植株多开花。五色梅生长较快，栽培中应及时剪除影响造型的枝叶，以保持造型的美观，每次花后将过长的嫩枝剪短，秋末冬初入房前对植株进行一次重剪，把当年生枝条都适当剪短。冬季移置室内向阳处，若能维持15℃以上的室温，植株可正常生长、开花，应适当浇水、施肥和修剪，若保持不了这么高的温度，节制浇水，停止施肥，使植株休眠，5℃以上即可安全越冬。

每2~3年的春季翻盆一次，并对植株再进行修剪整型，剪去枯枝、弱枝以及其他影响造型的枝条。盆土宜用疏松肥沃、含腐殖质丰富的微酸性土壤。

五色花开
王惠杰作品

丛林式五色梅盆景
河南安阳洹水公园作品

古韵春晖
河南安阳洹水公园作品

逸趣
查新杰作品

凌霄

Campsis grandiflora

凌霄枝干苍老，花色艳丽，枝条生长速度快，柔韧性好，因其为藤本植物，有着较长的树干，应进行短截，保留造型所需要的部分。

凌霄盆景
洛阳西苑公园盆景班作品

逸情
赵福文作品

凌霄也叫中国凌霄、大花凌霄、紫葳、陵时花、女葳花，为紫葳科凌霄属落叶藤本植物，老干扭曲盘旋，苍劲古朴，小枝紫褐色，枝上有气生根；叶对生，奇数羽状复叶，小叶7~9片或更多。聚伞状圆锥花序顶生，花筒肿大，花冠漏斗状钟形，花色橙黄至橙红，蒴果细长如豆荚。花期6~9月，10月果熟。

近似种有美国凌霄（学名厚萼凌霄，*Campsis radicans*），其叶较大，花朵稍小，花萼有棱，花冠紫红或鲜红色。也常用于制作盆景。

造型

用于制作盆景的凌霄，可以选择那些基部扭曲多姿的老干，在合适的位置截断，剪去过长、枯烂的根系，上盆后重发新枝，进行盆景造型。

凌霄盆景有直干式、提根式、斜干式等造型，造型方法以修剪为主，蟠扎为辅，树冠既可加工得疏密得当，层次分明，也可利用植物的自然属性，使枝条下垂，以表现其自然飘逸的神韵。

养护

凌霄盆景宜放在室外阳光充足、通风良好之处养护，即使盛夏高温季节也不必遮光，以利于植株进行光合作用，制造养分，形成花蕾，并使花色鲜艳。生长期保持土壤湿润而不积水，做到"薄肥勤施"，肥料应以磷钾肥为主，氮肥为辅，以促进花开繁茂，10月以后停止施肥。冬季可在室外避风向阳处或冷室内越冬，控制浇水、停止施肥，但也不能长期干旱，否则会造成植株死亡。

每年的春季萌芽前进行一次修剪整型，剪去枯枝、病虫枝、徒长枝、交叉枝、重叠枝以及其他影响造型的枝条，以保持植株的优美。生长期应经常摘心，以控制枝条生长，促发侧枝，并及时抹去枝干和基部萌发的腋芽、不定芽，花败后及时剪去残花，以使其再度形成花蕾。

每1~2年的春季发芽前翻盆一次，以肥沃、疏松、排水良好的砂质土壤为佳，可用腐殖土3份、粪土3份、园土2份、河沙2份混合配制，盆底加腐熟的饼肥、动物蹄甲或其他缓效肥做基肥。

硬骨凌霄

Tecomaria capensis

硬骨凌霄四季常青，花叶秀美，萌发力强，柔韧性好。但耐寒性较差，养护中应注意防寒。

硬骨凌霄盆景
玉山摄影

硬骨凌霄也称南非凌霄、四季凌霄。为紫葳科硬骨凌霄属常绿植物，植株呈半藤状或近似直立灌木，枝条褐绿色，常有痂状凸起；叶对生，奇数羽状复叶，小叶多为7枚，具短柄，卵形至阔椭圆形，叶缘有不甚规则的锯齿。总状花序顶生，花萼钟状，5齿裂，花冠漏斗状，略弯曲，橙红至鲜红色，有深红色纵纹，花期春季和秋季。

造型

硬骨凌霄的繁殖可用扦插、压条或播种等方法。盆景有直干式、斜干式、临水式、悬崖式等形式，可用修剪、蟠扎相结合的方法进行造型，因其叶较大，树冠多为三角形、馒头形或自然形，而不必做成云片状，因其枝叶密集，造型时注意层次分明，切不可杂乱。其根系发达，可将部分根系提出土面，以使得作品苍劲古朴。

养护

硬骨凌霄原产南非西南部，喜温暖湿润和阳光充足的环境，不耐寒。除了夏季适当遮阴、避免烈日暴晒外，其他季节都要给予充足的光照。生长期保持土壤湿润而不积水，每周施一次薄肥。冬季植株生长停滞，但叶子并不脱落，可移至室内光照充足之处，停止施肥，减少浇水，温度最好维持10℃以上。

硬骨凌霄萌发力强，可随时剪除影响美观的枝条，冬季休眠时对植株进行一次整型，剪除细弱枝、病虫枝、过密枝或其他影响美观的枝条，并进行回缩修剪，将过长的枝条短截，把树冠控制在一定的范围。

每2年左右翻盆一次，一般在春季进行，盆土宜用疏松肥沃、排水良好的微酸性土壤。

紫薇 *Lagerstroemia indica*

紫薇花期长，花色艳，树姿或古雅或秀美，萌发力强，柔韧性好。其花枝较长，可用嫁接矮紫薇进行品种改良，以形成紧凑的树冠，开花时花团锦簇。

锦秀华芳
范鹤鸣作品

紫薇也称百日红，又因轻轻抚摸树干，全树就会摇动，又有痒痒树、怕痒树等别名。为千屈菜科紫薇属落叶灌木或小乔木，树皮灰色或灰褐色，因片状剥落而变得光滑，枝干扭曲，小枝纤细；单叶互生或对生，叶片纸质，椭圆形、矩圆形或倒卵形，全缘。圆锥花序顶生，花朵密集，花色有紫、粉红、白等色。花期很长，可从6月一直开到10月底。蒴果椭圆状球形或阔椭圆形。

紫薇的品种主要有开红色花的赤薇、白色花的银薇、淡紫色花的翠薇等。此外，还有从日本引进的姬紫薇（别名姬百日红、日本矮紫薇、矮紫薇），其株型矮小而紧凑，叶片小而稠密，花期长、开花量大，花色丰富，适合制作微型盆景。

造型

紫薇的繁殖可用播种等方法。也可用形态佳者的粗枝干扦插，一年四季都可进行，但以春季成活率最高。也可用生长多年、植株矮小、虬曲苍劲的紫薇老桩制作盆景，一般在春季植株萌芽前移栽，移栽时对植株进行一次修剪，将多余的枝条剪除，过长的枝条剪短。栽后浇一次透水，以后保持土壤和空气湿润，即可成活。

紫薇可根据树桩的形态加工制作成直干式、斜干式、双干式、枯干式、曲干式、悬崖式、临水式、水旱式等不同形式的盆景。其枝干柔软、韧性好，较粗的可直接用棕丝或金属丝吊扎；细枝则以修剪为主。由于叶片稍大，树冠多采用自然式，又因紫薇是观花植物，花序又大，造型时要留出花朵的位置，以免开花时花序拥挤，使植株缺乏层次，影响美观。也可选择一些形态好的紫薇幼株进行蟠扎造型，制成小型、微型盆景，或数株合栽于一盆，做成丛林式盆景。

对于姬紫薇，除用于制作微型盆景外，还可用普通紫薇的老桩作砧木，矮紫薇作接穗，在生长期以劈接或靠接的方法进行嫁接，以形成紧凑的树冠。

养护

紫薇喜温暖湿润和阳光充足的环境，耐半阴、干旱和寒冷，怕涝。制作好的盆景可放在室外阳光充足处养护，生长期浇水做到“见干见湿”，避免盆土积水，夏季高温时因植株蒸发量大，除正常浇水外，还要向植株周围喷水，以增加空气湿度，防止叶片边缘干焦，阴雨天则要停止浇水，雨季注意排水防涝；每10~15天施一次腐熟的稀薄液肥，因紫薇是观花盆景，施肥时可适当多施些磷肥，以使植株多开花。

冬季落叶后对植株进行一次整型，剪去多余的枝及病枝、枯枝、交叉枝，将过长的枝条剪短，每枝只留3~5厘米长。每年5月进行一次摘心，花后将残花序剪掉，并将开过花的枝条短截，以促使分枝，达到多开花的目的。由于紫薇萌发力强，生长期要及时除去树干萌发的枝芽及其他影响造型的新枝，以免植株消耗过多的养分，影响下轮开花。

每2~3年春季萌芽前翻盆一次，盆土宜用肥沃疏松、排水透气性良好的砂质土壤，忌用黏重土。

紫薇盆景
王小军作品

紫薇盆景
北京植物园作品

云头雨脚彩霞飞
陈永康作品

紫气东来
吕武德作品

春韵
范鹤鸣作品

枸杞 *Lycium chinense*

枸杞树姿优美，果色艳丽，根系发达，枝条的萌发力和柔韧性都很好。因其主干细弱，多用以根代干的技法，使作品苍劲古朴。

鹤乡雅士
李海燕作品

枸杞为茄科枸杞属落叶灌木，枝条丛生，弯曲下垂或呈拱形匍匐生长，小枝有棱，枝上长有细刺或针状短刺，单叶互生或簇生，具短柄，叶片卵形、卵状菱形、长椭圆形、卵状披针形，先端急尖或钝，全缘。花单生或数朵簇生于叶腋，小花漏斗形，紫色。浆果椭圆形至卵球形，成熟后呈深红色或橘红色。

枸杞属植物约90多种，我国有7种及3变种，此外还有一些园艺品种。其中最为著名的是宁夏枸杞（*Lycium barbarum*），俗称“西杞”，其株型较大，枝条有棘刺，叶狭而大，呈披针形或线状披针形。花粉红色或紫红色。浆果较大，呈宽椭圆球形，长1~2厘米，成熟后红色，味甜可鲜食。但因其枝长叶大，不能以小见大，表现大树的风采，故很少用于制作盆景。黑果枸杞（*L. ruthenicum*）也称黑枸杞，因果实呈黑色而得名，产于西北，因移栽成活率低，长势弱，也不适合做盆景。

适合制作盆景的是广泛分布于我国各地的中华枸杞（俗称“土枸杞”），其植株矮小，叶片小而密集，果实虽然不大，但色彩鲜艳，挂果量也大，特别是生长多年的植株根、干清奇古雅，非常适合用于制作盆景。

造型

枸杞的繁殖常用播种、扦插、压条、分株等方法。也可在冬季落叶后至翌年春季采挖生长多年、形态奇特、古朴多姿的枸杞树桩制作盆景。

枸杞可根据树桩的形态，制作直干式、斜干式、双干式、临水式、水旱式、悬崖式、连根式、过桥式、附石式等不同形式的盆景。如果桩材合适，也可制成动物或人物型盆景，其妙在“似与不似”之间，也非常有趣。

由于枸杞是蔓生类植物，不少植株没有明显

的主干，甚至连较粗的枝条也不多见，因此在制作盆景时可以考虑用“以根代干”的方法，将植株的根部提出土面代替树干，提根应逐步分次进行，不可一次提得过多，否则会因毛细根裸露过多，造成树桩“回芽”，严重时甚至植株死亡。此外，还可选择姿态美的其他植物树桩（死、活均可）或奇石，让枸杞的枝蔓缠绕在树桩上或从奇石的孔洞穿过，使它们合为一体，枸杞与树、石相得益彰，另有一番特色。

枸杞盆景的树冠可加工成自然型和垂枝型两种，其中自然型枸杞盆景依据根干的自然形态，将枝条中交叉枝、逆向枝、细弱枝和病枯枝剪去，通过金属丝蟠扎或修剪，使枝条形成扶疏掩映的树冠。制作时应考虑枝条的错落、左右的平衡，并结合植株挂果后自然下垂等诸多因素进行造型。而垂枝型枸杞盆景则是通过金属丝蟠扎、重物吊垂或牵拉的方法，使其树冠圆转流畅，枝条自然下垂。造型时一定要让枝条先上扬再下垂，并注意粗枝条上扬幅度大一些，细弱的枝条上扬幅度小一点，使其高低相间，疏密有致，树冠自然美观。

养护

枸杞喜温暖湿润和阳光充足的环境，耐寒冷、干旱和贫瘠。平时放在室外阳光充足处养护，盛夏也不要遮光。除冬季休眠外，夏季高温时枸杞也要休眠，此时植株生长停滞，大部分叶片脱落，应节制浇水，停止施肥。在休眠期即将结束时，进行一次修剪整型，剪去过密、过长的枝条及交叉枝、重叠枝、弱枝，并摘除残存的老

献瑞
杨自强作品

秋韵
吴刚作品

枸杞盆景
杨自强作品

叶，以加强植株内部通风透光，促使萌发新的枝叶。等新叶长出后每7~10天施一次以磷钾肥为主的液肥，浇水做到“干透浇透”。果实透色后停止施肥，减少浇水，以减弱植株的代谢活动，延长观果期。枸杞一年中可在夏秋季节两次开花、结果，其中夏季5~6月开花所结的果实稀疏，个小色淡，可将花蕾摘除，以集中养分，使秋季多坐果。由于其萌发力强，在生长旺季注意打头、摘心和抹芽，以控制长势，保持造型优美。

入冬前对盆景进行一次整型，使其落叶、落果呈现出刚劲虬曲的寒树造型，冬季也能观赏。枸杞是温带植物，在我国大部分地区都可露地越冬，成型的盆景可放在室外避风向阳处越冬，能耐-8℃左右的低温，但要适当浇水，避免土壤干冻，否则会造成植株死亡。如果温度过高，会使植株提前萌发，反而对第二年的生长不利。冬季也不要修剪，以免发生“退枝”。等春季萌芽前进行一次修剪整型。

每隔1~2年的春季翻盆一次，盆土要求肥沃疏松、排水良好，可用田园土、砂土、腐殖土混合配制，并放入一些过磷酸钙或碎骨头块、动物的蹄甲等磷钾肥做基肥。新栽的植株放在无直射阳光处养护15天左右，即可进行正常管理。

枸杞常见的病害有黑果病、灰斑病、根腐病、白粉病等。可在结果期用1：1：100波尔多液喷洒，雨后喷50%退菌特可湿性粉剂600倍液，进行预防。如果发病及时摘除病叶、病果、病枝等，并进行销毁，严重时可将整株销毁，以免感染其他植株。还要用80%退菌特1000倍溶液或50%多菌灵1000~1500倍溶液进行喷洒或涂抹患病部位或进行灌根。虫害有枸杞实蝇、蚜虫、枸杞瘿螨等为害，可用低毒的菊酯类农药进行喷洒防治，以降低农药残留，其浓度和使用方法可参看相关农药的使用说明书。

秋韵
杨自强作品

古柯繁枝
杨自强作品

花椒

Zanthoxylum bungeanum

花椒树姿优美，果实艳丽，气味芬芳，其新枝柔韧，可采用蟠扎、牵拉、修剪相结合的方法造型。

喜上枝头
徐刚作品

花椒为芸香科花椒属落叶小乔木，树干灰褐色，上有瘤状扁刺，枝有短刺，当年生枝被短柔毛。奇数羽状复叶，互生，上有小叶5~13片，小叶卵形或椭圆形，稀披针形，叶缘有细裂齿。伞房花序或短圆锥花序顶生或生于侧枝之顶，果红色至紫红色，果皮散生微凸起的油点，有浓郁的芳香气味。花期4~5月，果熟期8~9月或10月。

花椒在我国有着悠久而广泛的栽培，并培育出许多优良品种，像大红袍、小红袍、豆椒、小叶椒、竹叶椒等。

造型

花椒的繁殖可用播种、分株、扦插、压条、嫁接等方法。制作盆景可在秋季落叶后至春季发芽前移栽。其常见的盆景造型有文人树、双干式、斜干式等。在早春季节进行修剪，可对枝条短截，以促生分枝。在春季，枝条长出新梢后不要打尖和摘心，可将过密、角度不合适的新梢及时疏除。在夏季可对主要枝干以蟠扎和牵拉的方法来完成盆景造型。

养护

花椒喜温暖湿润和阳光充足的环境，稍耐寒。生长期要求有充足的水、肥供应，以确保植株正常生长、坐果。可每月施一次腐熟的稀薄液肥。冬季移入冷室内越冬，保持适时补充水分，勿使盆土长期干旱。每2~3年的春季翻盆一次，盆土要求肥沃、含腐殖质丰富。

柑橘

Citrus reticulata

柑橘类植物品种繁多，果实丰美，四季常青，其长势相对弱，造型方法以蟠扎为主，修剪为辅。

金橘盆景
玉山摄影

柑橘为芸香科柑橘属常绿灌木或小乔木，植株多分枝，枝扩展或略下垂，刺较少；叶片革质，披针形、椭圆形或或阔卵形，大小变化很大；花单生或2~3朵簇生，花冠白色，或带紫晕；果实扁圆球状或近圆球形，果皮或薄而光滑，或厚而粗糙，淡黄色、朱红色或橙红色、橙黄色。花期5~6月，果熟期10~12月。

柑橘属植物约20个原种，分布于亚洲东部及南部。此外，还有着大量的栽培种。其同属植物中的柠檬（*Citrus limon*）、柚子（*C. maxima*）、香橼（*C. medica*）及变种佛手（*C. medica* var. *sarcodactylis*）、甜橙（*C. sinensis*）、代代酸橙（*C. aurantium* 'Daidai'）、朱砂橘（*C. reticulata* 'Zhuhong'）以及芸香科金橘属的金橘（*Fortunella margarita*）等均可用来制作盆景。

造型

柑橘通常用枸橘做砧木，进行嫁接繁殖（某些品种也可用扦插、压条的方法繁殖，但长势较弱）。根据桩材特点，可制作成斜干式、曲干式、直干式、卧干式等多种造型的盆景，其叶大、果大，树冠多采用自然型。可采用修剪与蟠扎相结合的方法造型。

养护

柑橘为亚热带植物，喜温暖湿润的环境，在充足而柔和的散射光照下生长良好，但怕夏日的烈日暴晒。春季萌芽前进行一次修剪，剪去枯枝、病害枝、徒长枝、内向枝、交叉枝、萌生枝等，将过长的枝条剪短。生长期保持土壤湿润，避免土壤忽干忽湿，并遵循“干花湿果”的原则进行浇水，即开花前后控制浇水，果实生长期则要充分浇水。处暑前是其花芽分化期，应进行“扣水”，以促进花芽的形成。春季萌芽前施一次腐熟液肥，以后每7~10天施一次以氮肥为主的液肥，促使多长枝叶、多发春梢。当新枝达到一定长度时应进行摘心，每次摘心后，要及时施肥，促使枝条提早老熟。生长期可在盆面撒一些饼肥，使每次浇水都有一些肥料渗入土中，增强肥力。开花后，除每周施一次薄肥外，还须进行疏花、疏果。在花未开时先疏去一部分花蕾；花谢坐果后，再疏去一些位置不当的幼果，目的是减少消耗养分，让有限的养分集中供给保留下来的花、果，使果实长得更大更好，并使果实分布合理。在果实成长期间，如果肥水充分，植株营养状况好，部分枝条会萌发新梢，新梢的成长必然会分流部分营养，影响果实的长大。为保住果实，对长出的新梢要及时抹除。入秋后，施肥减少，避免植株营养过剩、促发秋梢，与果实争夺养分而造成落果。果实黄熟时，停止施肥，并减少浇水，让土壤保持湿润略微偏干。倘若继续给予过多的肥水，则果实会提前老熟和早落，缩短观赏时间。冬季移入室内阳光充足之处，减少浇水，温度控制在5~10℃即可安全越冬。每1~2年的春季萌芽前进行换盆，盆土宜用疏松肥沃、排水良好的微酸性砂质土壤。

对于柠檬、佛手、香橼等品种的柑橘，还可利用其压条容易成活的习性，制作小型或微型盆景，方法是植株坐果后，选择枝干优美、果实布局合理的枝条进行高空压条，生根成活后，剪下植于小盆中，就是一件玲珑精致的小盆景。

丰收在望
蜜橘
范鹤鸣作品

代代兴旺
代代酸橙
张定元作品

金橘盆景
玉山摄影

山橘 *Atalantia buxifolia*

山橘树姿优美，萌发力强，枝条柔软，可根据造型的不同或修剪，或蟠扎，使之达到理想的效果。其耐寒性稍差，冬季应注意保温防寒。

疏影横斜橘飘香
罗小冬作品

山橘中文学名酒饼簕，别名东风橘、山橘簕、山柑仔、狗骨簕。为芸香科酒饼簕属常绿灌木，植株多分枝，下部枝条披垂，节间稍扁平。叶硬革质，有柑橘叶香气，叶面暗绿色，叶背浅绿色，叶形有卵形、倒卵形、椭圆形或近圆形，顶端圆或钝，有时内凹，中脉至叶面稍凸起。花多朵簇生，稀单朵腋生，花瓣白色；果圆球形、略扁圆形或近椭圆形，直径0.8~1.2厘米，果皮平滑，有稍凸起的油点，初为绿色，成熟时黄色，熟透后则为蓝黑色。花期5~12月，果期9~12月，常在同一植株上花、果并茂。山橘有大叶、圆叶、小叶（细叶）之分，制作盆景以小叶品种为佳。

酒饼簕属植物约17种，产于亚洲热带、亚热带地区。我国有6~8种，分布于台湾、海南、广东、广西、云南等北回归线以南各地。

在芸香科植物中，形态与山橘近似的还有山小橘属的山橘树（*Glycosmis cochinchinensis*），金橘属的山橘（*Fortunella hindsii*）等，这些植物均可制作盆景，也都被称为山橘，由此可见，盆景中的山橘并不是一种植物，而是对一类植物的统称。

造型

山橘的最佳采挖移栽时间是春末夏初，如果是在立春前移栽应罩上塑料薄膜保温保湿，以利于成活。山橘有在枝顶部萌芽的习性，所以截桩时一定要一次截取到位，如果预留的芽眼杆太长，反而在所需部位不萌芽。养坯以粗河沙为好，萌芽后要在半阴的环境下才能生长良好，如果萌芽后受阳光暴晒，则会叶色失绿，生长停滞。一些育桩一年尚不死不活的树桩多是晒坏的原因，可将其重新用新土种植，一般都能奇迹般成活。当新萌发芽的基部逐渐变成白色，叶色墨绿、厚、有光泽，则证明树桩已萌新根，此后可逐步加强光照，增施薄肥，待长势稳定后，即可进行常规管理。

树桩成活后，中秋前后可进行疏枝定托。逐步加大肥水比例，一任所留枝托疯长。第二年一般不改植换土，立春后即薄施萌芽肥，以后随着气温的回升，可进行大肥大水的管理。由于育桩时用的是河沙，所以成活后要特别加强肥水的管理，盆面可施腐熟的农家肥，再增加腐熟的固型饼肥。水肥7天一次，这样的肥培育管理新枝生长迅速，增粗明显。山橘开花结果，要将青果摘除，不让其空耗养分。

山橘树干硬朗挺拔，叶小而富有光泽，适宜制作文人树、直干式、双干式、斜干式、悬崖式、临水式等多种造型的盆景。其生命力顽强，即使虫蚁蛀空，仅剩一层皮也能成活，植株进行自我调节，长出新皮层，覆盖受伤的部分，而且枝叶繁茂，萌发力强，耐修剪，常以修剪为主、蟠扎为辅的方法进行造型。

养护

山橘喜温暖湿润和阳光充足的环境，耐瘠薄，不耐寒。成型的盆景一年四季都要求有充足的光照；平时浇水不必过多，以保持湿润为佳。生长期每月施一次腐熟的稀薄液肥，新芽萌发时应以磷钾肥为主，以使得新枝粗壮，节短而密实。山橘盆景的修剪整型可在立春前后进行，将过长的枝条剪短，以促发侧枝，这样随着时间的推移，幼枝的增多，作品会越来越苍劲，树相越来越丰满，进入最佳观赏期。

每3~5年翻盆一次，在春天进行，翻盆时保留70%左右的原土，盆土要求疏松透气、具有良好的排水性。

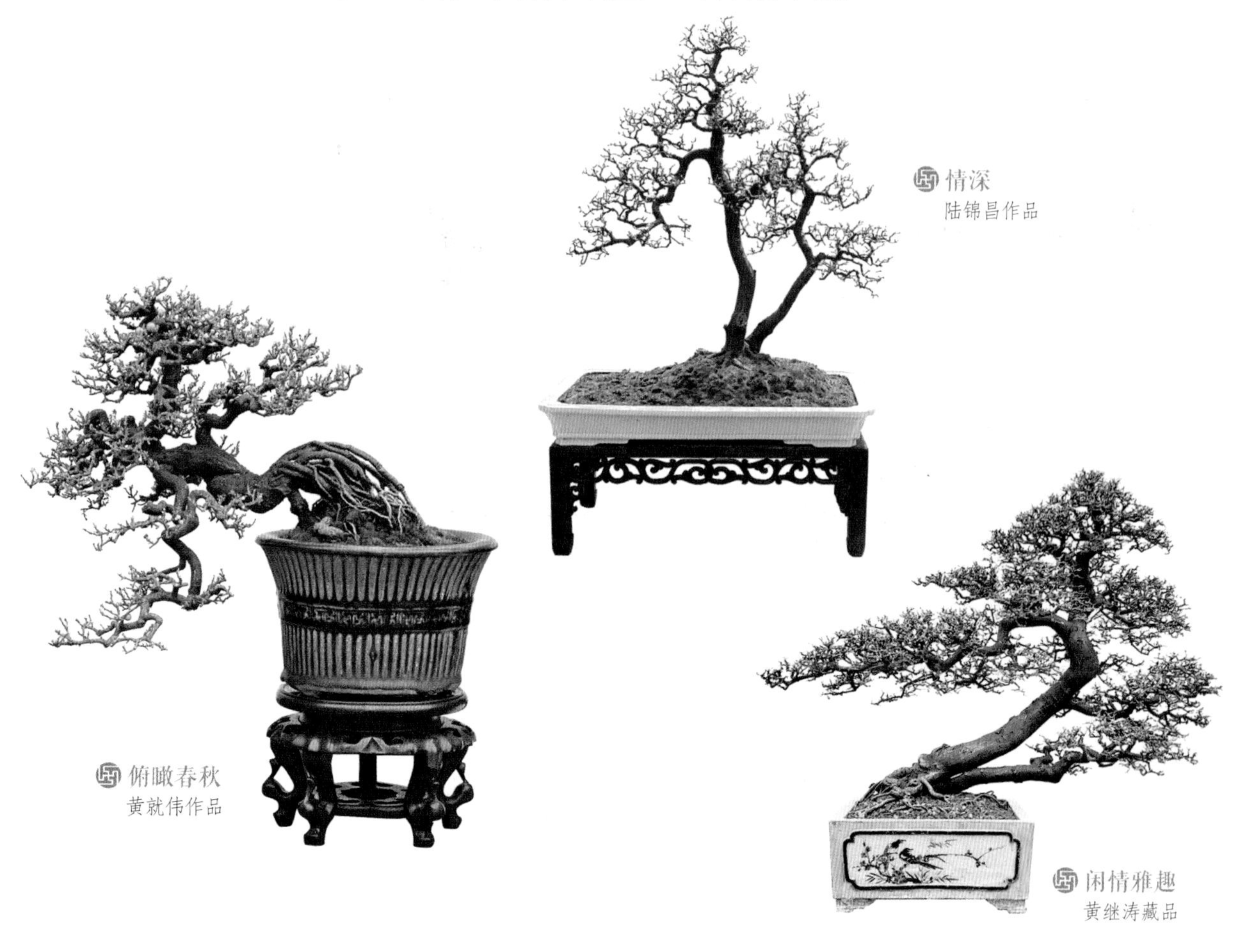

情深
陆锦昌作品

俯瞰春秋
黄就伟作品

闲情雅趣
黄继涛藏品

金豆

Fortunella venosa

金豆枝干苍劲多姿，四季常青，果实玲珑可爱，而且习性强健，移栽和扦插都容易成活，枝条的萌发力和柔韧性都很好，适合制作多种造型和规格的盆景。

金豆盆景
陈勇作品

金豆盆景
陈勇作品

金豆为芸香科金橘属（也称金柑属）常绿灌木，枝干上具刺，单叶，叶片椭圆形或倒卵状椭圆形，顶端圆或钝，稀有尖，全缘；单花腋生，常位于叶柄与刺之间，花萼淡绿色，花瓣白色；果圆形或椭圆形，直径0.6~0.8厘米，初为绿色，成熟后橙红色。花期4~5月，果期11月至翌年1月。

造型

金豆可用播种、扦插等方法繁殖，亦可采集野生桩材。其萌发力强，耐修剪，枝条柔软，易于蟠扎，可制作多种造型的盆景，因其根部虬曲多姿，更是制作提根式、以根代干式等形式盆景的良材。

养护

金豆喜温暖湿润和阳光充足的环境，其生命力顽强，耐瘠薄，平时管理较为粗放。生长期宜保持土壤和空气湿润。其萌发力强，平时注意修剪整型，抹去多余的芽，以保持盆景的优美。土壤要求疏松透气、含有丰富腐殖质的微酸性土壤。

金豆盆景
郑志林作品

金弹子

Diospyros cathayensis

金弹子树姿苍劲古雅，黝黑如铁，果实美观。其枝条柔韧，萌发力强，近年来在盆景界得到了广泛的应用。

古道遗韵
肖庆伟作品

金弹子中文学名乌柿，别名黑塔子、刺柿，为柿科柿属常绿灌木或小乔木，枝干黑色，有芒刺，叶椭圆形，黑绿色，有光泽。大多数雌雄异株，偶有雌雄同株，花青白色，好像吊在树枝上的瓶子，4月开放。果实有椭圆形、圆球形、葫芦形等，单果重5~20克，初为绿色，9月成熟后逐渐转为橙红色。乌柿的近似种瓶兰花（*Diospyros armata*）也被称为金弹子，用于盆景的制作，其造型方法及养护与乌柿相同。

造型

金弹子的繁殖常用播种、分株等方法。也可采挖生长多年、形态奇特、清奇古雅的金弹子老桩制作盆景。一般在秋季或春季移栽，移栽时可将主根截断，多保留侧根和须根，枝条也要短截，以方便携带，注意做好保鲜保湿工作。

金弹子萌发力强，耐修剪，枝条柔软，容易蟠扎，可采用粗扎细剪的方法造型。其根干发达，呈铁黑色，很有特色，在造型时应考虑对其根系进行处理，常见的形式有直干式、斜干式、曲干式、提根式、连根式、以根代干式、悬崖式、临水式等，如果桩材合适，也可制作动物、人物等象形式盆景，其妙在神似，富有趣味。树冠既可加工成严谨规整的馒头式、圆片式，也可制作成潇洒飘逸的自然式。通常在春季萌芽前或梅雨季节进行造型，幼苗可用金属丝或棕丝进行蟠扎，并适当修剪，成型后及时去掉蟠扎的金属丝或棕丝。对于生长多年的老桩则应根据树桩的形态，取长补短，对枝条进行蟠扎或修剪，逐渐培养出优美清新的树冠，根、干不必作过多的处理，以突出古朴雅致的特色。

养护

金弹子喜温暖湿润和阳光充足的环境，稍耐半阴，不耐干旱，有一定的耐寒性。由于金弹子是雌雄异株，种植时应注意雌株与雄株的搭配，使其能够授粉、坐果，雄株虽然不能结果，但其根部虬曲多姿，叶色黑绿光亮，花色淡雅，芳香浓郁，也常用于制作盆景。生长期应经常浇水，以保持盆土湿润，但也不宜盆土长期积水，高温或空气干燥时还应向叶片喷水，以增加空气湿度，有利于生长。每月施一次腐熟的稀薄液肥，注意肥液中氮、磷、钾的合理搭配，每年的7~8月追施2次以磷钾肥为主的有机液肥，以促使果实膨大，色彩鲜艳。

金弹子萌发力强，生长期可随时摘除根干上萌发的新枝新芽，以免影响树型和消耗过多的养分。南方地区在室外避风向阳处越冬，北方在0℃以上的冷室内越冬，适当控制浇水。每年的3月初将果实全部摘除，并对植株进行修剪整型，剪除枯枝、病虫枝、细弱枝、过密枝、交叉重叠枝以及其他影响造型的杂乱枝条，将过长的枝条剪短，以保持盆景的优美，并利于新芽的萌发和生长。2~3年换盆一次，多在春季进行，盆土宜用含腐殖质丰富、疏松肥沃、有良好排水透气性的中性或微酸性土壤，并在盆底放些腐熟的饼肥、畜禽粪或碎骨头作基肥。

金珠问秋实
郭锡荣作品

凌云正气
江波作品

生命之韵
左世新作品

妙墨挥岩泉
付文军作品

义薄云天
鄢久长作品

卧龙抱春
孙德柱作品

风骨透红珠
郭锡荣作品

柿树

Diospyros kaki

柿树枝干苍古，果实美观，枝条的柔韧性和萌发力都很好，是优良的盆景树种。

果实愈繁身段愈低
火罐柿
梁家强作品

柿树为柿科柿属落叶乔木，株高可达10米以上。树皮暗灰色，有较深的方块状裂纹，小枝褐色。叶片长圆形、倒卵形或宽椭圆形，近似于革质，表面暗绿色有光泽，有些品种深秋季节呈红色。花冠钟状，黄白色，单生或数朵聚生于新生枝条的叶腋。果实依品种的不同有扁球形、圆球形，常有四道纵沟或缢痕，大小从4厘米到8厘米不等，成熟后为红色、橙红色、橙黄色或鲜黄色。花期5~6月，果熟期9~11月。

造型

柿树可用君迁子、野柿、油柿的实生苗作砧木，以磨盘柿、火柿、石榴柿、罗浮柿等观赏价值高的柿树品种作接穗，在春季以劈接或切接的方法进行嫁接。也可在秋季落叶后和春季发芽前到野外挖掘生长多年、古朴苍劲的君迁子（也称黑枣、软枣）树桩，成活后经一年的“养坯”，在第二年的春季进行嫁接。由于君迁子根内的单宁含量较多，受伤后很难愈合，移植后树势恢复慢，因此。在移栽时应尽量保留根系，并注意保鲜保湿，以保证成活。初次上盆宜用大小适宜的瓦盆，以促使根系的生长，加快成型速度。

柿树盆景可根据砧木的形状、接穗的品种特性，制作成单干式、双干式、斜干式、临水式、文人树等多种不同形式的盆景，因其叶片较大，树冠多采用自然式，其鲜艳的果实悬挂在绿叶间，非常美丽。而冬季落叶后，枝干如铁，另有一番特色。造型采用修剪、蟠扎相结合的方法，逐渐培养，使其枝条粗细过渡自然，比例协调。

养护

柿树喜阳光充足和温暖、湿润的环境，但也耐干旱和寒冷，在土层深厚、肥沃，且排水良好的土壤中生长较好。因此，宜用较深的花盆栽种。生长期可放在阳光充足、通风良好的地方养护。保持盆土湿润而不积水，过于干旱和长期积水都不利于植株的正常生长。每15~20天施一次腐熟的稀薄液肥，9月中旬以后停止施肥。但从开花到坐果这一段时间内要控制水肥，避免枝条徒长，消耗过多的养分，造成落花落果。坐果后恢复浇水、施肥，并适当添加磷、钾肥的用量，直到果实着色为止。对长势较弱和坐果较多的植株，可在7、8月份，每15天左右对叶面喷施一次尿素加磷酸二氢钾的溶液，以使植株生长健壮。果实采摘后，应在盆内埋入适量腐熟的饼肥末。冬季放在阳光充足的冷室内或室外避风向阳处越冬，温度不要高于10℃，以保证植株休眠，有利于来年的生长。

冬季进行一次修剪整型，剪除弱枝、重叠枝，以增加膛内的通风透光性，但过多的疏枝会使剩余的枝条急速延长，出现秃干；而缩剪枝端的2~3个节，则可促进果枝坐果。因此，修剪时要二者结合，促使形成矮小的枝组、紧凑的树冠。夏季要及时疏除树冠内外骨干枝上的弱枝及剪口处的萌芽，对生长旺盛的新梢，在花期前后可留适当长度的枝段后进行摘心，促进抽生二次枝，使其当年形成花芽，次年成为坐果枝。为了促花保果，还可在5月下旬~6月上旬对生长旺盛的植株进行双半环剥皮；在盛花期进行人工授粉；在开花前10~15天疏去结果枝基部向上2~3朵以外的其他花蕾；在生理性落果后进行疏果，一般每个结果母枝留2~3个结果枝，而每个结果枝则保留2~3个果实。果实透色后可除去部分影响美观的老叶及枝条，以保持树型的优美。

每2~3年的春季萌芽前翻盆一次，盆土要求疏松肥沃、排水良好。

柿盆景
张定元作品

甜柿盆景
栗天章作品

老鸦柿

Diospyros rhombifolia

老鸦柿树形古朴苍劲，果实色彩明丽，其枝条柔韧，萌发力强，是颇为流行的盆景植物。

秋艳
刘传富作品

老鸦柿别名山柿子、野柿子、丁香柿，为柿科柿属落叶小乔木，树皮颜色较浅，呈灰褐色，平滑而质地细腻；树枝深褐色或紫褐色；叶片呈菱形倒卵状，质薄，冬季脱落；雌雄异株，偶有同株，花生于当年生枝条下部，花白色；浆果以卵球形为主，兼有其他形状，其顶端突尖，有些品种上具黑色斑点。花期4~5月，果熟期9~10月。

老鸦柿与金弹子形态近似，应注意区别。

秋
高非洲、高祥作品

造型

老鸦柿的繁殖以春季播种为主，也可采挖生长多年、形态奇特古雅的老桩制作盆景。由于该植物多为雌雄异株，可将雌树与雄树嫁接中同一植株上，以增加坐果率，提高观赏性。其他及日常养护与金弹子基本相同，可参考进行。

老鸦柿盆景
沁鑫园作品

事事如意
王炘作品

秋色
王建昌作品

老鸦柿盆景
玉山摄影

磊落野山边
滁州市老科协盆景研究院

银杏

Ginkgo biloba

银杏树形古雅优美，叶、果皆可观赏，其萌发力强，可修剪，幼枝柔软，宜蟠扎，老干木质坚硬，可雕凿，以增加作品的古韵。

绿树成荫果满枝
范鹤鸣作品

银杏又称白果、公孙树，为银杏科银杏属落叶乔木，树皮灰白色至灰褐色，有纵裂；大枝斜展，小枝光滑。长枝上的叶片互生，小枝上的叶近簇生，叶片扇形，具长柄，春夏季节为绿色，秋季则为金黄色。雌雄异株，雄球花柔荑花序，雌花有长梗。种子核果状，成熟时外种皮肉质，黄色并被有白粉。

银杏属于单科单属单种植物，尽管只有一种，但经过长期的选育，产生了很多栽培种，如垂枝银杏、黄叶银杏、深裂叶银杏、大叶银杏、塔形银杏等。

造型

银杏的繁殖可用播种、扦插、压条、嫁接等方法。也可在秋季落叶后至春季萌芽前的挖掘生长多年、植株矮小、形状怪异的老桩制作盆景。此外，生长多年，特别是那些经雷击、泥石流冲刷以及其他外界刺激的古银杏树，往往会在树干或根部长出一种瘤体，因形状似钟乳石中的“石笋”，而被称为“银杏笋”，长在树干上的为“天笋”，生在根部的为“地笋”，其形状独特，怪异有趣，可在休眠期将其从母树上锯下，削平伤口，涂上蜡，以防伤口渍水腐烂，插入疏松透气的土壤中，精心管理，即可成活。

银杏长势旺盛，具有大树风姿，可制作直干式、双干式、曲干式、斜干式、疙瘩式、悬崖式、多干式、附石式、枯干式等不同形式的盆景。幼树枝干柔软，可用金属丝蟠扎作弯，使枝干曲折有致，富于变化。银杏老桩则要根据树桩的形态，因形就势，制作出古朴苍劲的盆景，银杏木质坚硬，可对树干进行雕凿，使其嶙峋多姿，以增加苍老之态，雕凿应顺势进行，使之自然古雅，达到“虽由人作，宛如天成”的艺术效果。“银杏笋”形态酷似石笋，造型时可用其代替石头，并注意对枝条的培养，使其比例协调，宛如破云而出的石峰，具有较高的艺术性。银杏叶片较大，树冠常采用自然式造型，枝条也不必保留过多、过长、过密，以保持良好的树型。

养护

银杏喜温暖湿润和阳光充足的环境，耐寒冷，要求有良好的通风。生长期可充分浇水。特别是夏季高温时，因叶片较大，水分的蒸发量也大，更不能缺水，除经常浇水保持土壤湿润外，还要在每天早晚向叶面喷水，以增加空气湿度，使叶片洁净清新。生长季节每20天左右施一次腐熟的稀薄液肥，夏季高温时和冬季的休眠期都要停止施肥。晚秋随着温度的降低，植株逐渐停止生长，应减少浇水。冬季在室外避风向阳处或冷室内越冬，停止施肥，不可浇水过多，要等盆面发干时再适当浇水。小型盆景每年翻一次盆，大型盆景2年翻盆一次，在春季萌芽前进行，盆土可用含腐殖质丰富、疏松透气、排水性良好的砂质土壤。

生长期当银杏的幼芽长成新梢进入半木质化时，应对枝条进行摘心，以促进分枝，将树冠控制在一定范围内。并短截顶端直立的强枝，以促进主枝生长平衡。每年的秋季落叶后或春季发芽前进行一次整型，剪除衰弱枝、内膛枝、过密枝、交叉枝、重叠枝，以利于植株内部的通风透光，剪短过长枝、下垂枝，使枝条上长枝少、短枝多，形成紧凑优美的树型。

银杏叶片较大，为使其变小，可在春季加强水肥管理，以增强树势，使植株生长旺盛。到6月中旬，对新梢进行摘心，并将树上的叶片全部或部分摘掉，等20天左右就会有新叶长出，待新叶全部展开后，再将过大或过小的叶片摘除，留下的叶片即大小基本相同，疏密适度。但这种摘叶的前提是春季必须充足的肥水供应，否则会造成枝条生长衰弱，甚至干枯。

促果技术 银杏为雌雄异株植物，而且生长缓慢，结果较晚，用其制作的盆景更是难以结

卐白垩遗孤
范鹤鸣作品

卐硕果垂枝
范鹤鸣作品

果。因此可采按雌雄两性20∶1比例，在合适的部位进行嫁接换种，以促进其提前结果，多结果。

接穗的选择 在选择雌性接穗时一定要选择树型丰满、生长健壮、节间短密、叶片较小、结果早、高产稳产、果形美观、大小适中、无病虫害的成年树作为母本树，选取与需要嫁接的枝干部位大小粗细合适的结果母枝做接穗。雄性接穗选择虽说没有雌性接穗那么严格，除有关结果条件不考虑外，其他条件是一样的，同时要求叶片大小色泽与其一致，否则所培育出来的盆景，叶片大小色泽不一影响观赏效果。

嫁接方法 通常采用劈接、腹接、芽接等方法。

接后管理 银杏嫁接后，由于植砧萌芽力特别强，应及时抹除植砧上所有的萌芽（有利用价值的除外），减少与接穗竞争水分和养分，增强接穗的生长速度，提高嫁接的成活率，接枝的快速成生长。根据接条的生长部位、长短、粗细

珠联叠翠
范鹤鸣作品

硕果累累
范鹤鸣作品

TIPS 盆景与背景

欣赏盆景最好有背景的衬托，以掩杂物，突出主体，背景色要求素雅纯净，以白色最为常用，如同在白纸上作画，简洁干净。还可在上面画上淡淡的写意山水画，犹如将盆景置于山水之中，极富诗情画意。背景上的画要素雅自然，切不可浓墨重彩；还有人喜欢在背景墙上悬挂书法、国画，乃至摄影作品，以增加文化内涵，所悬挂的作品宜淡雅，也不宜过多过大，以免杂乱，喧宾夺主。其他淡蓝、浅灰等颜色也可使用；黑色背景虽然在摄影拍照时很能突出主体，但在实际观赏中过于沉重压抑，故国内盆景展览中很少采用（欧美、印尼等国家的盆景展中多有应用）。而红色、黄色、橙色等暖色调背景过于抢眼，很容易将观赏者的视线引到背景色上；绿色背景与植物的绿叶接近，这些都不宜使用。

奔
黄学峰作品

荆楚银王
范鹤鸣作品

峥嵘
北京植物园作品

等各项因素进行摘心，以促进腋芽快速萌发，增加结果枝的级数和枝芽量，有利于花芽分化和快速成形。一般枝条只留5~6个芽就可进行摘心。此外，还要根据盆景的造型，采用扭、拿、扎、拉、撑、吊等造型技法，对接穗上的枝条进行造型，控制枝条生长部位、方向、角度，有利于通风透光，以达到快速成形、花芽分化开花结果的目的。

总之，前期要加强营养生长，快速培养树冠成形；后期要控制营养生长，促进生殖生长，以使花芽早分化、达到早结果的目的。也可采用普通果树果园上的作法，采取环割环剥、倒贴皮、蟠扎拉弯等造型技法，效果较为明显，但这些造型技法虽说能起到控制营养生长，促进生殖生长，快速成型，能达到早开花、早结果的目的，然而人工痕迹十分明显，几年时间内不易磨灭，影响观赏，在盆景中上述技法，一般不用或慎用。

保花保果　可通过疏花疏果措施，疏除多余部分银杏花果，其原则是生长旺盛的树多留花果，生长较弱的树应少留花果。当嫁接的植株雄花量不足或雄花未开花时，就要进行人工授粉工作，有条件的话也可将即将开花的银杏盆景，置于其他已开雄花的大树下，这样能达到自然授粉、增加果量的作用。

枣

Ziziphus jujuba

枣的树形刚劲，根部虬曲。可用修剪与蟠扎相结合的方法进行造型，养护中注意保果，以增加坐果率。

枣树盆景
岳靓提供

枣也称大枣、红枣，为鼠李科枣属落叶灌木或乔木，树皮灰褐色，多纵裂，芽可分为主芽（又叫亚芽，当年常常不萌发）、副芽（也称裸芽，在生长期随生长、随形成、随萌发）。枝条也可分为长枝，也称发育枝、枣头，是由主芽形成的，生长快，也能结果；短枝，也叫结果母枝、枣股，多生长在长枝的二次枝上，可持续多年结果；无芽枝，也称结果枝、枣吊，是枣树开花结果的基础，秋季随叶同时落下。叶片椭圆状卵形，亮绿色，先端微尖或钝，基部斜歪。聚伞花序，腋生，小花黄绿色，有清香。核果矩圆形或长卵圆形，成熟后暗红色。花期5~7月，果期8~9月，某些品种可以延长至11月，如冬枣。

枣树在我国有着悠久的栽培历史，品种很多，用于制作盆景的枣树要求适应性强，易于管理，植株不大，株形奇特，结果容易，果实大，果形美观。像枝条、叶片皆扭曲不直，形似龙爪的龙爪枣（也称拐枣、龙枣）；果实形状像葫芦的葫芦枣；果实从小到大一直为红色的胎里红以及冬枣、梨枣、红珍珠、秤砣枣等。

造型

枣树的繁殖常用嫁接的方法，以生长多年、树干短粗、苍老古朴、分枝多的野生酸枣或枣树的实生苗做砧木，优良品种枣的枝条做接穗，以枝接或芽接的方法进行嫁接。此外，还可在春季或阴雨天进行分蘖繁殖，方法是将母树周围发育充实的根蘖苗挖出，并带有20厘米左右的根，剪除所有的叶片，另行栽种。

枣树根部古朴多姿，可根据树桩的形态加工制作直干式、斜干式、曲干式、双干式、悬崖式、临水式等不同形式的盆景，树冠多采用自然式，可用蟠扎与修剪相结合的方法进行造型，先用金属丝蟠扎出基本骨架，再剪去多余的枝条，并在生长季节对当年萌发的长枝进行打头摘心，以控制植株高度，促进侧枝的生长发育，有利于早结果。

养护

枣树喜温暖湿润和阳光充足的环境，耐寒冷，怕积水。枣树的抗风能力比较弱，尤其是花期，遇大风会造成严重落花，果实成熟时遇大风也会造成严重落果，因此可放在避风向阳处养护。并尽量将花盆放在土地、草地上或用砖、木板适当垫起，不要直接放在水泥板上，以免因根土温度高于树冠温度而对植株生长不利。冬季在冷室内或将花盆埋在室外避风处越冬。

枣树盆景的萌芽、枝条生长、花芽分化、开花坐果几乎是在春季同时进行的，因此春季对水肥的要求特别大，可在开花前后施以腐熟的有机液肥，并适当增加速效氮肥的用量，以满足生长对养分的需要。勤浇水，勿使盆土干燥，但不要向植株喷水，以免落花。果实的膨大期（7月中旬），追施磷钾肥，可促进果实的发育，秋季施基肥则有促使根系发育、强壮树势的作用。平时保持盆土湿润，但不要积水，特别是雨季一定要注意排水，否则会因土壤过湿使根部受损。每2~3年的春季萌芽前翻盆一次，并对根系进行修剪，去掉1/2左右旧土，再用含腐殖质丰富、疏松肥沃、排水透气性良好的砂质土壤栽种，最好能掺入少量腐熟的饼肥末或其他有机肥作基肥。

为了培育树形，可在冬季对需要延长的骨干枝上的长枝进行短截，并将截口下的第一个、第二个枝剪除，以促使主芽萌发形成新的延长枝。

龙枣盆景
娄安民作品

枣树盆景
郑州植物园提供

同时剪除病虫枝、交叉枝、平行枝、重叠枝以及其他影响造型的枝条。夏季注意抹芽、摘心、疏枝，以控制徒长枝，保持盆景的优美。由于枣树盆景在当年就可以完成整型任务，因此对萌发的新长枝除保留更新用的外，其余的均从基部抹去，以集中营养促进二次枝、无芽枝以及花、果的生长发育，并保持树冠内部的通风透光，有利于植株生长。

保花保果　为了提高坐果率可采取环剥法，以避免落花落果现象的发生，方法是在盛花期（即半花半果期），在主干基部高5厘米的地方环剥，宽度为0.2~0.3厘米，或用嫁接刀环切一圈。但伤口不宜过宽，否则不易愈合。还可在盛花期用10~15毫克/升的赤霉素混合液喷树冠，可大大提高坐果率，若在溶液中加入0.3%~0.5%尿素和硼砂，效果会更好。

枣树盆景
姚明建作品

龙枣盆景
北京故宫博物院作品

TIPS 树势与取势

树势，即树木整体的走向。盆景中的树势是指盆景构图或直或斜或下跌的倾向。大致有三种类型：直干的中正之势，不偏不倚，积极向上；斜干的旁斜之势，洒脱飘逸；悬崖的下跌之势，险峻陡峭。

取势，就是通过对素材的观察、分析和判断，确立树势，利用其固有姿态，扬长避短，对盆景的整体构图作出或直或斜或跌的倾向。取势一般有两种方法：

顺势法 即尊崇天意，顺乎树理，因势利导，顺势而为，让向上的欣欣向荣，如直干大树；让旁斜的轻灵洒脱，如斜干、临水等树貌；让下跌的如临深渊，如悬崖树貌。

逆势法 即逆势而动，欲上先下，欲左先右，欲扬先抑，把向上之势化为旁斜或下跌之势，把向左之势转为向右之势，把向右之势变为向左之势。逆势在运用中可以逆根逆干，也可以逆枝。逆势法师法自然，虽为逆势，实为自然。有着反其道而行之妙。

取势时应注意保持树姿的舒展，枝与干相辅相成，视主题而定。并注意重心的稳定与均衡，不要违反自然规律。表现出“景”的节奏、韵律之美，并融入作者的个人情愫，达到景随我出，随心所欲而又不逾越规矩程式的自由境界（即有规矩的自由活动），使作品风格鲜明。

番石榴

Psidium guajava

番石榴树桩古朴，枝叶繁茂，可通过修剪、改变种植等方法造型，对于小枝则可进行修剪。

佳果美景自天成
欧阳祖根作品
刘少红提供

番石榴别名鸡屎果、芭乐，为桃金娘科番石榴属常绿乔木，树皮平滑，灰色，片状剥落，嫩枝有棱，被毛；叶片革质，长圆形至椭圆形，先端急尖或钝；花单生或2~3朵排成聚伞花序，花瓣白色；浆果球形、卵圆形或梨形，顶端有宿存的萼片，果肉白色及黄色。

番石榴属植物约150种，产于美洲热带。我国引进的有番石榴及其变种香番石榴（*Psidium guajava* 'Odorata'）、草莓番石榴（*P. cattleianum*）等，另有菲律宾番石榴（*Feijoa sellowiana*）为桃金娘科南美稔属植物。由于番石榴属常见的热带水果，在长期的栽培中，还选育出不少栽培品种，其果皮有绿有黄有红有粉，乃至紫红色。

造型

番石榴的繁殖可用播种、扦插、压条、分株以及嫁接等方法。盆景选材多采挖生长多年、形态奇特的老桩，采挖后应注意修剪整型，将不需要的枝干及直根、长根截去，多保留侧根和须根，以利于日后的上盆。因其桩材较大，多用于大中型盆景的制作。可根据树桩的形态选择适宜的种植角度，制作悬崖式、大树型、斜干式等多种形式的盆景。

养护

番石榴喜温暖湿润和阳光充足的环境，生长期给予足够的光照，以利于开花坐果；浇水掌握"见干见湿"的原则，每月施一次薄肥。及时抹去多余芽，并注意打头摘心，以保持造型的美观。番石榴虽然是以观果为主，但其枝干及根部苍劲多姿，可在展览前将叶摘去，以彰显其骨架的优美。

每3年翻盆一次，一般在春季进行，番石榴虽然对土壤要求不是那么严格，但在疏松、透气的土壤中生长更好。

红果仔

Eugenia uniflora

红果仔虽是观果植物，但枝干虬曲多姿，在岭南派盆景中常用截干蓄枝的修剪法造型，并辅以牵拉、蟠扎等技法。在养护中可摘叶处理，以彰显阳刚之美。

清溪红影
趣怡园作品

红果仔，在盆景中多用“红果”的名字，别名番樱桃、毕当茄、巴西红果、棱果蒲桃，在台湾称“八棱樱桃”或“八角樱桃”。为桃金娘科番樱桃属常绿灌木或小乔木，树干光滑，新梢紫红或红褐色；叶对生，近似于无柄，叶片纸质，卵形至卵状披针形，先端渐尖。花单生或数朵聚生于叶腋，萼片4枚，外翻，花瓣白色，稍有芳香。浆果扁球形，下垂，直径2厘米左右，具8条纵棱，形似小南瓜，果实初为青色，再为黄色，成熟后转为深红或橙红、紫红色。红果仔的花期主要在冬春季节（其他季节也能开花，但量不大），花后5周左右果实成熟，其味道酸甜可口，可供食用。

造型

红果仔的繁殖可用根插、压条、播种等方法。尽管其果实形状奇特，似南瓜，又像灯笼，色泽美观。但作为盆景植物，其苍劲虬曲的枝干配以红润的新芽，碧绿的新叶更具观赏性。因此，在各种盆景展中，常被摘去叶片，以欣赏其古雅清奇的枝干。

红果仔适宜制作直干式、文人树、双干式、临水式、悬崖式等多种造型的盆景，其萌发力强，生长迅速，通常以岭南派“截干蓄枝”的方法修剪造型，先培养出基本骨架，再逐渐完善枝组，最后形成刚健劲拔、富有阳刚之美的树相。

养护

红果仔原产巴西，喜温暖湿润的环境，在阳光充足处和半阴处都能正常生长，不耐干旱，也不耐寒。夏季高温时适当遮光，以防烈日暴晒，生长期勤浇水，勿使盆土干燥；经常向植株及周围环境喷水，以增加空气湿度。红果仔虽然喜肥，但却不喜浓肥，应薄肥勤施，可每10~15天施一次腐熟的稀薄液肥，幼树或抽梢期以氮肥为主，其他时期则施以磷钾肥为主的复合肥。冬季移入室内，控制浇水，5℃以上可安全越冬。红果仔耐修剪，可根据不同的树型进行修剪整型，生长期随时抹去无用的芽，适时摘心，以保持株型的完美。

8~9月是红果仔的花芽分化期，应适当控制浇水，增施磷钾肥，到了10月就会有花蕾出现，冬季注意保温，温度不可低于10℃，12月初部分老叶脱落，并陆续开花，花期浇水不要将水淋到花上，南方室外种植，遇雨也要注意防雨，以免造成落花。由于花期是在冬季，没有什么昆虫可以传粉，可在每天上午进行人工授粉，以增加坐果量。红果仔具有边开花边结果的习性，为了使果实大小均匀，尽量保留同一批果子，当果子达到所需的数量时，可将剩余的花蕾剪掉，把小果、弱果、过密果疏除，以使果子大小统一。当果子稳定后，应增加磷钾肥的用量，可每7天左右喷施一次0.2%的磷酸二氢钾溶液。到了2~3月，果实成熟，这是红果仔的最佳观赏期。如果冬季温度较低，红果仔的主花期会推迟到第二年的2~3月，5~6月果实才陆续成熟。

观赏期过后，将残余的果子摘掉，对植株进行一次重剪，剪去细弱枝、病枝，将过长的枝条剪短，修剪后加强水肥管理，约20天左右就会有新芽长出，当新芽长到15~20厘米时进行摘心，摘心后再次萌发的枝条，除保留3~5个枝条作为“牺牲枝”任其生长外，其余的枝条摘除顶芽，以促使秋芽短细，形成花枝，从而达到多开花、多结果的目的。到11月底老叶成熟，营养回缩时将“牺牲枝”剪除。

对于生长旺盛的红果仔可每2年左右的春季换盆一次，换盆时去掉2/3的旧土，剪去过长的老根，再用新的培养土栽种。盆土可用腐殖土5份、园土3份、砂土2份混合配制，并掺入少量的过磷酸钙、骨粉等磷钾肥。

紫袍玉带舞春风
黄就成作品

神采飞扬
吴成发作品

胡颓子 *Elaeagnus pungens*

胡颓子树姿优美，枝干苍劲，果子美丽，可用修剪、蟠扎等技法造型。

独吾秋花半含春
潘大德作品

胡颓子别名半春子、羊奶子、卢都子、半合春，为胡颓子科胡颓子属常绿或落叶灌木，树干褐色，小枝暗灰色，具褐色鳞片，常有棘刺。叶片椭圆形至矩圆形、狭长形，两端钝圆，边缘波状翻卷，叶质厚，呈革质，叶面幼时具银白色和少数褐色鳞片，成熟后脱落。花1~3朵生于叶腋，下垂，银白色，有芳香。果实椭圆形，长1.2~1.4厘米，成熟后呈红色，有铁锈色鳞片，可供食用。花期9~12月，第二年的4~6月果实成熟。

胡颓子属植物约80种，其中不少种都可以制作盆景，像香港胡颓子（*Elaeagnus tutcheri*）、牛奶子（*E. umbellata*）等，此外，还有园艺种金边胡颓子、玉边胡颓子、金心胡颓子等。

造型

胡颓子的繁殖常用播种、扦插、嫁接等方法。而盆景取材多在野外挖掘生长多年、古朴奇特的老桩，一般在秋末至春初采挖移栽，尤其以早春采挖成活率高，树桩恢复生长快。

胡颓子可根据树桩的形态制作直干式、双干式、斜干式、悬崖式、曲干式、卧干式、水旱式、丛林式等多种形式的盆景。树冠则要因势取材，既可加工成规整的不等边三角形、等边三角形、馒头形、云片形，也可制作成扶疏潇洒的自然式，无论哪种形式都要枝条舒展自然，叶片错落有致。这是因为胡颓子虽然是观果植物，但枝干苍劲，不少人将其作为杂木盆景培养，枝干、根部也都是观赏重点。

胡颓子习性强健，萌发力强，耐修剪，其造型方法可用蟠扎与修剪相结合，并辅以牵拉等手段，使其尽快成型。

养护

胡颓子喜温暖湿润和阳光充足的环境，耐半阴，耐干旱，稍耐水湿。夏季高温时适当遮光，以避免烈日暴晒，浇水掌握“见干见湿”，经常向植株喷水，以增加空气湿度，使叶色润泽。生长期每10天左右施一次腐熟的稀薄液肥或以“磷钾肥为主”的复合肥，肥料中氮肥含量不宜过多，否则植株枝叶繁茂，却开花稀少。胡颓子耐寒能力不是太强，冬季可将花盆埋在室外避风向阳处越冬，也可在光照充足、不低于0℃的冷室内越冬，适当减少浇水，但盆土也不能过于干燥。每3年换盆一次，对土壤要求不严，但在疏松肥沃、含腐殖质丰富的土壤中生长更好，可用园土、腐殖土、掺少量腐熟的饼肥等有机肥混合配制，并放几块碎骨等磷钾肥做基肥。

胡颓子顶芽的抽生能力较弱，但侧枝的萌发能力很强，其果实也多着生于隔年枝条的叶腋，因此每年的秋分前后进行一次重剪，萌芽后多施磷钾肥，适当控水，以避免新芽过分生长，促进节间短密，以保持疏朗的树型。第二年立春前后再进行一次小的修剪，把过长的枝条剪短，萌芽后注意摘心。生长期也要适当摘心，及时除去树干上萌芽，对于过长的枝条或其他影响树型的枝条、新芽也要剪除，以避免消耗过多的养分，影响生长。秋芽萌发时注意控制浇水，多施磷钾肥，以促进花芽分化，以使多开花，多坐果。养护中如果见树势衰弱，可将花朵摘除，勿使结果，使植株旺长一年，以促进树势的恢复。

五子竞秀
戴友生作品

胡颓子盆景
马景洲作品

卫矛

Euonymus alatus

卫矛品种丰富，树姿优美，果实美观，枝条柔软，萌发力强，近年来又从日本、韩国等国家引进了一些小型品种，适合制作多种造型和规格的盆景。

秋
易军作品

卫矛别名鬼箭羽、鬼箭、六月凌、四面锋、四棱树，为卫矛科卫矛属落叶灌木，小枝常具2~4列宽阔木栓翅；叶对生，纸质，卵状椭圆形、窄长椭圆形，偶为倒卵形，叶缘有细锯齿，绿色，晚秋转为红色；聚伞花序1~3朵，白绿色；蒴果1~4深裂，裂瓣椭圆状，种子椭圆状或阔椭圆状，种皮褐色或浅棕色，具橙红色假种皮。花期5~6月，果期8~10月。变种有毛脉卫矛等。

造型

卫矛的繁殖以播种、扦插为主。也可在春季萌芽前采挖生长多年、形态古雅的老桩制作盆景。卫矛枝条柔韧性好，萌发力强，可根据树桩的具体形状，以修剪与蟠扎相结合的方法，制作不同造型的盆景。

养护

卫矛喜温暖湿润和阳光充足的环境，除夏季高温时适当遮阴外，其他季节都要给予充足的光照，尤其是秋季，充足的阳光和较大的昼夜温差能使其叶色尽快转红。生长期保持土壤湿润，浇水一定浇透，切忌浇半截水。每年早春发芽前施一次肥，新枝停止生长时再施一次，9月中下旬可喷施一次磷钾肥，以促使叶色转红。春季萌芽前进行一次整型，剪除杂乱的枝条，将长枝截短，生长期及时剪除树冠线以外的枝条以及其他影响美观的枝条，以保持树型的美观。

小型、微型盆景每2年，大中型盆景每4年翻盆一次，一般在春季进行，虽然对土壤要求不严，但在疏松肥沃、排水良好的土壤中生长更好。

落霜红

Ilex serrata

落霜红树姿优美，果实靓丽，并具有清热解毒、凉血止血等药用功效。常用修剪与蟠扎相结合的方法造型。

落霜红盆景
敲香斋作品

落霜红别名细叶冬青、小叶冬青、猫秋子草、疮草，为冬青科冬青属落叶灌木，树皮灰色，小枝有硬毛或近无毛，有明显的皮孔。叶互生，膜质，椭圆形、卵形或倒卵状椭圆形，先端渐尖，叶缘具尖锯齿，两面疏被刚毛。聚伞花序单生叶腋，果实球形，直径0.5厘米，红色，花期8~9月，果期10月。

落霜红在我国的华南、华中、西南均有分布，其叶入药，有清热解毒、凉血止血之功效。

造型

落霜红的繁殖以播种为主。老桩移栽宜在春季进行，栽后注意保湿，具有较高的成活率。可采用修剪、蟠扎等方法，根据树桩的形态，制作多种形式的盆景。

养护

落霜红喜温暖湿润和阳光充足的环境，在半阴处生长良好。生长期宜保持土壤湿润而不积水，每20~30天施一次以磷钾为主的薄肥，夏季高温时适当遮光，以避免烈日暴晒。越冬温度宜在0℃以上，并控制浇水。春季萌芽前进行修剪整型。每2~3年翻盆一次，盆土要求含腐殖质丰富、疏松肥沃、具有良好的排水透气性。

TIPS 水 路

水路也叫水线，指植物从根部，通过树干、树枝向叶子输送水分、养分的通道（由树皮组成）。水路的畅通与否对盆景的正常生长存活有着至关重要的作用，有些舍利干造型的盆景仅靠树干上的寥寥几条水路就能健康生长，而这些水路一旦枯死或者被切断，与之相关的枝叶会因缺乏正常的养分输送而枯死。因此，可以说，水路是盆景的生命线，保持其鲜活健康，是养好盆景的关键。

枸骨

Ilex cornuta

枸骨四季常青，叶形奇特，红果美丽；新枝有一定的柔韧性，萌发力强。可制作多种造型的盆景。

以息相吹
叶天森作品

枸骨也称鸟不宿、老虎刺、猫儿刺，因在欧美国家常用于圣诞节的装饰美化，故也称圣诞冬青、圣诞树。为冬青科冬青属常绿灌木或小乔木，株高3~4米，树皮灰白色，平滑。叶片硬革质，长圆状四边形，顶端有硬而尖的3个刺齿，两侧也各有硬刺齿1~2个，叶面深绿色有光泽。黄绿色小花4~5月开放。核果球形，鲜红色，直径约1厘米。10~12月成熟后，经冬不落，可持续到第二年春季。

枸骨原产我国长江中下游各地，其园艺种及变种有小叶枸骨、无刺枸骨、密叶枸骨、彩叶枸骨等，也可用于制作盆景。此外，木犀科木犀属的柊树（*Osmanthus heterophyllus*）及变种三色柊树，叶形与枸骨颇为相似，应注意区分。

造型

枸骨的繁殖以播种、扦插为主。采挖老桩可在春季的2~3月进行，因其须根少，应带土团，如果土团碎了或根系受到损伤，要对枝叶进行重剪，以减少蒸发，保证成活。

成活后的枸骨可根据树桩的形状制成卧干式、斜干式、曲干式等不同形式的盆景，树冠的造型应视品种而定，对于大叶枸骨可采用潇洒的自然式，注意叶片、树枝和树冠要疏密得当、错落有致，可稍加蟠扎、牵拉，但不必修剪成规整的云片形；对于小叶枸骨，既可修剪成云片型，也可加工成稀疏潇洒的自然型。枸骨的蟠扎造型宜初夏进行。

养护

枸骨喜温暖湿润和阳光充足的环境，耐半阴，有一定的耐寒力。生长期保持盆土湿润而不积水，不可过于干旱。空气干燥时注意向叶片喷水，以增加空气湿度，使叶色碧绿光亮。每15~20天施一次腐熟的矾水肥或复合肥。夏季避免烈日暴晒和闷热干燥的环境，6~7月进行一次修剪整型，剪去枯死枝、过密枝、徒长枝以及其他影响造型的枝条。养护中要注意打头摘心，掐去过长的嫩枝，以促发新枝，使株型丰满美观。冬季放在0℃以上的室内，黄河以南地区也可连盆埋在室外避风向阳处越冬，减少浇水，盆土不过分干燥即可。每年春季翻盆一次，盆土可用腐叶土、园土和砂土各一份的混合土，并掺入少量含磷量较高的蹄甲片或骨粉等作基肥。

枸骨盆景
玉山摄影

盘根错节
徐淦作品

吉祥如意
无刺枸骨
范鹤鸣作品

枸骨盆景
河南十三香集团盆景园作品

大花假虎刺

Carissa macrocarpa

大花假虎刺花色洁白，果实紫红，枝叶平展，自然成云片状，四季常青，枝条柔软，萌发力强。但树干不是很粗，造型时应注意枝与干之间的和谐自然，以免头重脚轻。

大花假虎刺盆景
安阳三角公园湖作品

大花假虎刺又名美国樱桃（盆景中多用此名）、大花刺郎果，为夹竹桃科假虎刺属常绿灌木，树干黄褐色，多分枝，叶腋有对生的“丫”形硬刺，叶对生，厚革质，暗绿色，有光泽，叶片广卵形，先端微突有小尖。聚伞花序顶生，花冠高脚碟形，白色，有清香，花期8月；浆果卵圆形至椭圆形，顶端尖，长2~5厘米，初为绿色，成熟后为紫红色或亮红色，有香气。

假虎刺属植物约36种，用于栽培的还有：平枝刺李，枝叶稠密且平卧开张；矮刺李，植株矮小；小叶刺李，株型矮小而紧凑，叶片细小；卧刺李，株型矮小，枝条平卧生长以及刺李、瓜子金、大花刺李、果李、毛叶果李等品种。以上几种植物均可制作盆景，具有枝干苍老、叶片青翠、四季常绿、枝叶层次分明等特点，但目前使用最多的还是大花假虎刺和瓜子金（*Carissa carandas*，中文学名刺黄果）。

造型

大花假虎刺的繁殖可用播种、扦插、压条等方法。

大花假虎刺的主干不是太粗，比较适合表现植物清秀典雅的神韵，故而比较适合制作中小型盆景。其枝条呈水平方向发展，自然成片状，颇有扬派盆景的云片造型韵味。适合制作悬崖式、临水式、双干式、直干式、曲干式、丛林式、提根式等多种形式的盆景。造型采用修剪、蟠扎相结合的方法，蟠扎一般在夏季进行，因其枝条柔软，有些侧枝、较细的主干可用棕绳、麻绳进行牵拉，而对于较粗枝干则要用金属丝蟠扎。等基本骨架形成后，再利用其枝条自然成片的特点，对细枝进行仔细修剪，即可成型。

由于大花假虎刺叶片厚而且生长密集，重量较大，而其新枝又比较柔软，因此先端往往稍有自然下垂现象，在制作盆景时应予以考虑。大花假虎刺的根系发达、虬曲多姿，还可对进行提根，使其悬根露爪，以提高盆景的观赏价值，提根应逐步进行，每次提一段，不可一次完成，否则会因根系裸露过多影响植株生长，严重时甚至导致植株死亡。

养护

大花假虎刺原产非洲南部，喜温暖湿润和阳光充足的环境，耐水涝，怕干旱，不耐寒，忌过于荫蔽。4~10月的生长期放在室外光照充足处养护，这样可使株型紧凑，叶片排列密集，色泽光亮浓绿，质厚，具有较高的观赏性。但夏季高温时稍加遮光，以防烈日暴晒引起的叶色发黄。生长期经常浇水，以保持土壤湿润，避免干旱，勤向叶片喷水，既能冲洗掉叶片上的灰尘，又能增加空气湿度，使叶色洁净清新，润泽亮丽。每15~20天施一次腐熟的稀薄液肥。冬季移至室内向阳处，控制浇水，保持盆土稍干燥，不要施肥，5℃以上可安全越冬，若高于25℃可在中午打开窗户，进行通风降温，以免因高温发生煤烟病。

大花假虎刺的花、果虽然也很美观，但作为盆景，则是以清秀典雅、层次分明的枝片取胜的，因此养护中，应注意修剪整型，在生长期可随时剪去影响造型的新枝、内膛枝，经常打头摘心，以促分枝，保持造型的美观，并增加植株内部的通风透光，以利于植株生长。每1~2年的春季翻盆换土一次，盆土宜用疏松肥沃、含腐殖质丰富的微酸性土壤，可用园土、腐殖土、炉渣等混合配制。

大花假虎刺盆景
安阳三角湖公园作品

大花假虎刺盆景
王振擘作品
刘少红提供

水梅

Wrightia religiosa

水梅树形古雅苍劲，花朵芳香，枝条萌发力和柔韧性都很好。耐寒性和耐旱性都不是很好，养护中应注意日常的浇水和冬季的防寒。

水梅盆景
上海植物园作品

水梅中文正名无冠倒吊笔、泰国倒吊笔，别名水梅花、水茉莉。为夹竹桃科倒吊笔属常绿灌木或小乔木。具多数分枝，枝条四散生长；叶对生，披针形，纸质，表面光滑，叶缘波浪状。聚伞花序，有细长的花梗，花朵常下垂，花瓣5枚，白色，雄蕊聚合，具芳香。蓇葖果细长线形，状若豆荚，长12~17厘米，通常2个对生；种子倒生，狭梭形，顶端具白色绢质种毛。花期春季至秋季。变种有花叶倒吊笔。

水梅分布于菲律宾、泰国、越南等东南亚地区，我国海南、台湾、广东等地有引进。倒吊笔属植物有23种，我国产6种，分布于海南、广东、云南、广西等热带及亚热带地区，其中的倒吊笔（*Wrightia pubescens*）等也可用于制作盆景。

造型

水梅的繁殖可在春末至初秋进行扦插、压条。播种繁殖可得到大量的苗子，但苗子生长相对缓慢，需要较长时间才能成型，故很少采用。

水梅桩子的采挖宜在生长季节进行，桩材要求干姿态优美，具一定的分枝。其生长速度快，萌发力强，耐修剪，造型可采用修剪与蟠扎相结合的方法，根据树桩的形态，制作多种造型的盆景；因其叶子较大，树冠多采用自然式。

养护

水梅喜温暖湿润和阳光充足的环境，在半阴处也能生长良好。生长期要求有较大的土壤和空气湿度，如此花香会更加显著，因此要勤浇水和向植株喷水，但土壤不宜长期积水，以免造成烂根。每10天左右施一次以磷钾为主的薄肥，以满足开花对养分的需求。水梅的枝条容易四下散开生长，平时应注意修剪，以保持作品的优美。

每2~3年的春天翻盆一次，盆土要求肥沃，有较好的保水性。

无花果

Ficus carica

无花果长势旺盛，萌发力强，枝条柔韧性好。根系发达，堪与榕树盆景媲美。唯有其叶片较大，养护中可通过增加光照，控制浇水、摘叶等方法加以控制。

无花果盆景
朱振纲作品

无花果盆景
杨自强作品

无花果为桑科榕属落叶灌木或小乔木，植株多分枝，树皮灰褐色，皮孔明显，小枝直立，粗壮；单叶互生，厚纸质，广卵圆形，掌状分裂，通常3~5裂，裂片卵圆形，叶缘有不规则的锯齿；隐头花序腋生，花托肉质，肥大；榕果单生于叶腋，梨形，顶部下陷，初为绿色，根据品种的不同，成熟后以紫红色为主，兼有白色、黄色、绿色。花果期5~9月。

造型

无花果的繁殖以扦插和压条为主。盆景造型有直干式、斜干式、卧干式、露根式等，其叶片较大，树冠多采用自然型。栽植前截去顶生主干，促发侧枝，使其枝短、果密，以提高观赏性。无花果的根系发达，上盆时可将根系提出土面，以增加古朴苍劲的韵味。

养护

无花果喜温暖湿润和阳光充足的环境，稍耐阴，有一定的耐寒性，怕水渍。生长期要求有充足的阳光，注意浇水，以保持其土壤湿润，每7~10天施一次腐熟的稀薄液肥或以磷钾肥为主的复合肥，以促进坐果。栽培注意修剪整型，剪去交叉枝、重叠枝、细弱枝、枯死枝，主枝留芽后进行短截，以促发侧枝，这样经过不断的短截（类似岭南派盆景的“截干蓄枝”），其枝干顿挫刚健，富有阳刚之美。

每1~2年翻盆一次，盆土要求排水良好、肥沃湿润。

桑

Morus alba

桑树姿优美刚健，果实美观，枝条的柔韧性和萌发力都很好，生长速度也很快，养护中应注意对枝条的修剪和调整，避免杂乱。

欲将吉庆洒人间
郑永泰作品

桑别名桑树，为桑科桑属落叶灌木或小乔木，树皮较厚，灰褐色或黄褐色，有不规则的浅纵裂；叶互生，叶片卵形或宽卵形，叶缘有粗锯齿，有时有不规则的分裂，绿色，有光泽。雌雄异株或同株，穗状花序，腋生，有梗。聚花果肉质，俗称桑椹，成熟后呈黑紫色、淡红色或白色，味甜多浆，可食。一般4~5月开花，5~7月果熟。

桑的变种有枝条扭曲生长的龙桑；枝条下垂的垂枝桑；叶片大而厚实的鲁桑等。此外，还有大量的园艺种，像具有四季结果习性的四季果桑；果实呈白色的白珍珠，果实细长（最长可达18厘米）的长果桑（别名超级果桑、紫金蜜桑）等。

造型

桑可用播种、压条、扦插（包括根插、枝插）等方法繁殖。也可选择那些生长多年，经过人砍、动物啃食以及其他人为或自然损伤，植株矮小、树干粗短、形态奇特、古朴苍劲的桑树老桩制作盆景。多在春季发芽之前移栽，栽种前再根据树势仔细审视，确定盆景基本形态后，进行修剪，然后栽在大的盆器内或地下“养坯”。等树桩活稳后，再剪除造型不需要的枝条，所保留的枝条可任其生长，以促进主枝的增粗和根系的生长。第二年将植株放在通风向阳处养护，并对有一定粗度的枝条造型。

桑树盆景的造型因桩而异，常见的有直干式、斜干式、双干式、悬崖式、临水式等不同款式。可在当年生新枝半木质化时，采用修剪、蟠扎相结合的方法进行造型，使其骨架优美、树冠紧凑而富有动感。对于正在生长的新梢，等其木质化后，保留1~2片真叶，将上部枝条全部剪除，以促进分枝。对内膛出现的徒长枝和其他造型不需要的枝条都要及时剪除，以改善树冠内部的通风透光。桑的根系极为发达，可将其提出盆面，此外还可将树干基部萌发的枝条压入土壤中，作为“根”，以增加古朴苍劲的韵味。

养护

桑树喜温暖湿润和阳光充足的环境，生长期可放在室外空气流通、光照充足处养护，保持盆土湿润而不积水，雨季注意排水，过干、过湿都不利于植株生长。春季萌芽后每月施一次腐熟的稀薄液肥，夏季高温时则停止施肥。经常打头摘心，以控制枝条生长，促发小枝，保持造型的优美。9月下旬应追施以磷钾肥为主的有机液肥，以促进根系的生长发育，有利于越冬。冬季在室外避风向阳处或低温的室内越冬，并减少浇水。

桑树长势旺盛，耐修剪，可在每年的早春对植株进行一次细致的整型，凡是影响造型的枝条以及徒长枝、交叉枝、病虫枝都要剪除，超出树冠线的枝条也要回缩至适宜的位置。对于生长位置较好，但长势弱的枝条可暂缓修剪，等枝条长到一定的粗度再进行修剪。每1~2年的春季换盆一次，盆土宜用疏松肥沃、排水良好的砂质土壤。

桑树盆景
北京植物园作品

浩然正气
杨自强作品

桑树盆景
杨自强作品

参考文献

REFERENCE

兑宝峰. 2016. 盆景制作与赏析：松柏杂木篇[M]. 福州：福建科学技术出版社.

兑宝峰. 2016. 盆景制作与赏析：观花观果篇[M]. 福州：福建科学技术出版社.

兑宝峰. 2017. 掌上大自然——小微盆景的制作与欣赏[M]. 福州：福建科学技术出版社.

兑宝峰. 2018. 盆艺小品[M]. 福州：福建科学技术出版社.

马文其. 2016. 观花盆景制作与养护[M]. 北京：中国林业出版社.

马文其. 2016. 观果盆景制作与养护[M]. 北京：中国林业出版社.

马文其. 2014. 松柏盆景[M]. 北京：中国林业出版社.

马文其. 2014. 杂木盆景[M]. 北京：中国林业出版社.

彭春生. 2002. 盆景学[M]. 2版. 北京：中国林业出版社.

薛永卿, 游文亮. 2010. 中国中州盆景[M]. 上海：上海科学技术出版社.

中国科学院中国植物志编辑委员会. 2004. 中国植物志［M/OL］. 北京：科学出版社. [2019-3-1]. http://frps.iplant.cn/.